알기쉬운

일반전기이론

최승규 · 김병기 공저

Electrical Theory

화수목

Preface

전기는 눈에 보이지 않는 결을 따라 세상을 밝히고 움직이며, 우리 일상의 가장 깊숙한 곳까지 스며 있는 힘입니다. 그러나 그 속을 조금만 들여다보면 낯선 기호와 개념들이 겹겹이 자리하고 있어 처음 전기를 배우려는 이들에게는 종종 높은 벽처럼 느껴지곤 합니다.

그 문턱 앞에서 망설였던 경험은 아마 많은 이들에게 익숙한 기억일 것입니다.

이 책은 그 문턱을 조금이라도 낮추고, 전기의 흐름을 보다 자연스럽게 이해할 수 있도록 돕기 위해 쓰였습니다.

오랜 시간 현장에서 전기와 안전의 복잡한 문제들을 마주하며 전문성을 쌓아온 소방전문가 출신의 교수, 그리고 정부출연기관에서 에너지 연구에 깊이 몰두해 온 연구자가 지금은 모두 대학의 교육자의 자리에서 전기의 세계를 더 쉽고 명확하게 전하고자 마음을 모았습니다. 서로 다른 환경에서 전기를 바라보며 얻은 경험과 시선이 시간이 흐르며 자연스럽게 한 지점으로 이어졌습니다.

전기는 결코 난해함만으로 이루어진 학문이 아니라는 믿음, 정확하고도 친절한 설명이 있다면 누구나 그 원리를 이해할 수 있다는 확신이 이 책을 쓰게 한 힘이 되었습니다. 그래서 이 책에서는 복잡해 보이는 개념들도 섬세한 흐름과 이야기 속에서 자연스럽게 펼쳐지도록 구성했습니다. 전압과 전류, 저항과 전력 같은 용어들이 단순한 공식이 아닌, 하나의 의미와 질서를 지닌 구조로 독자에게 다가가길 바랐습니다. 독자가 페이지를 넘기며 전기의 세계를 조금씩 '느끼며' 이해하는 경험을 하기를 희망합니다. 이 책이 전기를 처음 배우는 이들에게는 편안한 첫걸음이 되고, 이미 현장에서 많은 경험을 쌓아온 이들에게는 다시 기본을 견고히 하고 방향을 바로 세우는 든든한 참고가 되기를 바랍니다.

전기는 언제나 말없이 세상을 움직이는 힘이 되어 주듯, 이 책 또한 여러분의 배움과 실무의 길 위에서 작지만 분명한 빛으로 남기를 진심으로 기원합니다.

저자 **최승규 · 김병기** 올림

Contents

Contents

제4장 자동제어 운용

제5장 전기기기

제1장

일반사항

제1장 전기이론

1-1 전압과 전류

1. 직류(direct current)와 교류(alternating current)

(1) 전기는 크게 **직류**와 **교류**로 구분할 수 있다. 물론 직류와 교류 이외에 여러 가지 형태와 종류가 있지만 전기이론의 기초를 배울 때는 이 둘을 중점으로 둘 것이다. 직류(Direct Current, 直流)란 전압과 전류의 방향과 그 크기가 일정한 전기를 말한다.

(2) 반대로 교류(Alternating Current, 交流)는 시간이 흐름에 따라 전압과 전류의 방향이 바뀌는 전기를 일컫는다. 여기서 언급한 전압과 전류의 개념은 밑에서 살펴볼 것이다. 지금은 전기의 힘을 뜻한다고 이해해도 무방하다.

(3) 일반적으로 직류는 대문자(V, I)로 표기하며 교류는 소문자(v, i)로 표기한다. 또 교류는 시간에 따라 변하는 함수이므로 시간을 뜻하는 문자(t)를 추가하여 $v(t)$, $i(t)$같은 함수 꼴로 나타내기도 한다.

2. 전하(電荷, electric charge)

(1) 물질을 이루는 가장 기본적인 단위를 원자라고 하며 원자는 크게 전자와 원자핵으로 나눌 수 있다. 원자핵에는 양성자라는 입자가 있는데 양성자는 양전기(+)의 성질이 있으며 전자에는 음전기(−)의 성질이 있다.

(2) 일반적으로 물질은 양성자와 전자의 개수가 같기 때문에 양전기와 음전기가 균형을 이루어 전기적 성질을 보이지 않는다. 하지만 어떤 이유로 전자의 개수가 늘어나거나 줄어들 수 있는데 이때는 양전기와 음전기의 균형이 깨지므로 전기적 성질이 나타나게 된다. 이렇게 전기적 성질이 나타나는 것을 **대전**이라고 하며 대전된 전기의 양을 **전하**라고 한다. 그러므로 전하는 양전하(+)와 음전하(−) 두 가

지로 나눌 수 있다.

(3) 전하는 회로를 설명하는 기본적인 개념이며 대표문자는 Q(또는 q)이고, 단위로 [C](Coulomb, 쿨롱)을 사용한다. 전하 자체는 새로 생기거나 없어지지 않으며 그 자체는 변하지 않는다.

(4) 전자(e) 1개의 전하(전기량)는 다음과 같다.

$$e = -1.602 \times 10^{-19}\,[\mathrm{C}]$$

여기서, 음(−)의 부호는 전자 자체가 음전하임을 나타내는 것이다.

3. 전압(電壓, voltage)

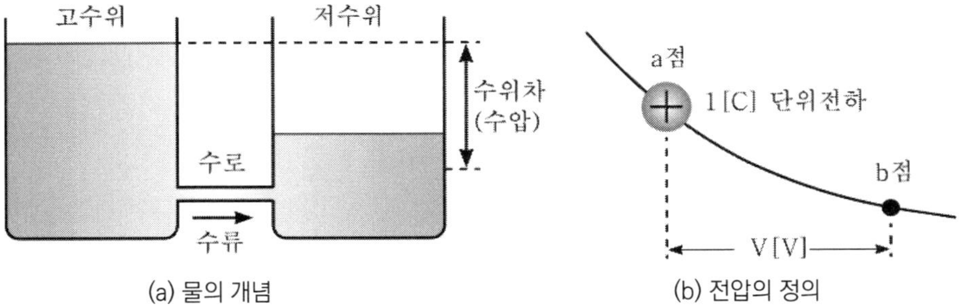

【그림 1-1】 전압의 개념

(1) 전압을 이해하기 위해 먼저 물의 예시를 살펴보자.
【그림 1-1】(a)와 같이 두 물통의 아래를 뚫어 물이 흐를 수 있는 길(수로, 水路)을 만들면 두 물통 사이에는 수위차(수압, 水壓)가 발생하여 수위가 높은 곳(고수위)에서 낮은 곳으로 물이 흐르는데 이를 수류라 한다. 이러한 수류는 수위차에 비례하며 물 높이가 같아질 때까지(등수위, 等水位) 연속적으로 흐르게 되는데 전기 또한 이와 유사한 특성을 지니고 있다. 따라서 【그림 1-1】(a)의 수위차, 수로, 수류 등을 전위차, 전로, 전류 등으로 바꾸어 해석하면 전압 또는 전기적인 특성을 쉽게 이해할 수 있다.

(2) 【그림 1-1】(a)에서 전하를 담을 수 있는 통을 도체라 하며 도체에 축적되어 있는 전기적인 (위치)에너지를 전위라 한다. 이때 두 도체를 또다른 도체의 선(전선 등)으로 연결하면 두 도체 사이에 전위차(전압)이 발생하여 두 도체가 등전위가 될 때까지 전류가 흐르게 된다.

(3) 그럼 전위차 또는 전압의 정의에 대해서 알아보자. 【그림 1-1】(b)와 같이 1[C]의 단위전하(unit charge) 또는 시험전하(test charge)가 a점에서 b점까지 운반될 때 소비되는 에너지 W[J, 줄]로 정의한다. 전압의 대표문자는 V, 단위는 [V](volt, 볼트)이다. 예를 들어 1[C]의 전하가 a에서 b점까지 운반될 때 10[J] 만큼 소비되었다면 a, b 사이에 10[V] 만큼의 전압이 인가되었다고 볼 수 있다. 따라서 전압의 정의 식은 다음과 같다.

① 전압 : $V_{ab} = \frac{W}{Q}\left[\frac{J}{C} = V\right]$ ………………………… (式 1-1)

② 전하가 운반될 때 소비되는 에너지 : $W = QV$[J] ………… (式 1-2)

여기서, W : 전하가 운반될 때 소비되는 에너지 [J]
Q : 전하량(전기량) [C]
V_{ab} : a, b 사이의 전압(전위차)

4. 전류(電流, current)

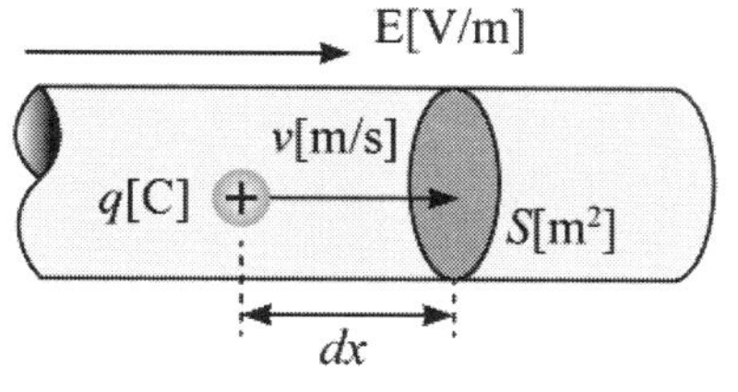

【그림 1-2】 전류의 정의

(1) 【그림 1-1】(b)과 같이 대전된 두 도체를 가느다란 도체(전선)를 연결하면 두 도체 사이에 전위차가 발생하여 전위가 높은 곳에서 낮으로 곳으로 전하가 이동한다. 이러한 전하의 움직임을 전류(current)라 하고, 대표문자는 I, 단위는 [A](Ampere, 암페어)를 사용한다.

(2) 전류의 크기는 【그림 1-2】와 같이 단면적이 $S[m^2]$인 도체에 직각인 단면을 단위시간(1[sec])동안 통과하는 전하량으로 정의하며 전류의 정의 식은 다음과 같다.

① 일정한 비율로 t초 동안에 Q[C]의 전하가 이동한 경우

가) 전류의 크기 : $I = \frac{Q}{t} = \frac{CV}{t}\left[\frac{C}{sec} = A\right]$ ………………… (式 1-3)

나) 전하량 : $Q = It = CV[A \cdot sec = C]$ ………………………… (式 1-4)

여기서, C : 정전용량 [F, 패럿]

② 이동하는 전하량이 시간에 따라 변화하는 경우

가) 전류의 크기 : $i(t) = \dfrac{dq(t)}{dt} = C\dfrac{dV}{dt}$ [A] ································ (式 1-5)

나) 전하량 : $Q(t) = \int dq(t) = \int_{t_1}^{t_2} i(t)\ dt$ ································ (式 1-6)

예제 1

두 점 사이에는 20[C] 의 전하를 옮기는데 80[J] 의 에너지가 필요하다면 두 점 사이의 전압은?

① 2[V] ② 3[V] ③ 4[V] ④ 5[V]

해설 | 전압 $V = \dfrac{W}{Q} = \dfrac{80}{20} = 4$[V]

답 ③

예제 2

$i(t) = 2t^2 + 8t$ [A] 로 표시되는 전류가 도선에 3[sec] 동안 흘렀을 때 통과한 전 전기량은 몇 [C] 인가?

① 18 ② 48 ③ 54 ④ 61

해설 | 전기량 $Q = \int i(t)\,dt = \int_0^3 2t^2 + 8t\,dt = \left[\dfrac{2}{3}t^3 + 4t^2\right]_0^3$

$= \dfrac{2}{3} \times 3^2 + 4 \times 3^2 = 54$[C]

답 ③

저자코멘트 COMMENT

TIP) 적분 기초 공식

① $\int x^n\,dx = \dfrac{1}{n+1}x^{n+1} + C$ (여기서, C : 적분상수)

② $\int x^n + x^y\,dx = \int x^n\,dx + \int x^m\,dx$

③ $\int_2^4 x^2\,dx = \left[\dfrac{1}{3}x^3\right]_2^4 = \dfrac{1}{3}(4^3 - 2^3)$

1-2 전기저항과 옴의 법칙

1. 전기저항(resistance)과 컨덕턴스(conductance)

(1) 전기는 물질을 통해 전달되는데 어떤 물질은 전기를 잘 전달하고 어떤 물질은 전기가 거의 지나가지 못한다. 이를 개념화한 것을 전기저항(Resistance)라고 하며 전기의 흐름(전류)를 방해하는 성질을 뜻한다. 대표문자로 R, 단위로 $[\Omega]$(ohm, 옴)을 사용하며 이 값이 클수록 전기가 잘 통하지 않음을 나타낸다.

(2) 전기저항의 역수를 컨덕턴스라 하고, 대표문자로 G, 단위로 [℧] (mho, 모우) 또는 [S] (Siemens, 지멘스)를 사용하며 병렬 회로망 해석에 유용하게 사용된다.

(3) 전기저항과 컨덕턴스를 식으로 나타내면 다음과 같다.

① 전기저항 : $R = \rho \dfrac{\ell}{S} = \dfrac{\ell}{kS}[\Omega]$ ······ (式 1-7)

② 컨덕턴스 : $G = \dfrac{1}{R} = k\dfrac{S}{\ell} = \dfrac{S}{\rho\ell}[1/\Omega]$ ······ (式 1-8)

여기서, ρ : 저항률 또는 고유저항$[\Omega \cdot \mathrm{m}]$, k(또는 σ) : 도전율$[(\Omega \cdot \mathrm{m})^{-1}]$

S(또는 A) : 도체의 단면적$[\mathrm{m}^2]$, ℓ : 도체의 길이$[\mathrm{m}]$

2. 저항률 또는 고유저항(specific resistance)

(1) 물질마다 전기저항은 동일하지 않다. 이렇게 각각의 물질이 가지는 전기저항의 크기를 고유저항(specific resistance)이라 한다.

고유저항은 단위 체적($1[\mathrm{m}^3]$)을 이루는 물질에 전압을 인가했을 때의 전류의 비율($R = \dfrac{V}{I}[\Omega]$) 또는 단위 체적을 이루는 물체의 전기저항이라 정의하고 있다.

또한 물체의 크기, 생김새, 온도 등에 따라 저항의 크기가 달라질 수 있다.

(2) 고유저항의 기본단위는 $[\Omega \cdot \mathrm{mm}^2/\mathrm{m}]$ 이므로 $[\Omega \cdot \mathrm{m}]$ 의 관계는 다음과 같다.

① 고유저항 : $\rho = \dfrac{RS}{\ell}\left[\dfrac{\Omega \cdot \mathrm{m}^2}{\mathrm{m}} = \Omega \cdot \mathrm{m}\right]$ ······ (式 1-9)

② $1[\Omega \cdot \mathrm{m}] = 10^6[\Omega \cdot \mathrm{mm}^2/\mathrm{m}]$ ······ (式 1-10)

(3) 전선의 고유저항

① 연동선 : $\rho = \frac{1}{58}[\Omega \cdot mm^2/m]$ .... (式 1-11)

② 경동선 : $\rho = \frac{1}{55}[\Omega \cdot mm^2/m]$ .... (式 1-12)

② 알루미늄선 : $\rho = \frac{1}{35}[\Omega \cdot mm^2/m]$ .... (式 1-13)

(4) 주변온도 20[℃] 에서의 물질의 고유저항은【표 1-1】과 같다.

【표 1-1】고유저항과 온도계수

재료	고유저항(20℃에서) $\times 10^2[\Omega \cdot mm^2/m]$	고유저항의 온도계수 20℃ 부근에 대하여
은(Ag)	1.62	0.0038
구리(Cu)	1.69	0.00393
경동	1.78	
알루미늄(Al)	2.62	0.0039
금(Au)	2.40	0.0034
백금(Pt)	10.5	0.003
텅스텐(W)	5.48	0.0045
순철(Fe)	10	0.005
주철	75~100	0.0019
규소철	50~60	
니켈(Ni)	6.9	0.006
탄소(C)	3500~7500	−0.0006~0.0012

3. 옴의 법칙(Ohm's law)

(1) 옴의 법칙이란, 어떤 전기회로에 흐르는 전류는 그 회로에 가하여진 전압에 정비례하고, 저항에 반비례한다는 법칙이며, 금속성 회로나 전해질적 저항을 포함하는 많은 회로에 대하여 성립한다.

(2) 옴의 법칙은 1826년 과학자 게오르크 옴(Georg Simon Ohm)에 의해 발견되었으며 수많은 실험을 통해 다음과 같은 식을 설명하였다.

① 옴의 법칙 : $I=\frac{V}{R}\left[A=\frac{V}{\Omega}\right]$ ················· (式 1-9)

② 컨덕턴스 : $G=\frac{1}{R}\left[\frac{1}{\Omega}=\Omega^{-1}=S\right]$ ················· (式 1-10)

(3) (式 1-9)은 모든 전기회로 해석의 기초가 되므로 $V=IR$, $I=\frac{V}{R}$, $R=\frac{V}{I}$와 같이 어느 형태로도 자유롭게 변환하여 사용할 줄 알아야 한다.

4. 저항의 온도계수(temperature coefficient of resistance)

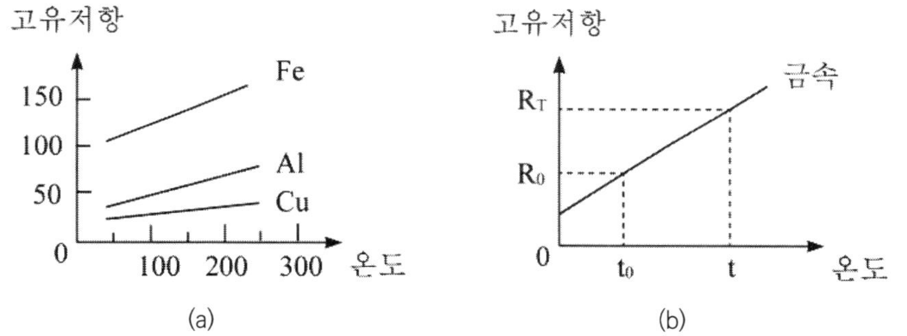

【그림 1-3】 저항의 온도계수

(1) 모든 물질은 주변온도에 따라 저항의 크기가 변화하며 주변온도 1[℃] 상승할 때 변화하는 저항의 크기 비율을 온도계수라 한다.

(2) 온도계수에는 온도가 상승하면 저항이 증가하는 양의 온도계수(정특성 온도계수)와, 온도 상승에 따라 저항이 감소하는 음의 온도계수(부특성 온도계수)가 있다.

(3) 일반적으로 금속은 양의 온도계수이고, 전해액이나 반도체, 대지 등은 음의 온도계수이다.

(4) 구리의 온도계수와 온도변화에 따른 금속도체의 저항 크기

① 구리의 온도계수 : $\alpha=\frac{1}{234.5+t_0}$ ················· (式 1-14)

② 온도변화에 따른 전기저항(t[℃] 에서의 전기저항)

: $R_T=R_0+R_0\,\alpha\,(t-t_0)=R_0\,[1+\alpha(t-t_0)]$ ················· (式 1-15)

여기서, t_0 : 초기온도[℃], R_0 : 주변온도 t_0 에서의 전기저항[Ω]

(5) 직렬로 접속된 두 금속 A, B 의 온도계수가 α_1, α_2 라 할 때 합성 온도계수 α_0 는 다음과 같이 유도할 수 있다.

$$R_1 + R_1\alpha_1(t-t_0) + R_2 + R_2\alpha_2(t-t_0) = (R_1+R_2) + (R_1+R_2)\alpha_0(t-t_0)$$

$$R_1\alpha_1(t-t_0) + R_2\alpha_2(t-t_0) = (R_1+R_2)\alpha_0(t-t_0)$$

$R_1\alpha_1 + R_2\alpha_2 = (R_1+R_2)\alpha_0$ 이므로

$\therefore$ 합성 온도계수 $\alpha_0 = \dfrac{R_1\alpha_1 + R_2\alpha_2}{R_1+R_2}$ ············ (式 1-16)

여기서, R_1, R_2 : t_0 에서의 금속 저항 크기

예제 3

지름 $2.99[\text{mm}]$ 19본 길이 $1[\text{km}]$ 인 경동선의 $20[^\circ\text{C}]$ 에서의 저항은 몇 $[\Omega]$ 인가? (단, $20[^\circ\text{C}]$ 때 경동선의 고유저항 $\rho = \dfrac{1}{55} \times 10^{-6}[\Omega\cdot\text{m}]$ 이다.)

① 0.145 ② 0.537 ③ 1.304 ④ 15.9

해설 | 전선의 단면적 $A = \dfrac{\pi d^2}{4} \times N = \dfrac{\pi \times 2.9^2}{4} \times 19 = 125.4\,[\text{mm}^2]$ **답** ①

$\therefore$ 저항 $R = \rho\dfrac{\ell}{A} = \dfrac{1}{55} \times \dfrac{1000}{125.4} = 0.145\,[\Omega]$

예제 4

$20[℃]$ 에서 저항 온도계수 $\alpha_{20} = 0.004$ 인 저항선의 저항이 $100[\Omega]$ 이다.
이 저항선의 온도가 $80[℃]$ 로 상승될 때 저항은 몇 $[\Omega]$ 이 되겠는가?

① 24 ② 48 ③ 72 ④ 124

해설 | 온도 상승 후 저항 $R_T = R_t[1+\alpha_t(T-t)]$ **답** ④

$\therefore R_{80} = R_{20}[1+\alpha_{20}(80-20)] = 100(1+0.004(80-20)) = 124\,[\Omega]$

1-3 키르히호프의 법칙

1. 개요(Kirchhoff 's law)

(1) 독일의 물리학자 키르히호프(Gustav R. Kirchhoff)는 1849년에 전류에 관한 법칙과 열복사에 관한 법칙을 발견하였다.

(2) 전류에 관한 법칙은 전자기학 분야에서 정상전류에 대한 옴의 법칙을 일반화하여, 임의의 복잡한 회로에 흐르는 전류를 구할 때 사용된다.

(3) 키르히호프의 법칙은 전류에 관한 제1법칙과 전압에 관한 제2법칙이 있다.

2. 키르히호프의 제1법칙(전류법칙, KCL)

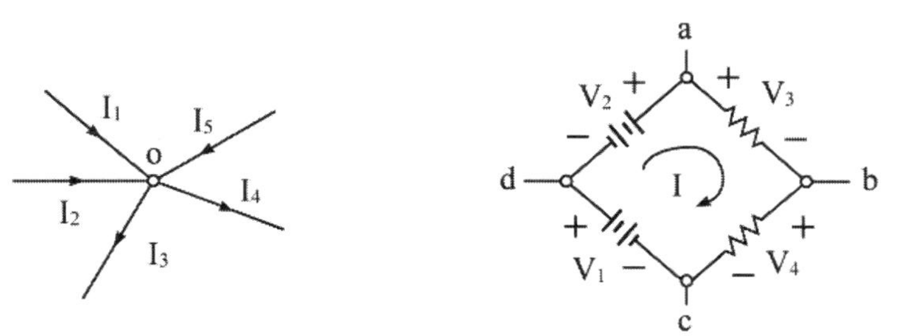

(a) KCL (b) KVL

* 여기서, a, b, c, d 점을 마디(node)라 하며,
마디와 마디 사이($a \sim b$)를 지로(branch)라 한다.

【그림 1-4】 키르히호프 법칙

(1) 임의의 마디에 유입되는 전류의 총합은 유출되는 전류의 총합과 같다. 즉 전류는 회로의 어느 한 지점에 머무르거나 고여있지 못하며 회로의 어느 한 점이든 들어온 전류는 반드시 나가게 되어있다.

(2) 이를 식으로 표현하면 다음과 같다.

$I_1 + I_2 + I_5 = I_3 + I_4$ 에서 $I_1 + I_2 + (-I_3) + (-I_4) + I_5 = 0$ 이므로

∴ 제1법칙(KCL) : $\sum_{i=1}^{n} I_i = 0$ ………………………… (式 1-17)

3. 키르히호프의 제2법칙(전압법칙, KVL)

(1) 임의의 폐회로(loop)내의 기전력의 총합은 전기소자(저항 등)에 의한 전압강하의 총합과 같다. 즉 전기소자에 걸리는 총 전압은 기전력이 제공하는 총 전압값과 같고 초과할 수 없다.

(2) 이를 식으로 표현하면 다음과 같다.

$V_1 + V_2 = V_3 + V_4$ 에서 $V_1 + V_2 + (-V_3) + (-V_4) = 0$ 이므로

∴ 제2법칙(KVL) : $\sum_{i=1}^{n} V_i = 0$ ······ (式 1-18)

(3) 이때 부호규약은 다음과 같다. (【그림 1-4】(b) 참고)

① 능동소자 : 전류가 나가는 방향이 (+), 들어가는 방향이 (−)

② 수동소자 : 전류가 들어가는 방향이 (+), 나가는 방향이 (−)

③ 능동소자란 전압원 또는 전류원이며, 수동소자란 회로의 R, L, C 소자를 말한다.

1-4 저항의 접속법

1. 저항의 직렬접속

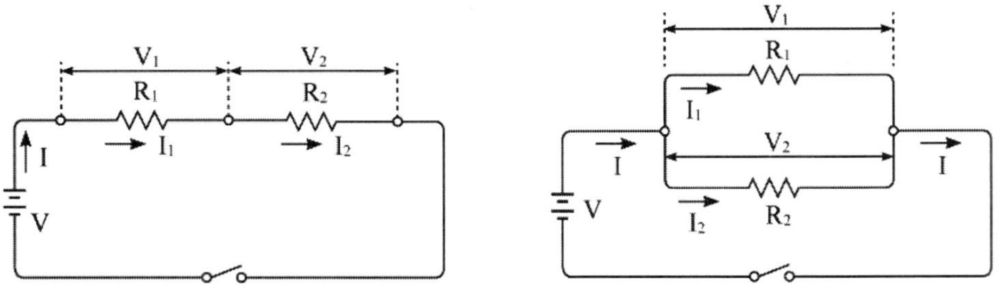

(a) 직렬접속 (b) 병렬접속

【그림 1-5】 저항의 접속법

(1) 회로가 복잡해짐에 따라 하나의 회로에 여러 개의 저항이 들어있을 수 있고 여러 개의 저항이 다양한 형태로 들어있을 수 있다. 모든 도면과 회로의 모양을 외우

는 것은 불가능에 가까우므로 복잡한 회로를 분석할 수 있는 원리가 필요하다.

(2) 2개 이상의 저항을 접속하는 방법에는 크게 직렬과 병렬접속이 있다.

(3) 여기서 직렬접속법이란 여러 개의 저항을 일렬로 접속한 것으로 전류가 지나갈 수 있는 길이 오직 하나뿐인 방식을 말한다. 이를 그림으로 나타내면【그림 1-5】(a)와 같고 저항의 개수가 더욱 늘어나더라도 전류가 흐를 수 있는 길은 딱 하나밖에 없다.

(4) 키르히호프의 제1법칙과 제2법칙을 적용하면 직렬회로의 특징을 알 수 있다.

① KCL : $I=I_1=I_2$ (전류 일정) ………… (式 1-19)

② KVL : $V=V_1+V_2$ (전압 분배) ………… (式 1-20)

(5) (式 1-19)와 (式 1-20)에 옴의 공식을 적용하면 다음과 같이 정리할 수 있다.

③ $V=V_1+V_2=I_1R_1+I_2R_2$ 이고, KCL에 의해 $I=I_1=I_2$ 이므로

④ $V=I(R_1+R_2)$이 성립한다.

(6) 이때 ④ 항의 (R_1+R_2)을 또 다른 저항 R_T로 놓으면 ④ 항은 $V=IR_T$가 되며 이는 옴의 공식인 $V=IR$ 꼴이 된다. 즉 두 개의 저항 R_1과 R_2가 직렬로 놓인 회로는 하나의 저항 R_T를 놓은 회로와 같다는 것이다. 이와 같이 저항이 여러 개인 회로를 그것과 같은 가치를 지닌 하나의 저항으로 바꾸는 것을 회로의 등가변환(等價; 값이 같다) 또는 저항의 합성이라고 하며 이렇게 만들어진 하나의 저항을 **등가 저항** 또는 **합성 저항**이라고 한다.

(7) 따라서 직렬 회로에서 합성저항을 구하는 방법은 아래와 같이 정리할 수 있다.

직렬 합성 저항 : $R_T=\dfrac{V}{I}=\dfrac{I(R_1+R_2)}{I}=R_1+R_2\,[\Omega]$ ………… (式 1-21)

여기서, 합성저항 R_T의 첨자 T는 total을 의미하나 이 표현은 교재나 문제마다 다를 수 있다.

(8) 또한 키르히호프의 전압 법칙에 따르면 회로의 기전력과 부하가 받는 전압의 크기는 같다. 위 ③항에 의하면 부하저항 R_1과 R_2가 기전력의 전압을 일정량씩 나눠 갖는 것으로 이해할 수 있다. 이를 **전압 분배 법칙**이라고 하며 각 저항에 걸리는 전압은 아래와 같은 방법으로 계산할 수 있다.

$$⑤\ V_1 = I_1 R_1 = IR_1 = \frac{V}{R} \times R_1 = \frac{R_1}{R_1 + R_2} \times V \quad \cdots\cdots (式\ 1\text{-}22)$$

$$⑥\ V_2 = I_2 R_2 = IR_2 = \frac{V}{R} \times R_2 = \frac{R_2}{R_1 + R_2} \times V \quad \cdots\cdots (式\ 1\text{-}23)$$

2. 저항의 병렬접속

(1) 여러 개의 저항을 일렬로 배치하는 방법 말고도 나란히 배치하는 방법이 있다. 이를 저항의 병렬접속이라고 하며 그 모양은 【그림 1-5】(b)와 같다. 즉 회로의 어느 한 지점(node)에서 전류가 지나갈 수 있는 길이 2개 이상이라면 이것을 병렬 회로라고 할 수 있다.

(2) 키르히호프의 제1법칙과 제2법칙을 적용하면 병렬회로의 특징을 알 수 있다.

① KCL : $I = I_1 + I_2$ (전류 분배) ······ (式 1-24)

② KVL : $V = V_1 = V_2$ (전압 일정) ······ (式 1-25)

(5) (式 1-24)와 (式 1-25)에 옴의 공식을 적용하면 다음과 같이 정리할 수 있다.

③ $I = I_1 + I_2 = \dfrac{V_1}{R_1} + \dfrac{V_2}{R_2}$ 이고, KVL에 의해 $V = V_1 = V_2$ 이므로

④ $I = V\left(\dfrac{1}{R_1} + \dfrac{1}{R_2}\right)$이 성립한다.

(6) 직렬회로와 같은 방법으로 병렬회로의 합성저항을 구하면 다음과 같다.

$$\text{병렬 합성 저항} : R = \frac{V}{I} = \frac{1}{\frac{1}{R_1} + \frac{1}{R_2}} = \frac{R_1 \times R_2}{R_1 + R_2} [\Omega] \quad \cdots\cdots (式\ 1\text{-}26)$$

(7) 위 (式 1-26)에서 보듯이 병렬회로에는 분수 꼴이 자주 등장하므로 컨덕턴스를 이용하여 회로를 해석하는 것이 상대적으로 편리할 수 있다.

$$\text{합성 컨덕턴스} : G = \frac{1}{R} = \frac{1}{R_1} + \frac{1}{R_2} = G_1 + G_2 [\mho] \quad \cdots\cdots (式\ 1\text{-}27)$$

(8) 키르히호프의 전류 법칙에 따르면 회로의 한 점에서 들어온 전류와 나가는 전류의 크기는 같다. 위 ③항에 의하면 큰 강물이 여러 갈래의 지류로 쪼개지는 것처럼 전류도 여러 길로 쪼개지는 것으로 이해할 수 있다. 이를 **전류 분배 법칙**이라고 하며 아래와 같은 식으로 나타낸다.

⑤ $I_1 = \frac{V_1}{R_1} = \frac{V}{R_1} = \frac{R}{R_1} \times I = \frac{R_2}{R_1 + R_2} \times I$ ………………………………(式 1-28)

$= \frac{\frac{1}{G_2}}{\frac{1}{G_1} + \frac{1}{G_2}} \times I = \frac{\frac{1}{G_2}}{\frac{G_1 + G_2}{G_1 \times G_2}} \times I = \frac{G_1}{G_1 + G_2} \times I$ ………………(式 1-29)

⑥ $I_2 = \frac{V_2}{R_2} = \frac{V}{R_2} = \frac{R}{R_2} \times I = \frac{R_1}{R_1 + R_2} \times I$ ………………………………(式 1-30)

$= \frac{\frac{1}{G_1}}{\frac{1}{G_1} + \frac{1}{G_2}} \times I = \frac{\frac{1}{G_1}}{\frac{G_1 + G_2}{G_1 \times G_2}} \times I = \frac{G_2}{G_1 + G_2} \times I$ ………………(式 1-31)

(9) 크기가 동일한 저항($R[\Omega]$)을 여러 개(n개) 사용하여 회로를 구성한 경우, 더욱 간단하게 합성저항을 구할 수 있다.

⑦ 직렬 시 합성저항 : $R_S = nR[\Omega]$ ………………………………………(式 1-32)

⑧ 병렬 시 합성저항 : $R_P = \frac{R}{n}[\Omega]$ ………………………………………(式 1-33)

(10) 병렬 합성의 증명은 아래와 같다.

$$R_P = \frac{1}{\frac{1}{R_1} + \frac{1}{R_2} + \cdots + \frac{1}{R_n}} = \frac{1}{\frac{n}{R}} = \frac{R}{n}[\Omega] \quad \text{………………………(式 1-34)}$$

여기서, $R_1 = R_2 = R_3 = \cdots = R_n = R$

(11) 즉, 크기가 같은 저항을 직렬로 접속한 경우의 합성저항은 저항의 크기에 개수를 곱한 것과 같고 병렬로 접속한 경우는 한 개 저항의 크기를 병렬 회로 수(저항의 개수)로 나눈 것과 같다.

3. 휘스톤 브릿지 평형 회로

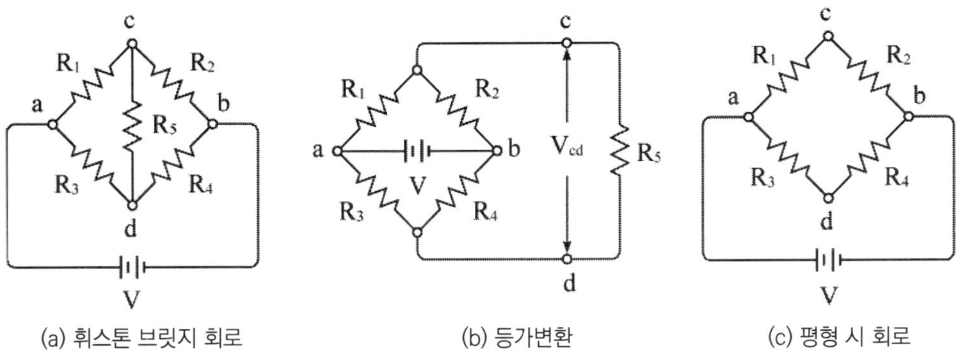

【그림 1-7】 휘스톤 브릿지 회로

(1) 휘스톤 브릿지 회로란【그림 1-7】(a)같은 회로이다. 얼핏 보면 단순한 직렬, 병렬 회로같지만 저항 R_5 때문에 일반적으로 해석하기는 어려운 회로이다.

(2) 이때 특정 조건을 만족하면 c점과 d이 등전위가 되어 R_5측으로 전류가 지나가지 않게 되므로【그림 1-7】(c)와 같이 개방된 회로로 해석할 수 있다. 이를 브릿지 회로의 평형 또는 평형조건이라고 하며 그 내용은 다음과 같다.

① 브릿지 회로의 평형조건 : $R_1R_4 = R_2R_3$ ································ (式 1-35)

② 회로 합성저항 : $R_T = \dfrac{(R_1+R_2)\times(R_3+R_4)}{(R_1+R_2)+(R_3+R_4)}[\Omega]$ ················· (式 1-36)

(3) 즉, 브릿지 회로에서 마주 보는 저항끼리 곱의 비율이 일정하다면 가운데 저항은 마치 전선이 끊어진 것처럼(개방, open) 취급할 수 있다.

(4) 브릿지 회로의 평형조건 증명 (【그림 1-7】(b)에서 단자전압 V_{cd}를 구하면)

③ $V_c = \dfrac{R_2}{R_1+R_2}\times V$, $V_d = \dfrac{R_4}{R_3+R_4}\times V$ ································ (式 1-37)

④ $V_{cd} = V_c - V_d = \dfrac{R_2R_3 - R_1R_4}{(R_1+R_2)(R_3+R_4)}\times V$ ······························ (式 1-38)

위 (式 1-38)에서 $R_1R_4 = R_2R_3$ 의 조건은 만족하면 c와 d점은 등전위($V_{cd} = 0$)가 되어 c, d 사이의 지로(branch)에는 전류가 흐르지 않는다.

(4) 만약, $R_1R_4 \neq R_2R_3$ 와 같이 평형조건이 아닐 경우에는 테브난의 정리에 의해서 해석할 수 있다.

예제 5

그림에서 a, b 단자에 200[V] 를 가할 때 저항 2[Ω] 에 흐르는 전류는?

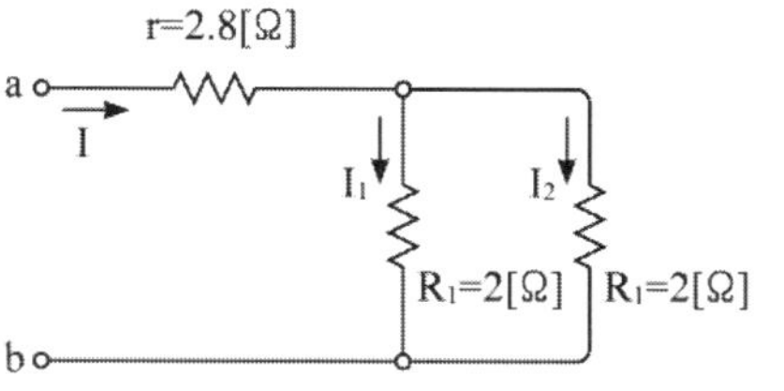

① 40[A]
② 30[A]
③ 20[A]
④ 10[A]

해설 | ① 합성저항 : $R = r + \frac{R_1 \times R_2}{R_1 + R_2} = 2.8 + \frac{2 \times 3}{2+3} = 4[\Omega]$

답 ②

② 회로 전체 전류 : $I = \frac{V}{R} = \frac{200}{4} = 50[A]$

∴ 전류 분배 법칙 : $I_2 = \frac{R_1}{R_1 + R_2} \times I = \frac{3}{2+3} \times 50 = 30[A]$

예제 6

그림과 같은 회로에서 S 를 열었을 때 전류계의 지시는 10[A] 이었다. S 를 닫을 때 전류계의 지시는 몇 [A] 인가?

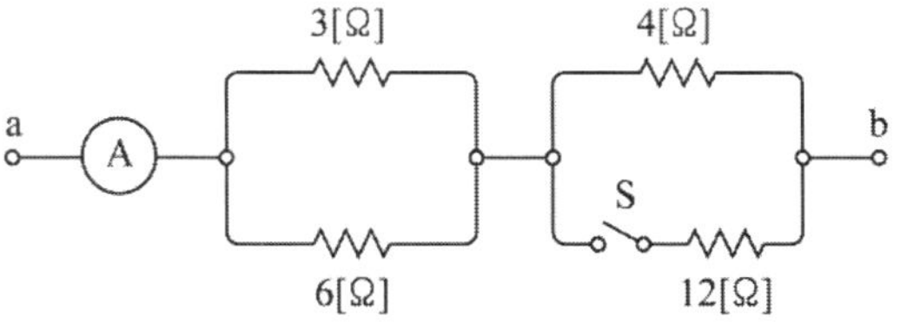

① 8
② 10
③ 12
④ 15

해설 | ① S 를 열었을 때 합성저항은 $R_o = \frac{3 \times 6}{3+6} + 4 = 6[\Omega]$ 이고,

답 ③

이때의 전체 전류가 $I_o = 10[A]$ 이므로 회로 a, b 양단사이의 기전력은 $V = I_o R_o = 10 \times 6 = 60[V]$ 가 된다.

② S 를 닫을 때의 합성저항은 $R_c = \frac{3 \times 6}{3+6} + \frac{4 \times 12}{4+12} = 5[\Omega]$ 이고,

기전력은 60[V] 이므로 S를 닫았을 때의 전체 전류는 다음과 같다.

∴ $I_c = \frac{V}{R_c} = \frac{60}{5} = 12[A]$

1-5 전력과 열량

1. 전력(電力, Power)

(1) 전력이란, 단위시간 당 전기가 행한 일을 나타내며 대표문자로 P, 단위로 [W](와트, watt)를 사용한다. 여기서 단위시간이란 1초이며 순간적으로 측정되는 순시값으로 이해하는 편이 좋다.

(2) 전력 정의 식은 (式 1-39)와 같고 여기에 (式 1-2)을 대입하면 (式 1-40)이 되며, 여기에 다시 (式 1-9)의 옴의 법칙을 대입하여 정리하면 전력공식 중에서 가장 많이 사용하는 (式 1-41)이 된다.

① 전력의 정의 식 : $P = \dfrac{W}{t}$ [J/s = W] .... (式 1-39)

② (式 1-2) 대입 : $P = \dfrac{W}{t} = \dfrac{QV}{t} = \dfrac{It\,V}{t} = VI$[W] .... (式 1-40)

③ (式 1-9) 대입 : $P = VI = I^2R = \dfrac{V^2}{R}$[W] .... (式 1-41)

참고 : (式 1-40)에서 $V = IR$ 또는 $I = \dfrac{V}{R}$ 을 대입하여 정리하면 (式1-41)이 된다.

(3) 부하의 소비전력을 구할 때 직렬회로에서는 전류가 일정하므로 $P = I^2R$ 을 사용하고, 병렬회로에서는 전압이 일정하므로 $P = \dfrac{V^2}{R}$ 의 공식을 사용한다. 여기서 I는 저항 R을 통과하는 전류의 크기이고, V는 저항의 단자전압을 의미한다.

(4) 만약, 【그림 1-6】와 같이 R_1과 R_2가 병렬로 접속되어 있는 경우 R_1의 소비전력을 구하기 위해서는 R_1을 통과하는 전류 I_1을 구한 다음 $P = I_1^2R_1$ 으로 구해야 하는 번거로움이 있다.

2. 전력량과 줄열(Joule's heat)

(1) 전력량이란 정해진 시간 동안에 얼마나 많은 전력을 소모하였는지에 대한 개념으로 특정 부하에서 소모하는 에너지가 된다. 전력량의 대표문자는 W, 단위로 [W·s = J] 을 사용한다.

(2) 도체에 전류가 흐르면 도체는 에너지(전력)를 소비하며 이 에너지는 열의 형태로 소비된다. 이렇게 소비되는 열(발열량)을 줄열(Joule's heat)이라고 하며 대표문자로 H, 단위로 [cal]를 사용한다.

① 전력량 : $W = Pt = VIt = I^2Rt = \frac{V^2}{R}t$ [W·sec= J] ·············· (式 1-42)

② 발열량 : $H = 0.24\,W = 0.24\,VIt = 0.24\,I^2Rt = 0.24\,\frac{V^2}{R}t$ [cal] (式 1-43)

(3) 현장에서 전력량의 단위로 [kWh]를 사용하며 이를 발열량 또는 줄열로 환산하면 다음과 같다.

$1\,[\text{kWh}] = 3600\,[\text{kWs} = \text{kJ}] = 3600 \times 0.24 \fallingdotseq 860\,[\text{kcal}]$ ················ (式 1-44)

여기서, $1\,[\text{J}] = \frac{1}{4.2}\,[\text{cal}] = 0.23089 \fallingdotseq 0.24\,[\text{cal}]$

1-6 전류의 열작용 (열전현상)

1. 접촉 전위차와 볼타(Volta)의 법칙

(1) 두 종류의 도체를 접촉시키면 접촉면에 일정한 전위차가 생긴다. 이 전위차를 접촉 전위차라고 한다.

(2) 일정 온도에서 다수의 도체를 직렬로 접촉시켰을 때 양 단자의 전위차의 합은 양 단자의 도체를 직접 접촉시켰을 때의 전위차와 같다. 이것이 볼타의 법칙이다.

2. 열기전력(Seebeck effect)

(1) 두 종류의 금속을 고리 모양으로 이어서 두 접속점을 다른 온도로 유지하면, 이 회로에 전류가 흐른다.

(2) 이것을 열전류, 이와 같이 연결한 금속의 루프를 열전대라고 하며, 이 현상을 제베크 효과(Seebeck effect)라고 한다.

3. 펠티어 효과(Peltier effect)

(1) 두 종류의 금속의 접속점을 통하여 전류가 흐를 때 접속점에 줄열 이외의 발열 또는 흡열이 일어나는 현상을 말한다.
(2) 제베크 현상과 반대의 개념으로 펠티어 소자를 이용하여 냉장고 등을 만들 수 있다.

4. 톰슨 효과(Thomson effect)

동일 금속이라도 부분적으로 온도가 다른 금속선에 전류를 흘리면 온도 구배가 있는 부분에 줄열 이외의 발열 또는 흡열이 일어나는 현상이다.

1-7 전류의 화학작용

1. 원자

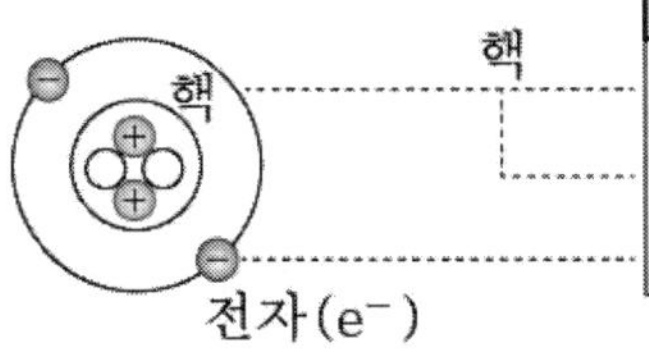

	전하	질량비
양성자	+	1
중성자	0	1
전자	−	1/1837

양성자·중성자: 거의 비슷
전자: 너무 작아 질량 무시

【그림 1-8】 원자의 구조

(1) 원자란 물질이 이루는 가장 작은 물질의 단위를 말하며 원자 중심에 양(+)전하를 띠는 원자핵이 있고, 그 주위를 음(−)전하를 띠는 전자가 움직이고 있다. 원자의 크기는 반지름 $10^{-7} \sim 10^{-8}$[cm] 로 매우 작으며 이러한 원자들이 여러 개 모여 하나의 분자를 이루게 된다.
(2) 원자핵에는 양성자와 중성자로 이루어지고 양성자는 +전하를 띄지만 중성자는 전하를 띠지 않고 양성자와 전자의 수는 같으므로 원자는 전기적으로 중성상태가 된다.

(3) 원자와 원소

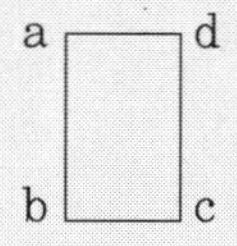

a : 원자번호 = 양성자의 수 = 전자의 수

b : 질량 수 = 양성자 + 중성자

c : 원자의 수, d : 전하의 수

예) H_2O : 2종류의 원소, 3개의 원자

(4) 원자 번호

$_1H$	$_2He$	$_3Li$	$_4Be$	$_5B$	$_6C$	$_7N$	$_8O$	$_9F$	$_{10}Ne$
수소	헬륨	리튬	베릴륨	붕소	탄소	질소	산소	플루오르	네온
$_{11}Na$	$_{12}Mg$	$_{13}Al$	$_{14}Si$	$_{15}P$	$_{16}S$	$_{17}Cl$	$_{18}Ar$	$_{19}K$	$_{20}Ca$
나트륨	마그네슘	알루미늄	규소	인	황	염소	아르곤	칼륨	칼슘

2. 산화와 환원

(1) 산화와 환원은 좁은 의미로는 산소와 수소의 결합으로 정의를 하며, 넓은 의미로는 전자의 이동이나 산화수의 변화로 정의하며, 아래와 같이 정리할 수 있다.

① 산소를 얻으면 산화, 산소를 잃으면 환원

② 전자를 잃으면 산화, 전자를 얻으면 환원

③ 수소를 잃으면 산화, 수소를 얻으면 환원

(2) 동(Cu)을 공기 중에서 가열하면 검정색인 산화동이 되는데 이 변화를 화학식으로 나타낼 수 있으며 전자의 움직임에 대하여 반응을 살펴보면 동(Cu)은 원자 1개당 2개의 전자를 잃는 산화작용을 하고, 산소(O_2)는 원자 1개당 2개의 전자를 얻어 환원작용을 한다.

$4e^-$ $\quad O_2 + 4e^- \rightarrow 2O_{2-}$

$2Cu$(환원제) + O_2(산화제) $\rightarrow$ $2Cu^{2+}O^{2-}$

전자를 잃음(산화) $\quad Cu^{2+}$

① 산화제 : 상대 물질을 산화시키는 물질

② 환원제 : 상대 물질을 환원시키는 물질

(3) 금속의 반응성

반응성 커짐 ⟶ ⟶ 반응성이 작아짐

K Ca Na Mg Al Zn Fe Ni Sn Pb (H) Ca Hg Ag Pt Pt Au

금속의 반응성이 크다. = 전자를 잘 잃음
= 양이온이 잘됨 = 산화가 잘됨 = 환원력이 크다.

3. 화학식

(1) 화학식은 원소기호를 이용하여 물질을 이루는 분자, 이온 등을 표현하는 식으로 화합물은 항상 중성상태가 되어야 한다. 즉, 전하량의 합은 0가 된다.

(2) 다원자 이온
여러 개의 원자가 집단을 이루어 하나의 원자처럼 행동하면서, 동시에 전하를 띠고 있어 일반적인 단원자이온과 비슷하게 행동하는 물질이다.

① OH^- : 수산화 이온 ($O^{2-} + H^+ \rightarrow OH^-$)
② NO_3^- : 질산 이온
③ CO_3^{2-} : 탄산 이온
④ SO_4^{2-} : 황산 이온 ($S^{6+} + O_4^{2-} \rightarrow SO_4^{2-}$)
⑤ MnO_4^- : 과망간산 이온
⑥ NH_4^+ : 암모늄 이온
⑦ PO_4^{3-} : 인산 이온

(3) 예제

① $Na^+ + Cl^- \rightarrow NaCl$: 염화 나트륨
② $Ca^{2+} + Cl^- \rightarrow CaCl$: 염화 칼슘
③ $Al^{3+} + O^{2-} \rightarrow Al_2O_3$: 산화 알루미늄
④ $Li^+ + O^{2-} \rightarrow Li_2O$: 산화 리튬
⑤ $Ca^{2+} + O^{2-} \rightarrow CaO$: 산화 칼슘

⑥ Na^+ + OH^- → NaOH : 수산화 나트륨
⑦ Ca^{2+} + OH^- → NaOH : 수산화 칼슘
⑧ Na^+ + CO_3^{2-} → NaOH : 탄산 나트륨
⑨ Ca^{2+} + CO_3^{2-} → NaOH : 탄산 칼슘
⑩ NH_4^+ + Cl^- → NaOH : 염화 암모늄
⑪ H^+ + PO_4^{3-} → NaOH : 인산

4. 전기 분해

(1) 전기 분해(electrolysis)란, 전극 사이에 전해질 수용액 또는 용융염 등의 이온 도전체에 직류 또는 교류를 인가하여 두 전극에서 발생하는 화학반응을 이용해 원하는 생성물을 얻는 방법으로 전해(電解, electrolysis)라고도 한다.

① 전리(ionization) : 어떤 물질이 물에 녹아 양이온과 음이온으로 분리되는 현상을 말한다.

② 이온(ion) : 전기적으로 중성인 원자 또는 전자를 잃어서 양전하(+)를 띠거나 전자를 얻어서 음전하(−)를 띤 입자를 말한다.

③ 전해질(electrolyte) : 물에 용해되어 전류를 흐를 수 있도록 한 물질을 말한다.

④ 전해액(electrolyte) : 전기 분해를 위하여 전지의 양극과 음극을 담그는 용액으로 이온을 전도시키는 역할을 한다.

(2) 즉, 전해질 수용액에 전류를 흘려 물질을 분해시키는 일을 말하며 아래와 같이 전기분해 할 수 있다.

① 황산구리 : $CuSO_4 \rightarrow Cu^{2+} + SO_4^{2-}$
② 황산 : $H_2SO_4 \rightarrow 2H^+ + SO_4^{2-}$

5. 패러데이의 법칙

(1) 전기 분해에 의하여 전극에 석출되는 물질의 양(W)은 전해액을 통과하는 총 전기량(Q)과 그 물의 화학당량(K, chemical equivalent)에 비례한다.

(2) 패러데이 법칙의 수식적 표현

① $W = KQ = KIt\,[g]$ ·························· (式 1-45)

② $K = \dfrac{원자량}{원자가}$ ·························· (式 1-46)

여기서, W : 석출된 물질의 양[g]

K : 전기 화학당량(어떤 원소의 원자량을 원자가로 나눈 값으로 원자가란, 한 원자가 다른 원자와 결합할 수 있는 능력을 말한다.)

Q : 전기량[C]

I : 전해액을 통과한 전류의 크기[A]

t : 통전 시간[s]

(3) 전기화학 반응속도는 온도, 농도, 전압, 전극의 재질, 전위 등에 영향을 받는다.

6. 전지의 원리(볼타 전지)

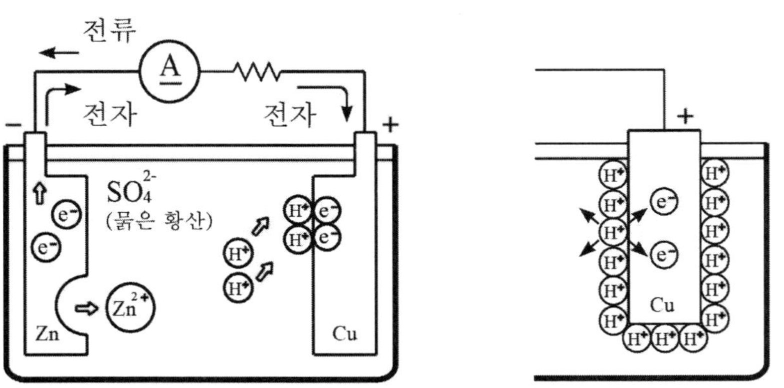

(a) 전지의 원리 (b) 분극현상

【그림 1-9】 볼타 전지

(1) 【그림 1-9】(a)와 같이 아연판(Zn)과 동판(Cu)을 묽은 황산(SO_4^{2-})에 넣으면 이온화 경향이 큰 아연은 묽은 황산 중에 아연이온(Zn^{2+})으로 되어 용출하고, 아연판 표면에 전자(e^-)를 발생시킨다.

(−)극 : $Zn \rightarrow Z_n^{2+} + 2e^-$: 산화 반응

(2) 동판과 아연판을 전선으로 연결하면 아연판에서 발생한 전자는 도선을 따라 동판 측으로 흘러가 동판 표면에서 용액 중의 수소이온과 반응하여 수소(H_2)를 발생시켜 전류는 동판에서 아연판으로 흘러가게 된다.

$$(+)극 : 2H^+ + 2e^- \rightarrow H_2 \qquad : 환화 반응$$

(3) 볼타전지에서 전류가 흐르면 (+)극인 동판(Cu)에서 수소(H_2) 기체가 발생하고, 이 수소 기체가 동판(Cu) 주변을 둘러싸서 수소이온(H^+)이 동판으로부터 전자를 받는 것을 방해하는 현상을 분극현상이라 한다. 이러한 분극현상에 의해 볼타전자의 기전력은 처음에는 1.1[V]이지만, 잠시 후 분극작용에 의해 0.4[V]로 떨어지게 된다.

(4) 분극현상을 없애기 위해서는 발생한 수소 기체를 없애 주거나 염다리를 이용해야 한다. 이때 수소 기체를 산화시키기(H_2를 물로 바꾸어 준다.) 위해 사용되는 산화제를 감극제 또는 소극제(depolarizer)라 하며 이와 같이 분극현상을 방지하기 위해 고안된 전지가 다니엘 전지가 된다.

7. 납축전지

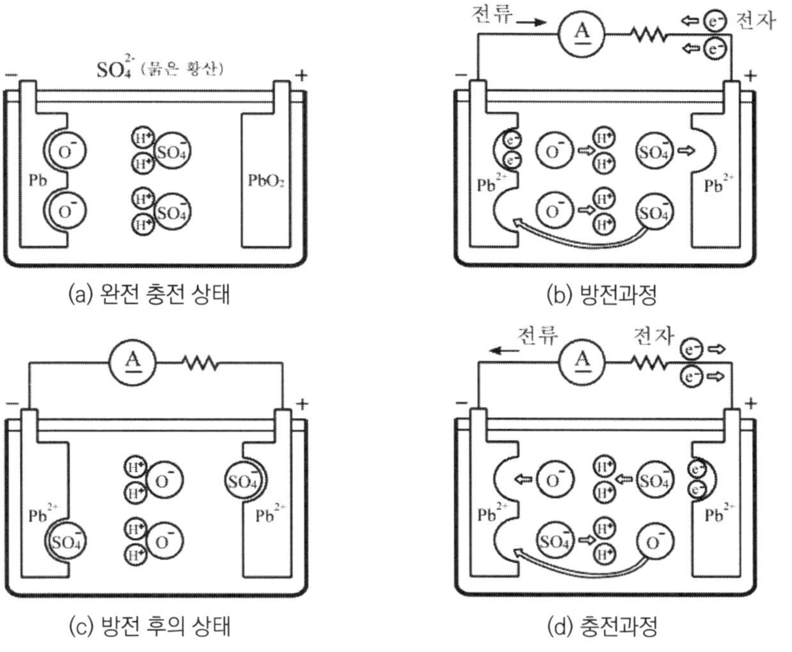

(a) 완전 충전 상태 (b) 방전과정

(c) 방전 후의 상태 (d) 충전과정

【그림 1-10】 납축전지(연축전지)

(1) 완전충전 상태 납축전지의 전해액은 비중이 1.2~1.3인 묽은 황상(SO_4^{2-})을 사용하며 양극(+)에 갈색의 과산화납(PbO_2)을 음극(–)에 해면상의 회색 납(Pb)을 사용한다.

① 클레드식(CS형) : 완만한 방전형

② 페이스트식(HS형) : 급 방전형

(2) 두 극판 사이에 부하(예, 전구)를 연결하면 두 전극판에 화학반응을 일으켜 양극에서 음극으로 전류가 흐르게 되는데(전자는 음극에서 양극으로 이동) 이때 양극판에서 화학작용을 보면 다음과 같다.

(3) 【그림 1–10】(b)와 같이 양극판의 과산화납(PbO_2)은 4가의 납이온(Pb^{4+})과 산소이온(O^{2-})으로 분해되어 음극으로부터 부하(예, 전구)를 거쳐 양극으로 전자가 이동하면, 4가의 납이온(Pb^{4+})으로부터 2가의 납이온(Pb^{2+})이 생성된다. 이때 2가의 납이온(Pb^{2+})은 전해액에서 해리된 2가의 황산이온(SO_4^{2-})과 반응하여 황산납($PbSO_4$)이 된다. 또한 양극판으로부터 전리된 2가의 산소이온(O^{2-})은 전해액에서 분리된 1가의 수소이온(H^+)과 반응하여 물이 생성하게 된다.

$$\text{양극} : PbO_2 + 4H^+ + SO_4^{2-} + 2e^- \xrightarrow{\text{방전}} PbSO_4 + 2H_2O \quad \cdots\cdots (\text{式 } 1\text{–}47)$$

(4) 음극판은 방전 시 양극판으로 전자를 보내기 때문에 전기적으로 중성상태의 납(Pb), 2가의 납이온(Pb^{2+})으로 변한 다음 전해액 내의 황산이온(SO_4^{2-})과 반응하여 황산납($PbSO_4$)이 된다.

$$\text{음극} : Pb + SO_4^{2-} \xrightarrow{\text{방전}} PbSO_4 + 2e^- \quad \cdots\cdots (\text{式 } 1\text{–}48)$$

(5) 납축전지 충전 시에는 충전기(외부 전원)을 이용하여 충전기의 (+)극을 납축전지의 (+)극에, 충전기의 (–)극을 납축전지의 (–)에 연결하여 충전시킬 수 있다. 충전 시에는 납축전지의 양극판에서 전자를 흡수하고, 전해액으로부터 2가의 황산이온(SO_4^{2-})이 양극판으로 이동하여, 자신이 가지고 있던 전자를 양극판에 주면서 불안전한 4가의 과황산화납($2PbSO_4$)이 된다.

(6) 충전전압은 과황산화납($2PbSO_4$)을 4가의 납이온(Pb^{4+})과 2가의 황산이온(SO_4^{2-})으로 분리시켜 4가의 납이온(Pb^{4+})은 물로부터 전리된 2가의 산소이온(O^{2-})과 반응하여 과산화납(PbO_2)이 된다. 양극판으로부터 전리된 황산이온(SO_4^{2-})은

물로부터 해리된 수소이온(H^+)과 반응하여 황산(H_2SO_4)이 된다.

$$\text{전체 : } \underset{(\text{음극})}{Pb} + \underset{(\text{양극})}{PbO_2} + \underset{(\text{전해액})}{2H_2SO_4} \underset{\text{충전}}{\overset{\text{방전}}{\rightleftarrows}} \underset{(\text{양극})}{2PbSO_4} + \underset{(\text{전해액})}{2H_2O} \quad \cdots\cdots (\text{式 } 1\text{-}49)$$

(7) 납축전지 기전력 약 2[V], 공칭용량은 10[Ah]가 된다.

8. 알칼리 축전지

(1) 전해액으로 알칼리 용액을 사용하며 양극(+)에 수산화 니켈($Ni(OH)_3$)을, 음극(−)에 철(Fe)을 사용한 에디슨형과 음극에 철대신 카드뮴(cd)을 구성한 융그너형이 있으며 최근에는 융그너형(니켈−카드뮴)을 많이 사용하고 있다.

포켓식	소결식
① AL형 : 완만한 방전형 ② AH형 : 표준형 ③ AMH형 : 급방전형 ④ AH−P형 : 초 급방전형	① AH−S형 : 초 급방전형 ② AHH형 : 초초 급방전형

(2) 알칼리 축전지의 공칭전압은 1.2[V], 공칭용량은 5[Ah]가 되며 화학 반응식은 다음과 같다.

$$\text{양극 : } PbO_2 + 4H^+ + SO_4^{2-} + 2e^- \underset{\text{충전}}{\overset{\text{방전}}{\rightleftarrows}} PbSO_4 + 2H_2O \quad \cdots (\text{式 } 1\text{-}50)$$

$$\text{음극 : } Cd + 2OH \underset{\text{충전}}{\overset{\text{방전}}{\rightleftarrows}} Cd(Oh)_2 + 2e^- \quad \cdots\cdots (\text{式 } 1\text{-}51)$$

$$\text{전체 : } \underset{(\text{양극})}{2NiO(OH)} + \underset{(\text{음극})}{Cd} + \underset{(\text{전해액})}{2H_2O} \underset{\text{충전}}{\overset{\text{방전}}{\rightleftarrows}} \underset{(\text{양극})}{2Ni(OH)_2} + \underset{(\text{음극})}{Cd(OH)_2} \quad \cdots (\text{式 } 1\text{-}52)$$

연습문제

01. 전류 측정 범위를 확대시키기 위하여 전류계와 병렬로 연결해야만 되는 것은?

① 배율기 ② 분류기
③ 중계기 ④ CT

해설
㉠ 배율기 : 전압의 측정 범위를 확대하기 위하여 전압계와 직렬로 배율저항을 접속
㉡ 분류기 : 전류의 측정 범위를 확대하기 위하여 전류계와 병렬로 분류저항을 접속

답 ②

02. 지름 1.2[m], 저항 7.6[Ω]의 동선에서 이 동선의 저항률을 0.0172[Ω·m]라고 하면 동선의 길이는 약 몇 [m]인가?

① 200 ② 300
③ 400 ④ 500

해설
전기저항 $R=\rho\frac{\ell}{s}$에서 동선의 길이는

$$\ell=\frac{sR}{\rho}=\frac{\pi r^2 R}{\rho}=\frac{\pi\times0.6^2\times7.6}{0.0172}$$
$$\fallingdotseq 500[\text{m}]$$

답 ④

03. 전압 및 전류측정방법에 대한 설명 중 틀린 것은?

① 전압계를 저항 양단에 병렬로 접속한다.
② 전류계는 저항에 직렬로 접속한다.
③ 전압계의 측정범위를 확대하기 위하여 배율기는 전압계와 직렬로 접속한다.
④ 전류계의 측정범위를 확대하기 위하여 저항분류기는 전류계와 직렬로 접속한다.

해설
㉠ 배율기 : 전압의 측정 범위를 확대하기 위하여 전압계와 직렬로 배율저항을 접속
㉡ 분류기 : 전류의 측정 범위를 확대하기 위하여 전류계와 병렬로 분류저항을 접속

답 ④

04. 동선의 저항이 20[℃]일 때 0.8[Ω]이라 하면 60[℃]일 때의 저항은 약 몇 [Ω]인가? (단, 동선의 20[Ω]의 온도계수는 0.0039이다.)

① 0.034 ② 0.925
③ 0.644 ④ 2.4

해설
온도 상승에 따른 저항값

$$R_T=R_0+R_0\alpha T=R_0[1+\alpha(t-t_0)]$$
$$=0.8[1+0.0039(60-20)]$$
$$=0.925[\Omega]$$

답 ②

05. 저항이 있는 도체에 전류를 흘리면 열이 발생되는 법칙은?

① 옴의 법칙
② 플레밍의 법칙
③ 줄의 법칙
④ 키르히호프의 법칙

해설
㉠ 전류가 흐를 때 발생되는 에너지
: $W = Pt = VIt = I^2Rt = \frac{V^2}{R}t[J]$
㉡ 전류가 흐를 때의 발열량
: $H = 0.24W = 0.24I^2Rt[cal]$

답 ③

06. 배전선에 6000[V]의 전압을 가하였더니 2[mA]의 누설전류가 흘렀다. 이 배전선의 절연저항은 몇 [MΩ]인가?

① 3 ② 6
③ 8 ④ 12

해설
전선의 절연체가 가지는 저항의 크기를 절연저항이라 하며, 이 절연저항의 크기가 작아지면 배전선에 누설전류(I_g)가 발생하게 된다.
∴ 절연저항 : $R = \frac{V}{I_g} = \frac{6000}{2 \times 10^{-3}}$
$= 3 \times 10^6 = 3[M\Omega]$

답 ①

07. 자동화재탐지설비의 감지기 회로의 길이가 500[m]이고, 종단에 8[kΩ]의 저항이 연결되어 있는 회로에 24[V]의 전압이 가해졌을 경우 도통 시험 시 전류는 약 몇 [mA]인가? (단, 동선의 저항률은 $1.69 \times 10^{-8}[\Omega \cdot m]$이며, 동선의 단면적은 $2.5[mm^2]$이고, 접촉저항 등은 없다고 본다.)

① 2.4 ② 3.0
③ 4.8 ④ 6.0

해설
㉠ 배선 저항
$R = \rho\frac{\ell}{s}$
$= \frac{1.69 \times 10^{-8} \times 500}{2.5 \times 10^{-6}} = 3.38[\Omega]$
㉡ 도통 시험 시 전류
$I = \frac{\text{회로전압}}{\text{배선저항} + \text{종단저항}}$
$= \frac{24}{3.38 + 8000} \times 10^3 = 3[mA]$

답 ②

08. 분류기를 써서 배율을 9로 하기 위한 분류기의 저항은 전류계 내부저항의 몇 배인가?

① $\frac{1}{8}$ ② $\frac{1}{9}$
③ 8 ④ 9

해설
분류저항 $R_s = \frac{R_a}{m-1} = \frac{R_a}{9-1} = \frac{R_a}{8}$
여기서, R_a : 전류계 내부저항
m : 배율

답 ①

09. 어떤 전지의 부하로 $6[\Omega]$을 사용하니 $3[A]$의 전류가 흐르고, 이 부하에 직렬로 $4[\Omega]$을 연결했더니 $2[A]$가 흘렀다. 이 전지의 기전력은 몇 $[V]$인가?

① 8　② 16
③ 24　④ 32

해설

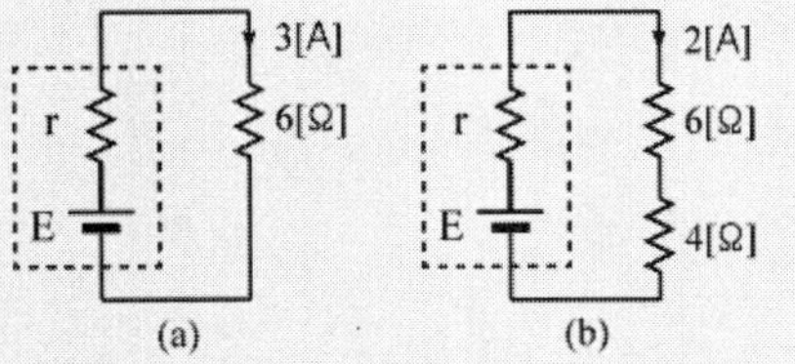

㉠ (a)의 경우 전지의 기전력
: $E=I(r+R)=3(r+6)$
여기서, r : 전지의 내부저항
R : 부하 저항

㉡ (b)의 경우 전지의 기전력
: $E=I(r+R_1+R_2)=2(r+6+4)$

㉢ (a)와 (b)의 기전력의 크기는 같으므로 $3(r+6)=2(r+10)$에서 전지 내부저항은 $r=2[\Omega]$ 이 되고

㉣ 내부저항을 ㉠식에 대입하면 전지의 기전력을 구할 수 있다.

$\therefore E=3(r+6)=3(2+6)=24[V]$

답 ③

10. 분류기를 써서 배율을 9로 하기 위한 분류기의 저항은 전류계 내부저항의 몇 배인가?

① $\frac{1}{8}$　② $\frac{1}{9}$
③ 8　④ 9

해설

분류저항 $R_s=\frac{R_a}{m-1}=\frac{R_a}{9-1}=\frac{R_a}{8}$
여기서, R_a : 전류계 내부저항
m : 배율

답 ①

11. 측정기의 측정범위 확대를 위한 방법의 설명으로 틀린 것은?

① 전류의 측정범위 확대를 위하여 분류기를 사용하고, 전압의 측정범위 확대를 위하여 배율기를 사용한다.
② 분류기는 계기에 직렬로 배율기는 병렬로 접속한다.
③ 측정기 내부 저항을 R_a, 분류기 저항을 R_s라 할 때, 분류기의 배율은 $1+\frac{R_a}{R_s}$ 로 표시된다.
④ 측정기 내부의 저항을 R_v, 배율기 저항을 R_m라 할 때, 배율기의 배율은 $1+\frac{R_m}{R_v}$로 표시된다.

해설

분류기는 계기에 병렬로, 배율기는 직렬로 접속해야 한다.

답 ②

12. 그림과 같은 회로 A, B 양단에 전압을 인가하여 서서히 상승시킬 때 제일 먼저 파괴되는 콘덴서는? (단, 유전체의 재질 및 두께는 동일한 것으로 한다.)

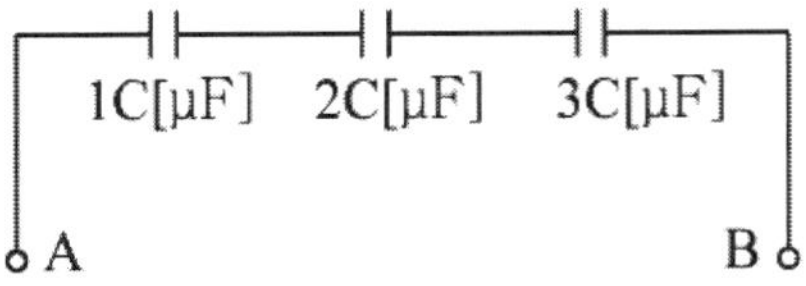

① $1[\mu F]$　② $2[\mu F]$
③ $3[\mu F]$　④ 모두

해설

콘덴서를 직렬로 연결하고 전압을 올리면 각 콘덴서에 같은 양의 전하가 쌓인다. 따라서 용량이 가장 작은 $1[\mu F]$에 전하가 가장 먼저 가득 찰 것이다.

답 ①

13. 직류 전압계의 내부저항이 500[Ω], 최대 눈금이 50[V]라면, 이 전압계에 3[kΩ]의 배율기를 접속하여 전압을 측정할 때 최대 측정치는 몇 [V]인가?

① 250 ② 303
③ 350 ④ 500

해설

배율 $m = 1 + \dfrac{R_m}{R_v} = 1 + \dfrac{3000}{500} = 7$ 배 이므로 최대 측정 전압 V_0는 다음과 같다.

$\therefore\ V_0 = mV = 7 \times 50 = 350\,[\mathrm{V}]$

여기서, R_m : 배율기 저항
R_v : 전압계 내부저항

답 ③

14. 인덕턴스가 0.5[H]인 코일의 리액턴스가 753.6[Ω]일 때 주파수는 약 몇 [Hz]인가?

① 120 ② 240
③ 360 ④ 480

해설

유도 리액턴스 $X_L = \omega L = 2\pi f L\,[\Omega]$에서

$\therefore$ 주파수 $f = \dfrac{X_L}{2\pi L} = \dfrac{753.6}{2\pi \times 0.5}$

$= 240\,[\mathrm{Hz}]$

답 ②

15. 어느 도선의 길이를 2배로 하고 전기저항을 5배로 하려면 도선의 단면적은 몇 배로 되는가?

① 10배 ② 0.4배
③ 2배 ④ 2.5배

해설

전기저항 $R = \rho\dfrac{\ell}{S}\,[\Omega]$에서 도선의 단면적은 $S = \rho\dfrac{\ell}{R}$에서 길이를 2배, 저항을 5배하면

$\therefore\ S' = \rho\dfrac{2\ell}{5R} = 0.4\rho\dfrac{\ell}{R} = 0.4S$

답 ②

16. 지름 8[mm]의 경동선 1[km]의 저항을 측정 하였더니 0.63536[Ω]이었다. 같은 재료로 지름 2[mm], 길이 500[m]의 경동선의 저항은 약 몇 [Ω]인가?

① 2.8 ② 5.1
③ 10.2 ④ 20.4

해설

원의 면적 $s = \pi r^2 = \pi\left(\dfrac{d}{2}\right)^2 = \dfrac{\pi d^2}{4}$ 이므로 전기저항 $R = \rho\dfrac{\ell}{s} = \rho\dfrac{4\ell}{\pi d^2} \propto \dfrac{\ell}{d^2}$ 이 된다.

따라서 지름과 길이에 변화를 주었을 때 경동선의 저항은 다음과 같다.

$$\therefore R' = R \times \frac{\frac{\ell'}{\ell}}{\left(\frac{d'}{d}\right)^2} = 0.63536 \times \frac{\frac{500}{1000}}{\left(\frac{2}{8}\right)^2}$$

$= 5.082\,[\Omega]$

답 ②

17. 20[℃]의 물 2[L]를 64[℃]가 되도록 가열하기 위해 400[W]의 온수기를 20분 사용하였을 때 이 온수기의 효율은 약 몇 [%]인가?

① 27　　② 59
③ 77　　④ 89

해설

효율 $\eta = \dfrac{mc\theta}{860Pt} = \dfrac{2\times1\times(64-20)}{860\times0.4\times\dfrac{20}{60}}$

$= 0.767 = 77[\%]$

답 ③

18. 다음과 같은 회로에서 $a-b$간의 합성저항은 몇 [Ω]인가?

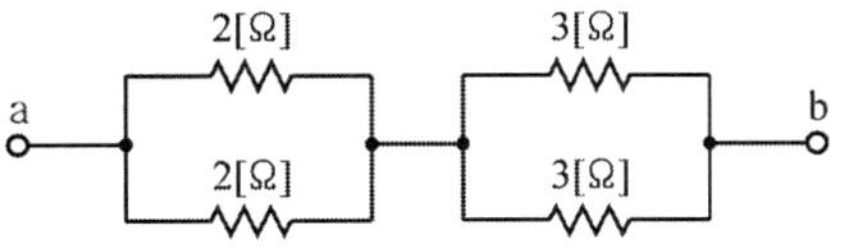

① 2.5　　② 5
③ 7.5　　④ 10

해설

동일 크기의 저항을 병렬로 접속했을 때 합성 저항은 한 개 저항의 크기 R를 병렬 저항 수n으로 나눈 것과 같다. 즉, $R_0 = \dfrac{R}{n}$ 이다.

$\therefore R_0 = \dfrac{2}{2} + \dfrac{3}{2} = 2.5[\Omega]$

답 ①

19. 200[Ω]의 저항을 가진 경종 10개와 50[Ω]의 저항을 가진 표시등 3개가 있다. 이들을 모두 직렬로 접속할 때의 합성저항은 몇 [Ω]인가?

① 250　　② 1250
③ 1750　　④ 2150

해설

부하가 모두 직렬접속 이므로
합성저항은
$\therefore R = 200[\Omega]\times10[\text{개}] + 50[\Omega]\times3[\text{개}]$
$= 2150[\Omega]$

답 ④

20. 페루프 제어의 특징에 대한 설명으로 옳은 것은?

① 외부의 변화에 대한 영향을 증가시킬 수 있다.
② 제어기 부품의 성능 차이에 따라 영향을 많이 받는다.
③ 대역폭이 증가한다.
④ 정확도와 전체 이득이 증가한다.

해설

폐루프 제어계(feedback control)의 특징
㉠ 외란에 대한 영향을 줄일 수 있다.
㉡ 제어기기의 부품성능이 저하되어도 안정적인 출력을 보낼 수 있다.
㉢ 제어계의 특성을 향상시킬 수 있다.
㉣ 비선형 왜곡이 감소한다.
㉤ 대역폭이 증가한다.
㉥ 계의 특성 변화에 대한 입력 대 출력비의 감도가 감소한다.
㉦ 구조가 복잡하고 설치비가 고가이다.
㉧ 발진을 일으키고 불안정한 상태로 되어가는 경향성이 있다.

답 ③

21. 국제 표준 연동 고유저항은 몇 [Ω·m]인가?

① 1.7241×10^{-9} ② 1.7241×10^{-8}
③ 1.7241×10^{-7} ④ 1.7241×10^{-6}

해설 각 도체의 고유저항은 다음과 같다.

㉠ 연동 : $\rho=\frac{1}{58}[\Omega\cdot mm^2/m]$

㉡ 경동 : $\rho=\frac{1}{55\sim56}[\Omega\cdot mm^2/m]$

㉢ 알루미늄 : $\rho=\frac{1}{35}[\Omega\cdot mm^2/m]$

$\therefore\ \rho=\frac{1}{58}[\Omega\cdot mm^2/m]$

$=\frac{1}{58}\times10^{-6}[\Omega\cdot m]$

$=1.7241\times10^{-9}[\Omega\cdot m]$

답 ①

22. 그림과 같은 회로에서 2[Ω]에 흐르는 전류는 몇 [A]인가? (단, 저항의 단위는 모두[Ω]이다.)

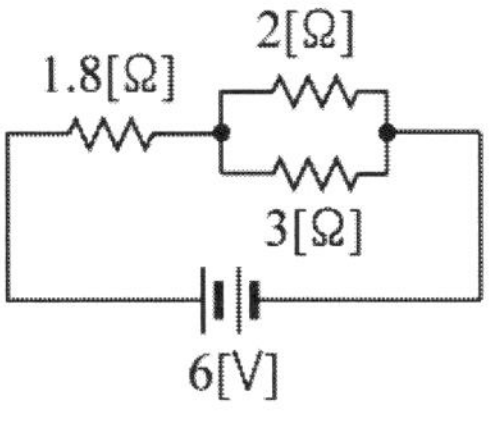

① 0.8 ② 1.0
③ 1.2 ④ 2.0

해설 ㉠ 합성 저항 : $R=1.8+\frac{2\times3}{2+3}=3[\Omega]$

㉡ 전체 전류 : $I=\frac{V}{R}=\frac{6}{3}=2[A]$

∴ 2[Ω]에 흐르는 전류(전류 분배 법칙)

: $I_2=\frac{3}{2+3}\times2=1.2[A]$

답 ③

23. 서로 다른 두 개의 금속도선 양끝을 연결하여 폐회로를 구성한 후, 양단에 온도차를 주었을 때 두 접점 사이에서 기전력이 발생하는 효과는?

① 톰슨 효과 ② 제어백 효과
③ 펠티에 효과 ④ 펀치 효과

해설 열전현상의 종류

㉠ 제벡 효과 : 두 종류의 금속을 루프상으로 이어 두 접속점을 다른 온도로 유지하면, 이 회로에 전류가 흐르는 현상

㉡ 펠티어 효과 : 두 종류의 금속으로 폐회로를 만들어 전류를 흘리면 양 접속점에서 한 쪽은 온도가 올라가고 다른 쪽은 온도가 내려가는 현상

㉢ 톰슨 효과 : 동일한 금속이라도 그 도체중의 두 점간에 온도차가 있으면 전류를 흘림으로써 열의 발생 또는 흡수가 생기는 현상

답 ②

24. 일정 전압의 직류전원에 저항을 접속하고 전류를 흘릴 때 전류의 값을 20[%] 감소시키기 위한 저항값은 처음의 몇 배인가?

① 0.05 ② 0.83
③ 1.25 ④ 1.5

해설 옴의 법칙 $R=\frac{V}{I}$ 에서 전류가 20%감소

$(0.8I)$하기 위한 저항값은 다음과 같다.

$\therefore\ R_x=\frac{V}{0.8I}=1.25\frac{V}{I}=1.25R[\Omega]$

답 ③

25. 지멘스(siemens)는 무엇의 단위인가?

① 비저항　　② 도전율
③ 컨덕턴스　　④ 자속

해설 전기저항 R의 역수를 컨덕턴스 G라 하면 단위는 $[1/\Omega]$ 또는 [℧, 모우] 또는 [S, 지멘스] 로 표시한다.

답 ③

26. 그림과 같은 회로에서 R_1과 R_2가 각각 $2[\Omega]$및 $3[\Omega]$이었다. 합성저항이 $4[\Omega]$이면 R_3는 몇 $[\Omega]$인가?

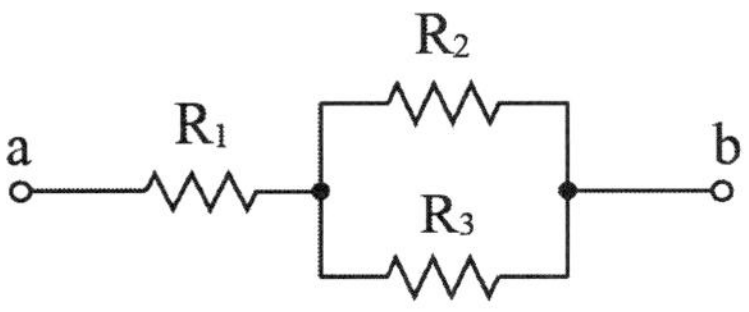

① 5　　② 6
③ 7　　④ 8

해설 합성저항

$$R=R_1+\frac{R_2\times R_3}{R_2+R_3}=2+\frac{3R_3}{3+R_3}=4\text{에서}$$

$$\frac{3R_3}{3+R_3}=2,\quad 3R_3=6+2R_3 \text{ 이므로}$$

$$\therefore\ R_3=6[\Omega]$$

답 ②

27. $2[\Omega]$의 저항 5개를 직렬로 연결하면 병렬연결 때의 몇 배가 되는가?

① 2　　② 5
③ 10　　④ 25

해설 ㉠ 직렬 시 합성저항 : $R_s=5R$

㉡ 병렬 시 합성저항 : $R_p=\dfrac{R}{5}$

$$\therefore\ \frac{R_s}{R_p}=\frac{5R}{\frac{R}{5}}=25$$

답 ④

제2장

전기자기학(전계와 자계)

제2장

전기자기학(전계와 자계)

2-1 정전계 기초 사항

1. 정전계의 기초 사항

1) 구속전자와 자유전자

(1) 원자핵 주위를 돌고 있는 전자는 원자핵으로부터 인력을 받고 있어 원자핵 주위를 돌며 속박되어 있다. 이러한 전자를 구속전자라 하고, 원자핵에 약하게 속박되어 있는 외곽전자는 특정한 원자에 속박되어 있지 않고 원자 사이를 자유롭게 돌아다닌다. 이러한 전자를 자유전자라 한다.

(2) 자유전자를 갖지 않는 절연체에 전기력을 가하면 구속전자의 변위만 일어나고 이동은 없다. 이와 같이 절연체 중에서도 전기작용이 일어나는 절연체를 유전체(誘電體 : dielectric)라 한다.

2) 전기분극과 유전율

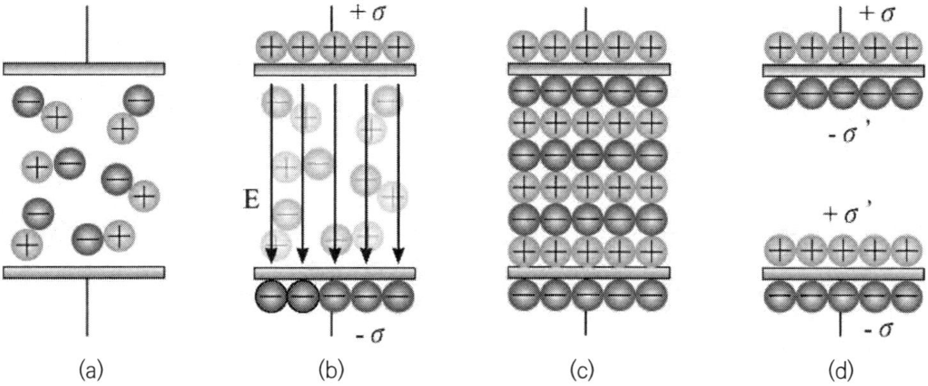

여기서, ±σ : 진전하 밀도, ±σ' : 분극 전하밀도

【그림 2-1 】전기분극

(1) 유전체는 많은 【그림 2-1】(a)와 같이 전 원자나 분자로 구성된 전기쌍극자를 가지며 유전체에 전계 E를 가하면 【그림 2-1】(c)와 같이 전기 쌍극자는 재배열하게 된다.
이 경우, 유전체 내에서 이웃한 정부의 전하는 상쇄되나, 유전체의 양단에서는 상쇄되지 않으므로 【그림 2-1】(d)와 같이 최외각에 전하가 나타나게 되는데 이러한 현상을 전기분극(電氣分極 : electric polarization)이라 한다.

(2) 유전율(permittivity, 誘電率)이란 물질(또는 공간)마다 갖고 있는 고유한 전기상수로 대표문자로 ϵ (epsilon), 단위로 [F/m]를 사용한다. 전계를 이해하고 계산할 때 필수적인 개념으로 전기의 힘이 어느 공간에 어느 정도로 작용하고 있는지 알 수 있게 하는 값이다. 물질마다 유전율이 다르지만 진공의 유전율(ϵ_0)은 불변이므로 진공을 유전율의 기본값으로 정한다. 물질마다 다른 유전율은 진공의 유전율 값의 상수 배로 표기하며 이때 곱해지는 상수를 비유전율(ϵ_s)이라고 한다.
① 유전율 : $\epsilon = \epsilon_0 \times \epsilon_s$ [F/m]
(ϵ_0 : 진공중의 유전율, ϵ_s 또는 ϵ_s : 비유전율)
② 진공중의 유전율 : $\epsilon_0 = 8.855 \times 10^{-12}$ [F/m]

3) 비유전율

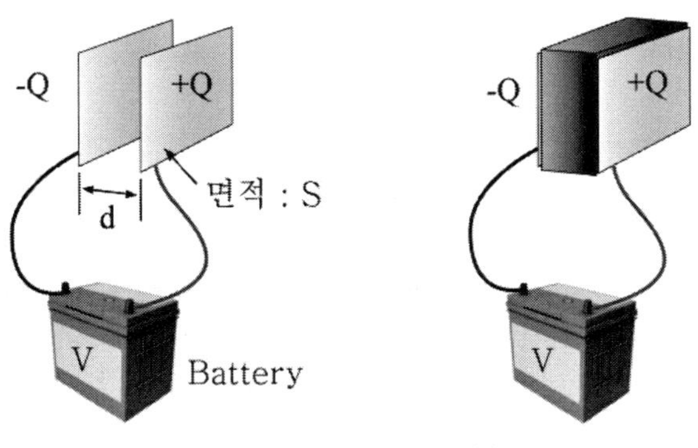

(a) 진공 콘덴서 C_0　　(b) 유전체 콘덴서 C

【그림 2-2】 콘덴서에 축적된 전기량

(1) 진공 상태를 기준으로 유전체의 전기적 특성변화 비율로, 진공 콘덴서 C_0와 유전체 콘덴서 C에 축적되는 전기량의 비율을 의미한다.

(2) 【그림 2-2】와 같이 극판 간격, 단면적, 구조가 모두 동일한 두 콘덴서에 한쪽에는 진공을 다른 한쪽에는 유전체(종이, 기름, 운모 등)를 채워 동일한 전위차 V

를 인가했을 경우를 비교하면, 유전체를 채운 콘덴서에 더 많은 전하량이 축적되게 된다. ($Q > Q_0$)

① 비유전율 : $\epsilon_s = \frac{Q}{Q_0} = \frac{CV}{C_0 V} = \frac{C}{C_0}$ .... (式 2-1)

② 콘덴서에 축적되는 총 전하량 : $Q = CV = \epsilon_s C_0 V$ .... (式 2-2)

(3) 위와 같이 진공 콘덴서에 유전체를 삽입하면 ϵ_s 배 만큼 콘덴서의 정전용량과 전기량이 증가하게 되는데 이때의 비율을 비유전율이라 하며, 비유전율은 1보다 크고【표 2-1】와 같이 유전체의 종류에 따라 크기가 다르다.

【표 2-1】 비유전율 표

물질	비유전율	물질	비유전율	물질	비유전율
진공	1	물	80.7	베클라이트	4.5~5.5
수소	1.000264	파라핀	2.1~2.5	운모	5.5~6.6
산소	1.000547	고무	2.0~3.5	유리	5.4~9.9
공기	1.000587	유황	3.6~4.2	금강석	16.5
변압기유	2.2~2.4	지류	2.0~2.6	장석자기	6~7
에틸알코올	25.8	에보나이트	2.8	염화티탄	15~5000

4) 투자율(magnetic permeability, 透磁率)

(1) 자성체가 자기장의 영향을 받아 자화할 때에 생기는 자속밀도 B와 진공 중에서 나타나는 자계의 세기 H의 비($B = \mu H$)를 말한다.

(2) 즉, 자성체가 자계에 의해 자화되는 정도를 나타내는 전기상수이다.

① 투자율 : $\mu = \mu_0 \times \mu_s$ [H/m]

(μ_0 : 진공 중의 투자율, μ_s : 비투자율)

② 진공중의 비투자율 : $\mu_0 = 4\pi \times 10^{-7}$ [H/m]

③ 진공의 비투자율은 1이며, 자성체의 종류에 따라 비투자율 값은 다르다.

2. 쿨롱의 법칙

(1) 어떤 공간에 두 개의 전하가 존재하면 둘 사이에는 힘이 생긴다. 이를 쿨롱의 법칙이라고 하며 전계를 해석하는 가장 기본적인 원리이다. 식은 다음과 같다.

$$F = k \cdot \frac{Q_1 Q_2}{r^2} = \frac{1}{4\pi\epsilon_0} \cdot \frac{Q_1 Q_2}{r^2} = 9\times10^9 \cdot \frac{Q_1 Q_2}{r^2}\,[\mathrm{N}] \quad \cdots\cdots\cdots\cdots\cdots (\text{式 } 2\text{-}3)$$

여기서, $F > 0$: 반발력(척력), $F < 0$: 흡인력(인력)

(2) 쿨롱의 법칙으로 생기는 힘을 전기력 또는 정전력이라고 하며 그 힘은 전하 사이의 거리가 멀어질수록 약해지고 전하가 클수록 강해진다. 이때 작용하는 힘의 방향은 전하의 부호에 따라 결정되는데 두 전하의 부호가 같다면 서로를 밀어내는 방향으로 힘이 생기며(반발력, 척력) 두 전하의 부호가 다르면 서로 들러붙는 방향으로 힘(인력, 흡인력)이 생긴다. 【그림 2-3】와 같으며 힘은 두 전하를 연결하는 직선상에 존재한다.

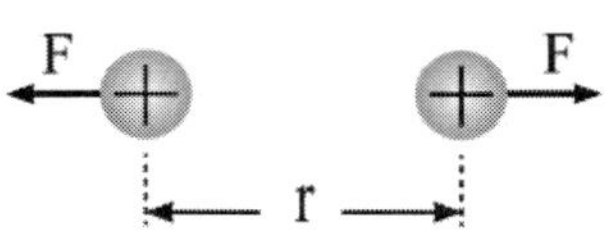

(a) 반발력

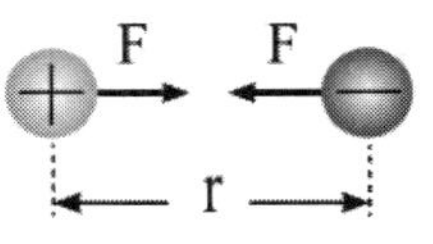

(b) 흡인력

【그림 2-3】 전기력의 방향

3. 전계의 세기(intensity of electric field)

(1) 쿨롱의 법칙을 통해 전하 사이의 힘을 수식으로 살펴보았다면 이번엔 전기의 힘이 미치는 공간을 수식으로 살펴보자. 전계(電界)란 전기의 힘이 미치는 공간을 뜻한다. 전기의 힘은 전하가 있어야 생기므로 전계는 간단히 말해 전하가 있는 공간이라고 할 수 있다. 전계를 만드는 근원 전하 이외에 단위 전하(크기가 $+1[\mathrm{C}]$인 전하)를 전계의 어떤 지점에 두면 쿨롱의 법칙에 의해 단위 전하에 전기력이 작용할 것이다.

(a) 양전하의 전계의 방향　　(b) 음전하의 전계의 방향

【그림 2-4】 전계의 세기

(2) 이때 단위 전하(unit charge)는 크기가 1[C] 이므로 전기력에 영향을 주지 않는다. 따라서 전계의 어떤 한 지점에 단위 전하를 놓으면 그 지점이 받는 전기의 힘을 측정할 수 있는 것이다. 이를 전계의 세기라고 하며 대표문자로 E, 단위로 [V/m]를 사용한다. 또 이때 쓰인 단위 전하를 시험 전하(test charge)라고도 한다.

(3) 정의 식에 의해 전계는 근원 전하와의 거리와 반비례하지만 가상으로 모든 점의 전계의 세기가 동일한 전계를 만들어 볼 수 있다. 이러한 전계를 평등 전계라고 하며 평등 전계 내에 전하(q)또는 전자(e)가 놓여있을 때 작용하는 전기력은 다음과 같이 구할 수 있다. 이때 전자는 음(−)전하로 취급하여 이해하면 된다.

(a) 전하의 전기력　　(b) 전자의 전기력

【그림 2-5】 전계 내의 전기력

① 전하가 받는 전기력 : $F = qE$[N] ………… (式 2-4)

② 전자가 받는 전기력 : $F = eE = -qE$[N] ………… (式 2-5)

여기서, −는 전계와 반대방향을 의미한다.

4. 전위

(1) 전위(전기적인 위치에너지, electric potentail)란 위치에너지와 관련지어 이해할 수 있는 개념이다. 전위란 정전계에서 단위 전하(1[C])를 전계와 반대 방향으로 무한 원점에서 P점 까지 운반하는데 필요한 일 또는 소비되는 에너지를 말한다. 즉 전계에서 전하의 위치에 따라 보유하는 에너지가 다양하다는 의미다. 전위의 정의 식은 다음과 같다.

$$V=-\int_{\infty}^{P} E\,dr\,[\mathrm{V}] \quad \cdots\cdots (式\ 2\text{-}6)$$

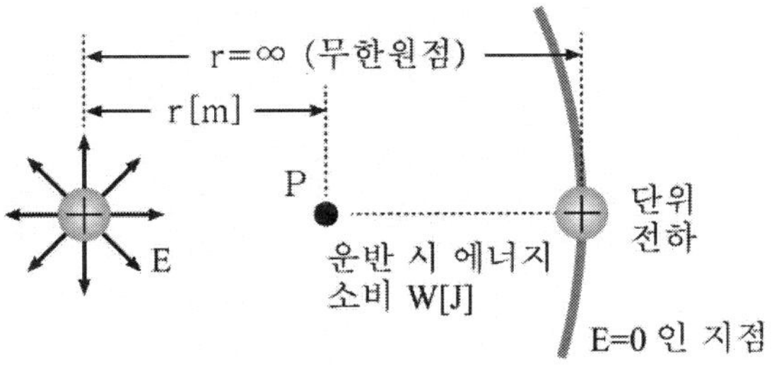

【그림 2-6】 전위의 정의

(2) 단위 전하(unit charge)가 특정한 a에서 b 점까지 운반될 때 소비되는 에너지를 전위차(electric potentail difference)또는 전압(Voltage)라고 한다. 즉, 전위차란 a 지점의 전위와 b 지점의 전위의 차이이며 정의식은 다음과 같다.

$$V_{ab}=V_a-V_b=-\int_{b}^{a} E\,dr=\frac{W}{Q}\,[\mathrm{J/c=V}] \quad \cdots\cdots (式\ 2\text{-}7)$$

(3) 전위경도(gradient)란 전위와 전계의 세기 관계를 미분형으로 나타낸 것을 말한다. 여기서 전위의 방향과 전계의 세기의 방향이 반대인 것을 주의해야 한다.

$$V=-\int E\,dr \text{ 에서 } E=-\frac{dV}{dr}=-\nabla V=-grad\,V[\mathrm{V/m}] \quad \cdots (式\ 2\text{-}8)$$

5. 전속밀도

(1) 전하 Q[C] 주변에는 전기장이 만들어지고 그 위치에 따라 전계의 세기 E의 크기와 방향이 결정된다. 이때 전계의 세기를 여러 방향의 선으로 표현한 것을 전기력선이라 한다. Q[C] 의 전하에서 발산되는 전기력선의 총 수는 $\frac{Q}{\epsilon}$ [개, 가닥] 이다. 이는 공간(매질)마다 전계의 세기(전기력선의 수)가 다름을 나타낸다.

(2) 전기력선을 확장해서 유전율(매질)의 크기와 관계없이 1개(1[C])의 전하에서 1개의 선이 나간다고 가정한 것을 전속(dielectric flux : ϕ) 또는 유전속이라 한다. 전속의 성질은 다음과 같다.

> ① 전속(ϕ)과 전하(Q)의 크기는 같다.
> ② 전속은 방향이 있는 벡터이고 전하는 방향이 없는 스칼라가 된다.

(3) 임의의 전속이 공간의 단위 면적(1[m^2])과 수직으로 지나는 것을 전속밀도(dielectric flux density)라 정의하고, 이를 D[C/m^2] 로 나타낸다. 도체 구(점전하)의 전속밀도는 다음과 같다.

> ③ $D= \frac{\phi}{S_{구}} = \frac{Q}{4\pi r^2}$[$\text{C/m}^2$] ······························ (式 2-9)
> ④ $D= \epsilon_0 E$ [C/m^2] ······························ (式 2-10)

6. 전하밀도(charge density)

(1) 전하밀도의 종류

【표 2-2】 전하밀도의 종류

구분	전하밀도	총 전하량
체적 전하밀도	$\rho_v = \rho = \frac{Q}{v}$ [C/m^3]	$Q= \rho v = \int_v \rho\, dv$
면 전하밀도	$\rho_s = \sigma = \frac{Q}{s}$ [C/m^2]	$Q= \sigma s = \int_s \sigma\, ds$
선 전하밀도	$\rho_\ell = \lambda = \frac{Q}{\ell}$ [C/m]	$Q= \lambda \ell = \int_\ell \lambda\, d\ell$

(2) 전하의 특징

① 전하는 도체표면에만 분포한다.

② 전하는 곡률이 큰 곳(뾰족한 곳 또는 곡률반경이 작은 곳)으로 모이려는 특성이 있다.

【표 2-3】 전하도의 특징

구분	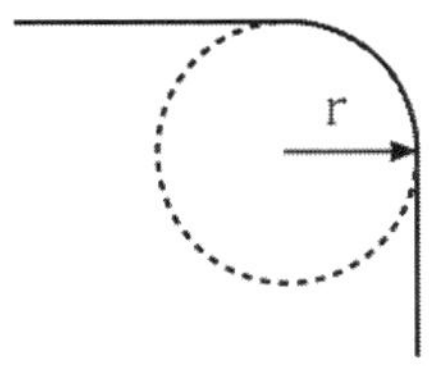	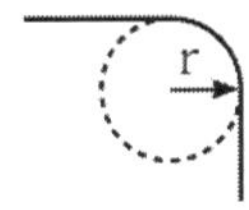
곡률	작다	크다
곡률반경 r	크다	작다
전하밀도 ρ	작다	크다

예제 1

+10[nC]의 점전하로부터 100[mm] 떨어진 거리에 +100[pC]의 점전하가 놓인 경우, 이 전하에 작용하는 힘의 크기는 몇 [nN]인가?

① 100　② 200　③ 300　④ 900

해설 | $F=\dfrac{Q_1Q_2}{4\pi\epsilon_0 r^2}=9\times10^9\times\dfrac{10\times10^{-9}\times100\times10^{-12}}{(0.1)^2}=900\times10^{-9}=900[\mathrm{nN}]$ **답** ④

(여기서, $1[\mathrm{nN}$, 나노 뉴턴$]=10^{-9}[\mathrm{N}]$ 이므로 $1[\mathrm{N}]=10^9[\mathrm{nN}]$ 이 된다.)

예제 2

50[V/m]의 평등 전계 중의 80[V]되는 A점에서 전계 방향으로 80[cm]떨어진 B점의 전위는 몇 [V]인가?

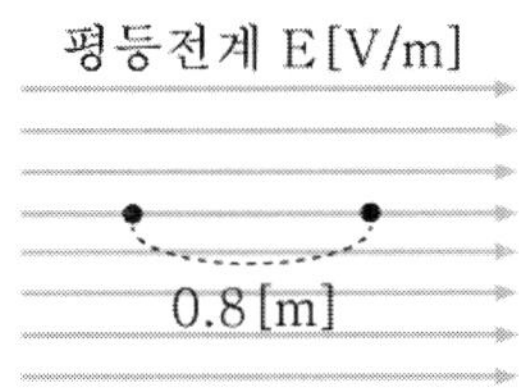

① 20　② 40

③ 60　④ 80

해설 | ㉠ A, B사이의 전위차 $V_{AB}=E\cdot d=50\times0.8=40[\mathrm{V}]$ **답** ③

㉡ 전계는 전위가 높은 점에서 낮은 점으로 향하므로 V_A 에서 A, B사이의 전위차를 뺀 전위가 V_B 가 된다. $\therefore\ V_B=V_A-V_{AB}=80-40=40[\mathrm{V}]$

2-2 정전용량

1. 개요

(1) 앞서 살펴본 내용에서 전위는 전기량에 비례함을 알아냈다.

(2) 정전용량(electrostatic capacity)이란 도체에 전위차 V를 주었을 때 축적되는 전하량 Q의 관계를 표시한 것으로 전위차와 전하량의 비례상수이다. 이 비례상수(정전용량)를 C[F : 패럿] 라 하며, 단위는 패럿[F, Farad]를 사용한다.

① 정전용량 : $C = \frac{Q}{V} = \frac{전기량}{전위차}$ [F : 패럿] ································· (式 2-11)

② 도체에 축적되는 총 전기량(전하량) : $Q = CV$ [C] ····················· (式 2-12)

(3) 또한 많이 사용되는 상수는 아니지만 정전용량의 역수를 엘라스턴스 P(elastance)라 하며, 단위는 다래프(daraf)를 사용한다.

2. 콘덴서의 직렬접속

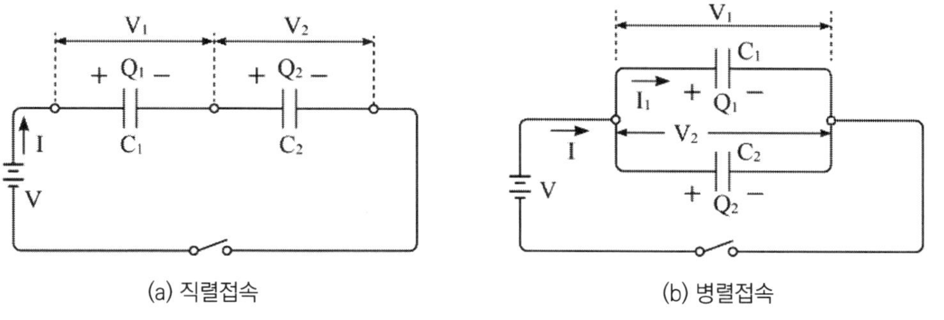

【그림 2-7】 콘덴서의 접속법

(1) 콘덴서의 직렬접속은 저항의 직렬접속과 같이 키르히호프의 법칙을 이용하여 구할 수 있다. 【그림 2-7】(a)와 같이 두 개의 콘덴서를 직렬로 접속하면 각 콘덴서에 흐르는 전류는 일정하므로 같은 시간 충전했다면 축적되는 전하량은 같을 것이다. 따라서 콘덴서를 직렬로 접속하면 두 콘덴서에 축적된 전하는 같고 전압은 분배되게 된다.

① KCL : $Q = Q_1 = Q_2$ (전하 일정) .... (式 2-13)

② KVL : $V = V_1 + V_2$ (전압 분배) .... (式 2-14)

여기서, Q : 총 전하량

(2) (式 2-13)와 (式 2-14)에 정전용량 공식을 적용하면 다음과 같이 정리할 수 있다.

③ $V = V_1 + V_2 = \dfrac{Q_1}{C_1} + \dfrac{Q_2}{C_2}$ 이고, KCL에 의해 $Q = Q_1 = Q_2$ 이므로

④ $V = Q\left(\dfrac{1}{C_1} + \dfrac{1}{C_2}\right)$이 성립한다.

(3) 따라서 직렬회로에서 합성 정전용량은 아래와 같이 정리할 수 있다.

합성 정전용량 : $C = \dfrac{Q}{V} = \dfrac{1}{\dfrac{1}{C_1} + \dfrac{1}{C_2}} = \dfrac{C_1 \times C_2}{C_1 + C_2}$ [F] .... (式 2-15)

(4) 또한 각 콘덴서에 인가되는 단자전압(분배되는 전압)을 구해보면 다음과 같이 정리할 수 있다.

⑤ $V_1 = \dfrac{Q_1}{C_1} = \dfrac{Q}{C_1} = \dfrac{C}{C_1} \times V = \dfrac{C_2}{C_1 + C_2} \times V$ .... (式 2-16)

⑥ $V_2 = \dfrac{Q_2}{C_2} = \dfrac{Q}{C_2} = \dfrac{C}{C_2} \times V = \dfrac{C_1}{C_1 + C_2} \times V$ .... (式 2-17)

3. 콘덴서의 병렬접속

(1) 병렬회로의 특징은 다음과 같다.

① KCL : $Q = Q_1 + Q_2$ (전하 분배) .... (式 2-18)

② KVL : $V = V_1 = V_2$ (전압 일정) .... (式 2-19)

여기서, Q : 총 전하량

(2) (式 2-18)와 (式 2-19)에 정전용량 공식을 적용하면 다음과 같이 정리할 수 있다.

③ $Q = Q_1 + Q_2 = C_1 V_1 + C_2 V_2$ 이고, KVL에 의해 $V_1 = V_2 = V$이므로

④ $Q = V(C_1 + C_2)$ 이 성립한다.

(3) 직렬회로와 같은 방법으로 병렬회로의 합성 정전용량을 구하면 다음과 같다.

합성 정전용량 : $C = \dfrac{Q}{V} = C_1 + C_2 [\mathrm{F}]$ ……………………………… (式 2-20)

(4) 또한 각 콘덴서에 분배되는 전하량의 크기는 다음과 같다.

⑤ $Q_1 = C_1 V_1 = C_1 V = C_1 \times \dfrac{Q}{C} = \dfrac{C_1}{C_1 + C_2} \times Q$ ……………………… (式 2-21)

⑥ $Q_2 = C_2 V_2 = C_2 V = C_2 \times \dfrac{Q}{C} = \dfrac{C_2}{C_1 + C_2} \times Q$ ……………………… (式 2-22)

(5) 크기가 동일한 정전용량(C[F])을 여러 개(n개) 사용하여 회로를 구성한 경우, 더욱 간단하게 합성 정전용량을 구할 수 있다.

⑦ 직렬 시 합성 정전용량 : $C_S = \dfrac{C}{n} [\mathrm{F}]$ ……………………………… (式 2-23)

⑧ 직렬 시 합성 정전용량 : $C_P = nC [\mathrm{F}]$ ……………………………… (式 2-24)

(6) 직렬 합성의 증명은 아래와 같다.

$$C_S = \frac{1}{\dfrac{1}{C_1} + \dfrac{1}{C_2} + \cdots + \dfrac{1}{C_n}} = \frac{1}{\dfrac{n}{C}} = \frac{C}{n} [\mathrm{F}] \quad \text{……………………… (式 2-25)}$$

여기서, $C_1 = C_2 = C_3 = \cdots = C_n = C$

4. 정전에너지

(1) 콘덴서 충전이란, 외부에 전기에너지를 가하여 전하를 콘덴서의 전극판 사이로 운반시켜 저장한다는 것이고, 방전은 저장된 전하를 부하에 공급하는 것을 의미한다.

(2) 콘덴서에 충전된 전하는 에너지를 보유하고 있으며, 방전되는 전하는 이러한 에너지를 방출하는 것이므로 충전 에너지와 방전 에너지는 같음을 알 수 있다. 콘덴

서에 충전된 전하는 방전되지 않는 이상 콘덴서 내에 에너지를 보유하면서 정지되어 있기 때문에 콘덴서에 저장되는 에너지를 정전에너지(electrostatic energy)라 한다.

(3) 미소 전하량 dq를 콘덴서 측으로 끌어당기는데 필요한 에너지는 다음과 같다.

전하가 운반할 때 필요한 에너지 : $dW = dq\,V$ [J] ………………………… (式 2-26)

(4) $V = \frac{q}{C}$ 의 관계를 대입하여 (式 2-26)을 정리하면 다음과 같다.

$dW = dq\,V = \frac{q}{C}\,dq$ [J] ………………………………………… (式 2-27)

(5) 미소 전하량 dq를 Q[C]이 될 때까지 모으는데 필요한 정전에너지는 (式 2-28)와 같고, 여기에 $Q = CV$ 를 대입하면 (式 2-29)와 같이 정리할 수 있다.

① $W = \int_0^Q dW = \int_0^Q V\,dq = \int_0^Q \frac{Q}{C}\,dq = \frac{Q^2}{2C}$ [J] ………………… (式 2-28)

② $W = \frac{Q^2}{2C} = \frac{1}{2}QV = \frac{1}{2}CV^2$ [J] ………………………………… (式 2-29)

예제 3

그림에서 2[μF]에 100[μC]의 전하가 충전되어 있었다면 3[μF]의 양단의 전위차는 몇 [V]인가? (여기서, $C_1 = 1$[μF], $C_2 = 2$[μF], $C_3 = 3$[μF], $C_4 = 4$[μF]이다.)

① 50
② 100
③ 200
④ 260

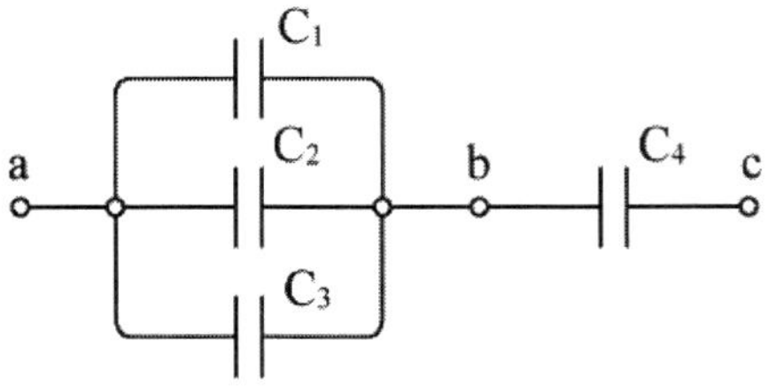

해설 | C_1, C_2, C_3는 병렬회로이므로 전위차는 모두 같다. (a, b 간 전위차) 답 ①

$\therefore V = \frac{Q_1}{C_1} = \frac{100}{2} = 50$[V]

2-3 자계

1. 정자계

(1) 전기의 힘이 작용하는 공간을 전계 또는 전기장이라 하고 자석과 같이 자기적인 힘이 작용하는 공간을 자계 또는 자기장이라 한다. 앞서 학습한 것과 전기를 띄고 있는 물체의 전기량을 전하(electric charge)라 하면 자기를 띄고 있는 물체의 자기량을 자하(magnetic charge)라 한다. 자하의 대표문자는 m, 단위는 [Wb] (weber, 웨버)를 사용한다.

(2) 두 자하사이에서도 밀어내거나 당기는 힘이 발생하는데 이를 자기력(magnetic force)라 하며 쿨롱의 법칙을 통해 정리하기 때문에 정전계의 개념과 공식에 유사성이 많다.

(3) 정전계와 정자계의 공식을 비교하면 다음과 같다.

【표 2-4】 정전계와 정자계

정전계	정자계
1. 두 전하사이에서 작용하는 힘 ① 쿨롱상수 : $k=\frac{1}{4\pi\epsilon_0}=9\times10^9$ ② 쿨롱의 힘 : $F=\frac{Q_1Q_2}{4\pi\epsilon_0 r^2}$[N] ③ 유전율 $\epsilon=\epsilon_0\times\epsilon_s$[F/m] • 진공의 비유전율 $\epsilon_s=\epsilon_r=1$ • 진공 중의 유전율 $\epsilon_0=8.855\times10^{-12}=\frac{10^9}{4\pi}$	1. 두 자하(자극)사이에서 작용하는 힘 ① 쿨롱상수 : $k=\frac{1}{4\pi\mu_0}=6.33\times10^4$ ② 쿨롱의 힘 : $F=\frac{m_1m_2}{4\pi\mu_0 r^2}$[N] ③ 투자율 $\mu=\mu_0\times\mu_s$[H/m] • 진공의 비투자율 $\mu_s=\mu_r=1$ • 진공 중의 투자율 $\mu_0=4\pi\times10^{-7}$
2. 점전하의 전계의 세기 • $E=\frac{Q}{4\pi\epsilon_0 r^2}$[V/m]	2. 점자하의 자계의 세기 • $H=\frac{m}{4\pi\mu_0 r^2}$[AT/m]
3. 점전하의 전위 (전기적인 위치에너지) • $V=\frac{Q}{4\pi\epsilon_0 r}$[V]	3. 점자하의 자위 (자기적인 위치에너지) • $U=\frac{m}{4\pi\mu_0 r}$[A=AT]
4. 전속밀도 $D=\frac{\psi}{S}=\frac{Q}{S}=\frac{Q}{4\pi r^2}$[C/m²]	4. 자속밀도 $B=\frac{\phi}{S}=\frac{m}{S}=\frac{m}{4\pi r^2}$[wb/m²]
5. 전계와의 관계식 • $F=QE$, $V=rE$, $D=\epsilon_o E$	5. 자계와의 관계식 • $F=mH$, $U=rH$, $B=\mu_0 H$

2. 막대자석의 회전력

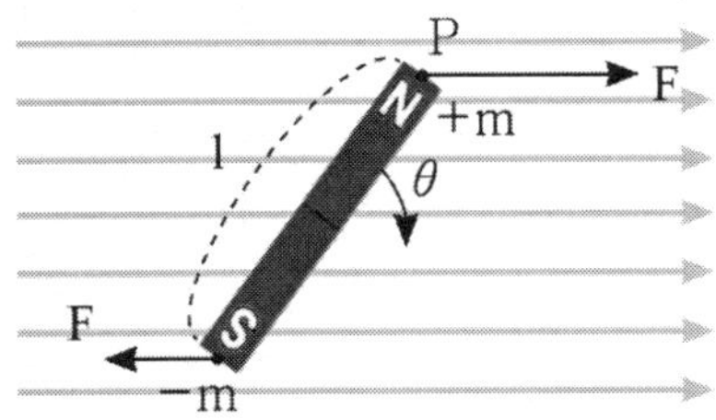

(a) 자계 내 막대자석

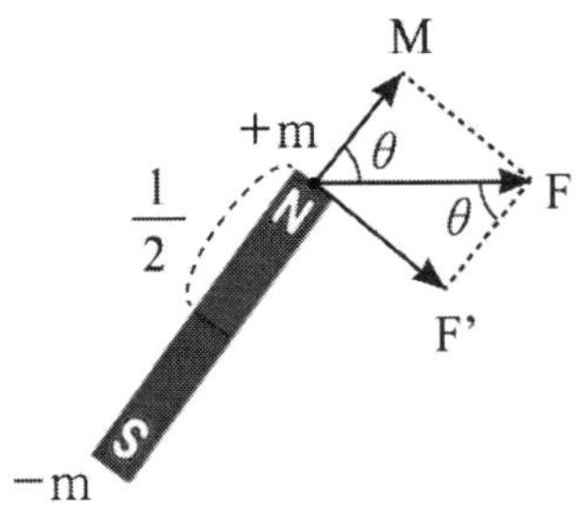

(b) 회전력의 방향

【그림 2-8】 자계에 의한 힘(회전력)

(1) 【그림 2-8】와 같이 자계에 막대자석을 놓으면 자기쌍극자 모멘트에 의하여 회전력이 발생한다. P 점에 놓인 양자하가 받는 힘은 $F = mH$ 이고, 【그림 2-8】(b)와 같이 쌍극자 모멘트 $\overrightarrow{M}$ 에 수직인 F' 에 의해 회전력을 받게 된다.

① P 점에서 작용하는 힘 : $F' = F\sin\theta = mH\sin\theta\,[\mathrm{N}]$ ············ (式 2-24)

② $+m$ 에 의한 회전력 : $T = m \times \frac{\ell}{2} \times H\ \sin\theta\,[\mathrm{N \cdot m}]$ ··············· (式 2-25)

(2) 막대자석 반대편의 음자하도 같은 힘을 받으므로 막대자석 전체가 받는 회전력은 F' 의 2배와 같다.

① 전체 회전력 : $T = m\ell H\sin\theta = MH\sin\theta\,[\mathrm{N \cdot m}]$ ····················· (式 2-26)

② 벡터로 표현 : $\overrightarrow{T} = \overrightarrow{M} \times \overrightarrow{H} = MH\sin\theta = m\ell H\sin\theta\,[\mathrm{N \cdot m}]$ ··· (式 2-27)

여기서, 쌍극자 모멘트(막대자석의 세기) : $M = m\ell\,[\mathrm{wb \cdot m}]$

예제 4

500[AT/m]의 자계 중에 어떤 자극을 놓았을 때 3×10^3[N]의 힘이 작용했을 때의 자극의 세기는 몇 [Wb]이겠는가?

① 2 ② 3 ③ 5 ④ 6

해설 | 자기력과 자계의 세기관계 $F = mH$ 에서 **답** ④

$\therefore$ 자극의 세기는 $m = \frac{F}{H} = \frac{3\times10^3}{500} = 6\,[\mathrm{Wb}]$

2-4 전류의 자기현상

1. 개요

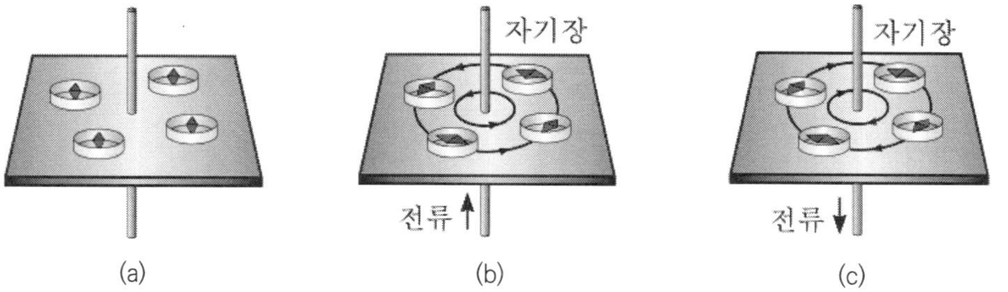

【그림 2-9】 전류와 자기현상

(1) 1820년 덴마크의 물리학자 외르스테드(Oersted)는 전기에 관한 실험 중 도선에 전류를 흘려주었더니 도선 근처에 있는 나침반의 자침이 회전하는 현상을 발견하여 전류에 의해 자침이 회전하는 힘이 두 자석 사이에 작용하는 힘과 같은 종류의 힘이라는 사실을 알아내고 전류가 자기장을 만든다는 결론을 내렸다.

(2) 외르스테드의 발표이후 비오-사바르와 앙페르 등이 많은 실험을 통하여 전류와 자기장 사이의 관계를 밝히게 된다.

2. 앙페르의 법칙(Ampere's Law)

1) 앙페르의 오른손 법칙

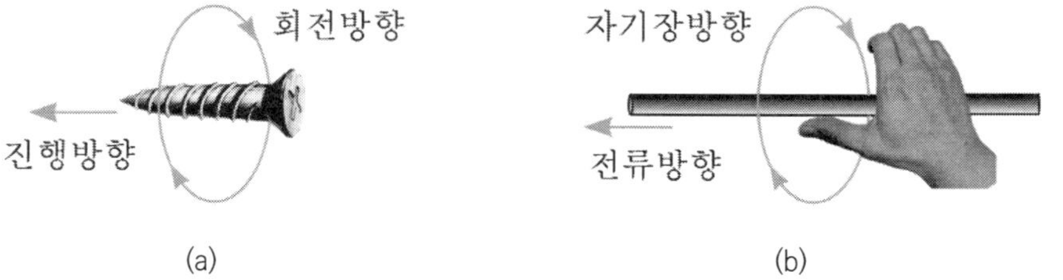

【그림 2-10】 앙페르의 오른나사 법칙

(1) 앙페르의 오른손 법칙은 전류와 그 전류에 의해 생성되는 자기장의 방향을 결정하는 법칙으로 【그림 2-10】와 같이 오른손 엄지손가락을 세우고 나머지 네 손가락을 구부렸을 때 엄지손가락 방향으로 전류가 흐르면 나머지 네 손가락을 구부

린 방향으로 자기장이 생기는 것을 오른손 법칙이라 한다.

(2) 반대로 네 손가락을 구부린 방향으로 전류가 흐르면 자기장은 엄지손가락 방향으로 발생되는데 이는 나사의 회전방향과 같기 때문에 오른 나사 법칙이라 부르기도 한다.

(3) 【그림 2-11】에서 ⊙표시는 어떤 힘이 지면(또는 교재의 종이)를 뚫고 나오는 방향을 뜻하며 ⊗표시는 지면을 뚫고 나가 멀어지는 방향이다. 예를 들어 그림 (c)에서 ⊙방향으로 엄지손가락을 펴고 나머지 손가락을 말아쥐면 반시계방향으로 회전하는 모양이 될 것이다. 이때 엄지손가락을 편대로 전류가 지나는 방향이 되고 네 손가락을 말아쥐는 대로 자기장이 회전하는 방향이 된다.

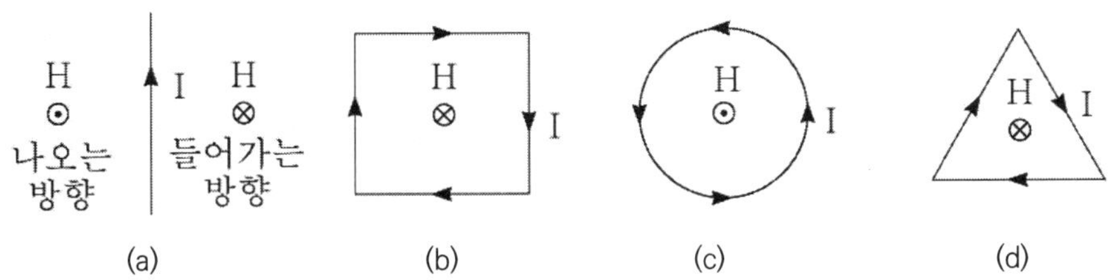

【그림 2-11】 앙페르의 오른손 법칙의 각종 예

2) 암페어의 주회적분 법칙

(1) 앙페르의 주회적분 법칙은 직선 도선에 흐르는 전류의 크기와 도선 주변에 발생되는 자계의 세기의 양적인 관계를 나타내는 법칙으로 【그림 2-12】와 같이 한 폐곡선에 대한 H (자계의 세기)의 선적분이 이 폐곡선으로 둘러싸이는 전류와 같음을 정의한 것이다.

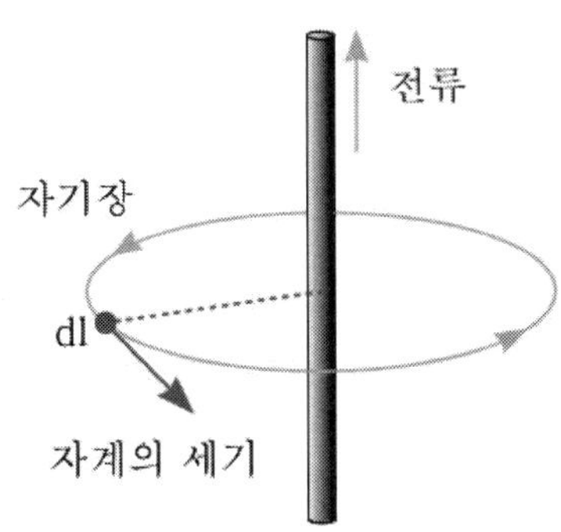

【그림 2-12】 앙페르의 주회적분법칙

① 주회적분 : $\oint_c H d\ell = \sum_{N=1}^{n} NI$ ········· (式 2-28)

② 자계의 세기 : $H = \frac{NI}{\ell}$ [AT/m] ········· (式 2-29)

여기서, N : 권선 수, I : 도선에 흐르는 전류, ℓ : 자계의 경로 길이

(2) 간단히 말해 전류가 클수록 그로 인해 생성되는 자기장도 강해짐을 나타낸다. 이때 전류 이외에도 자기장의 세기에 영향을 주는 요소들이 있는데 바로 전류가 흐르는 모양이다. 위의 식에서 ℓ 로 표현되는 값이며 앞으로 대표적인 형태들을 보며 모양에 따라 자기장의 세기가 어떻게 변하는지 살펴보자.

3. 주회적분의 법칙에 의한 자계의 계산 예

1) 무한장 직선 전류에 의한 자계

(1) 무한장 직선 전류란 전류가 곧게 직선으로 흐르는 것을 뜻한다. 전류는 반드시 전선을 타고 흐르므로 무한장 직선 도체와 같은 의미가 된다. 【그림 2-10】과 같이 전류의 방향과 수직인 면에 원 모양의 자기장이 만들어진다.

(2) 자계의 경로는 원의 둘레를 따라가므로 $\ell = 2\pi r[\mathrm{m}]$ 이고, 권선 수(또는 도체 수)는 $N=1$ 이다. 그러므로 P 점에서의 자계의 세기는 다음과 같다.

$$H = \frac{NI}{\ell} = \frac{I}{2\pi r}\,[\mathrm{AT/m}] \quad \cdots\cdots (式\ 2\text{-}30)$$

2) 무한장 원주형 도체 내·외부 자계의 세기

(1) 원주형 도체란 원통 또는 원기둥 모양의 도체이다. 쉽게 말해 앞서 살펴본 직선 도체가 굵어진 것이다. 즉 원주형 도체와 직선 도체는 본질적으로 같은 형태이므로 전류 주변에 생기는 자기장도 같은 형태이다. 다만 여기서는 자기장을 도체 외부와 내부 2가지로 구분해서 살펴봐야 한다.

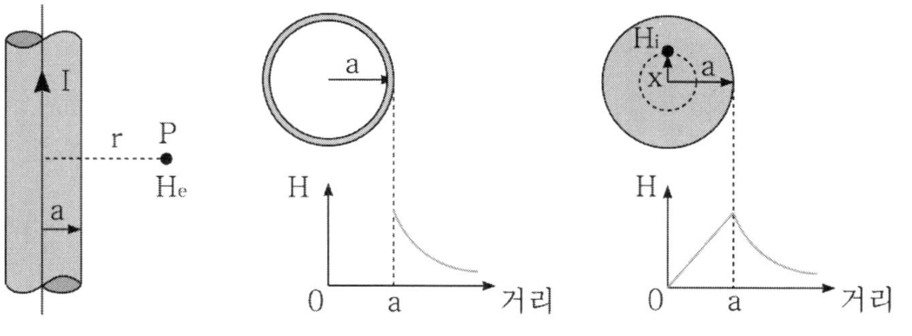

(a) 무한장 원주도체에 전류에 인한 자계의 세기

(b) 전류가 도체 표면에만 흐를 때의 내·외부 자계의 세기

(c) 전류가 도체에 균일 하게 흐를 때의 내·외부 자계의 세기

【그림 2-13】 무한장 원주형 도체

(2) 전류가 도체 표면에만 흐를 경우

① 원통도체에 교류전류를 흘리면 【그림 2-13】(b)와 같이 표피효과가 발생되어 전류는 도체 표면으로만 흐르게 된다. 따라서 원통도체 내부에는 자계가 존재하지 않고 도체 표면과 외부공간에만 존재하게 된다.

② 도체 내부와 외부공간에서 자계의 세기를 구하면 다음과 같다.

가) 도체 내부 자계의 세기 : $H_i = 0\,[\mathrm{AT/m}]$ ································· (式 2-31)

나) 도체 외부 자계의 세기 : $H_e = \dfrac{I}{2\pi r}\,[\mathrm{AT/m}]$ ························· (式 2-32)

(3) 전류가 도체 내부에 균일하게 흐를 경우

① 원통도체에 직류전류를 흘리면 【그림 2-13】(c)와 같이 전류는 도체 내부에 균일하게 흐르게 되므로 도체 내부 공간에도 자계가 존재하게 된다.

② 도체 내부와 외부공간에서 자계의 세기를 구하면 다음과 같다.

가) 도체 외부 자계의 세기 : $H_e = \dfrac{I}{2\pi r}\,[\mathrm{AT/m}]$ ························· (式 2-33)

나) 도체 표면 자계의 세기 : $H_s = \dfrac{I}{2\pi a}\,[\mathrm{AT/m}]$ ························· (式 2-34)

다) 도체 내부 자계의 세기 : $H_i = \dfrac{xI}{2\pi a^2}\,[\mathrm{AT/m}]$ ······················· (式 2-35)

여기서, r : 도체 중심에서 도체 외부 어떤 점까지의 거리[m]

a : 도체의 반경[m]

x : 도체 중심에서 도체 내부 어떤 점까지의 거리[m]

3) 솔레노이드(solenoid)에 의한 자계의 세기

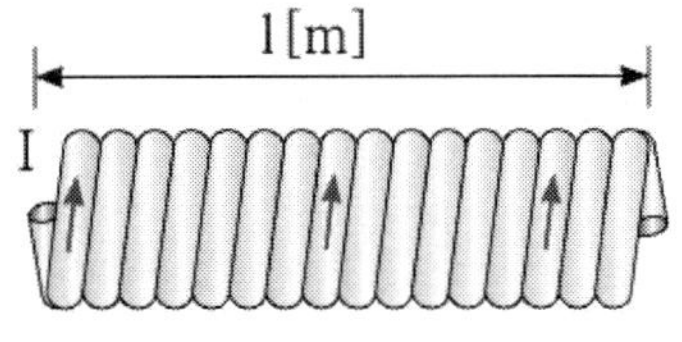

(a) 유한 솔레노이드

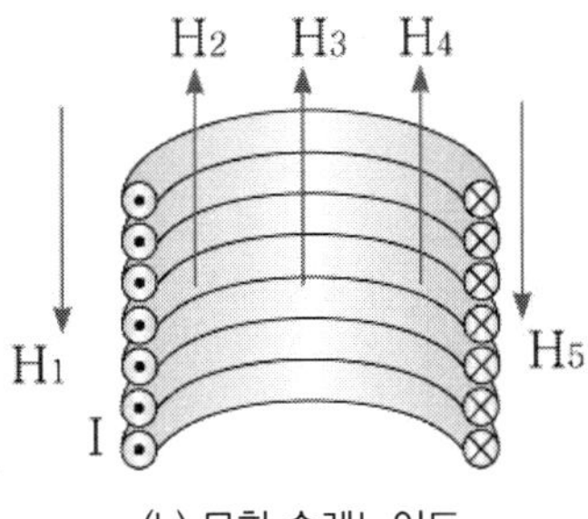

(b) 무한 솔레노이드

【그림 2-14】 솔레노이드

(1) 자석의 영향을 잘 받는 물질(자성체)을 가운데 놓고 전선을 스프링 모양으로 촘촘하고 균일하게 원통처럼 감는다. 감은 전선에 전류가 흐르면 자성체 내부에는 강력한 자기장이 형성된다. 이처럼 도선을 촘촘하고 균일하게 원통형으로 길게 감아 만든 장치를 솔레노이드(Solenoid) 라하고, 에너지변환장치나 전자석에 쓰인다. 구체적으로 직선 솔레노이드라고 부르기도 하며 【그림 2-14】은 솔레노이드의 개념과 작동 원리를 나타낸 것이다.

(2) 원칙적으로 솔레노이드는 내부 자계의 크기는 일정하지 않다. 【그림 2-14】(b)에서 H_2 와 H_3는 전류와의 거리가 서로 다른 지점의 자계이기 때문이다. 만약 솔레노이드의 길이가 무한이어서 단면적에 비해 길이가 충분히 길다면 어떨까. 처음 생성된 자기장의 세기는 다르겠지만 이들은 같은 방향으로 진행하므로 결국 어느 시점에서 일정한 값에 수렴할 것이다. 그러므로 길이가 무한대인 솔레노이드에서는 내부 자계가 일정하다고 취급하며 솔레노이드에 특별한 언급이 없다면 길이가 무한대인 직선형 솔레노이드를 의미한다.

(3) 솔레노이드의 외부 자기장 H_1, H_5는 이론상 존재하며 그 값이 0이 아니지만 일반적인 솔레노이드에서 외부 자계의 값은 내부 자계에 비하면 매우 작은 값이므로 이 크기를 무시하여 0으로 취급한다. 따라서 무한장 솔레노이드의 특징은 다음과 같다.

> ① 솔레노이드 외부 자계는 0 이다. ($H_e = 0$)
> ② 솔레노이드 내부 자계는 평등자계이다.

(4) 무한장 솔레노이드는 길이와 권선수가 무한대이므로 단위 길이(1[m])당 권선수 $n = \frac{N}{\ell}$ 의 개념을 활용하여 내부 자계의 세기를 구하면 다음과 같다.

> ③ 유한장 솔레노이드 내부 자계 : $H_i = \frac{NI}{\ell}$ [AT/m] ·················(式 2-36)
> ④ 무한장 솔레노이드 내부 자계 : $H_i = nI$ [AT/m] ····················(式 2-37)

4) 환상 솔레노이드에 의한 자계의 세기

(1) 환상 솔레노이드는 무단 솔레노이드, 토로이달 코일(toroidal coil) 등으로도 불린다. 앞서 배운 직선 솔레노이드의 일부를 잘라 양 끝을 붙이면 도넛 모양의 고리가 만들어지고 자기장은 원 모양의 철심을 따라 돌게 된다. 이때 철심을 빼고

감긴 코일만 다루는 것을 공심 솔레노이드라고 한다.

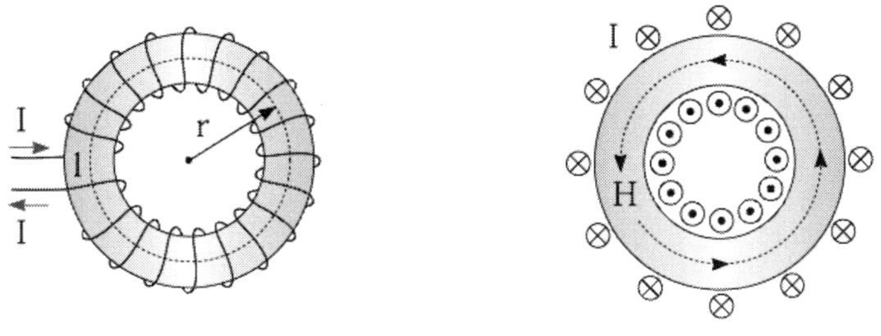

(a) (b)

【그림 2-15】 환상 솔레노이드

(2) 솔레노이드 내부 자계의 세기와 자속의 크기는 다음과 같다.

① 내부 자계의 세기 : $H_i = \dfrac{NI}{\ell} = \dfrac{NI}{2\pi r}$ [AT/m] ·························· (式 2-38)

② 내부 자속밀도 : $B_i = \mu_0 H_i = \dfrac{\mu_0 NI}{2\pi r} = \dfrac{\mu_0 NI}{\ell}$ [Wb/m²] ········· (式 2-39)

③ 내부 자속 : $\phi_i = \int_s B_i ds = B_i S = \dfrac{\mu_0 SNI}{\ell}$ [Wb] ······················ (式 2-40)

여기서, ℓ : 자계의 경로 길이, r : 평균 반지름, S : 단면적

4. 비오-사바르의 법칙

1) 정의 식

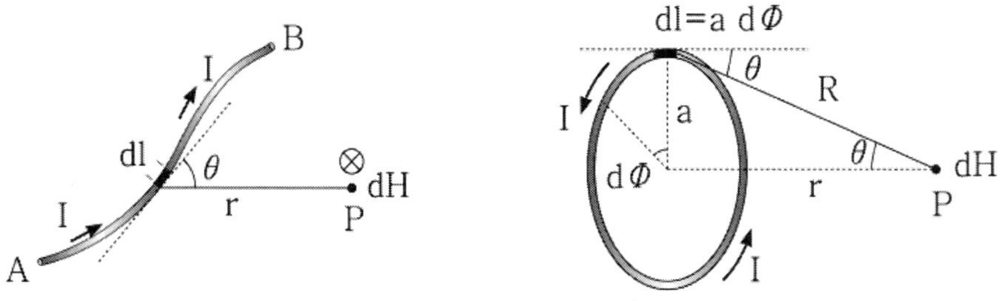

(a) (b)

【그림 2-16】 비오-사바르의 법칙

(1) 앞에서 배운 앙페르의 주회적분은 대칭형 도체(무한장 직선 도체 및 솔레노이드 등)에만 적용되고 비대칭 구조에는 적용되지 않는다. 이 비대칭 구조를 해석하기 위해 비오-사바르의 법칙을 적용한다.

(2) 비오와 사바르는 실험을 통하여 (式 2-41)을 유도하였고, 【그림 2-16】(a)에서 도체의 미소길이 $d\ell$ 에 의한 임의의 P 점의 자계 dH 를 구한 다음 도체의 구간을 적분함으로써 전체 자계의 세기를 구할 수 있다.

① 미소 자계의 세기 : $dH = \dfrac{I d\ell \sin\theta}{4\pi r^2}$ [AT/m] .... (式 2-41)

② 전체 자계의 세기 : $H = \displaystyle\int_A^B dH = \dfrac{I\ell \sin\theta}{4\pi r^2}$ [AT/m] .... (式 2-42)

2) 원형 코일에 의한 자계의 세기

(1) 【그림 2-16】(b)에서 P 점에서의 자계의 세기를 구하면

$dH = \dfrac{I d\ell \sin\theta}{4\pi R^2} = \dfrac{I a \sin\theta}{4\pi R^2} d\phi$ 이므로 전체 자계의 세기는

$$H = \int dH = \int_0^{2\pi} \frac{aI\sin\theta}{4\pi R^2} d\phi = \frac{aI\sin\theta}{4\pi R^2}\int_0^{2\pi} d\phi$$

$$= \frac{aI\sin\theta}{4\pi R^2}[\phi]_0^{2\pi} = \frac{2\pi a I\sin\theta}{4\pi R^2} = \frac{aI}{2R^2}\times\sin\theta\,[\text{AT/m}]$$

여기서, $\sin\theta = \dfrac{a}{R}$, $R = \sqrt{a^2+r^2} = (a^2+r^2)^{1/2}$ 이므로

$H = \dfrac{aI}{2R^2}\times\dfrac{a}{R} = \dfrac{a^2 I}{2R^3} = \dfrac{a^2 I}{2(a^2+r^2)^{\frac{3}{2}}}$ [AT/m] 이 된다.

(2) 또한 원형 코일 중심점의 자계의 세기를 구하기 위해서는 P 점의 자계의 세기에서 거리 $r=0$ 을 대입하여 구할 수 있다.

① P 점에서 자계의 세기 : $H = \dfrac{a^2 I}{2(a^2+r^2)^{\frac{3}{2}}}$ [AT/m] .... (式 2-43)

② 원형 코일 중심에서의 자계의 세기 : $H = \dfrac{I}{2a}$ [A/m] .... (式 2-44)

5. 자기회로

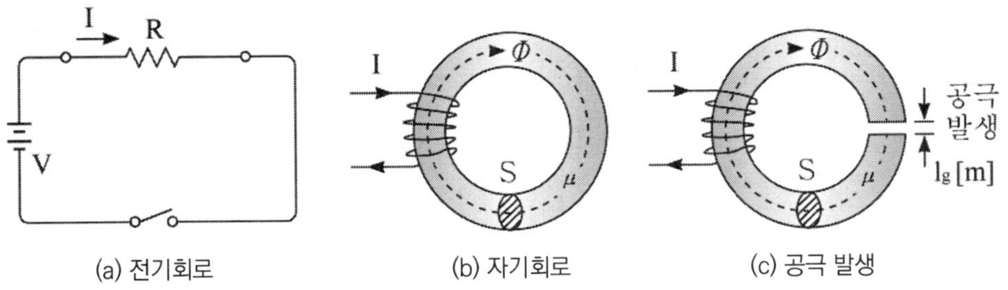

【그림 2-17】 전기회로와 자기회로

(1) 전류가 통과하는 모양을 파악하기 위해 만든 것을 전기회로라 하는 것처럼 자속이 이동하는 모양을 파악하기 위해 만든 회로를 자기회로라고 한다. 전기회로의 개념과 요소를 빌려 자기회로의 개념을 만들기 때문에 각 회로에서 대응하는 성분들을 설정하고 비교해야 한다.

【표 2-2】 전기회로와 자기회로의 대응관계

전기회로	자기회로
① 기전력 : V[V]	① 기자력 : $F = IN$[AT]
② 전기저항 : $R = \frac{\ell}{kS} = \rho \frac{\ell}{S}$[Ω] 여기서, k : 도전율, ρ : 고유저항 S : 도체의 단면적, ℓ : 도체 길이	② 자기저항 : $R_m = \frac{\ell}{\mu S} = \frac{F}{\phi}$[AT/Wb] 여기서, μ : 투자율, ℓ : 철심의 길이 S : 철심의 단면적
③ 전류 : $I = \frac{V}{R} = \frac{\ell E}{\frac{\ell}{kS}} = kES$[A] 여기서, E : 전계의 세기	③ 자속 : $\phi = \frac{F}{R_m} = \frac{\mu SNI}{\ell}$
④ 전류밀도 : $i = \frac{I}{S} = kE = \frac{E}{\rho}$[A/m²]	④ 자속밀도 : $B = \frac{\phi}{S} = \mu \frac{NI}{\ell} = \mu H$[Wb/m²]

(2) 【그림 2-17】(c)와 같이 철심의 미소공극이 발생되면 철심부분의 자기저항 R_m 와 공극 부분의 자기저항 R_g 가 직렬로 접속된 회로로 해석할 수 있다. 이때 미소 공극 ℓ_g 가 매우 작다면($\ell \gg \ell_g$) 공극의 제외한 철심부분의 길이는 $\ell - \ell_g \fallingdotseq \ell$ 이 된다. 따라서 공극이 발생했을 때의 자기저항의 증가율 α 를 구하면 다음과 같다.

① 공극 발생 전 자기저항 : $R_m = \frac{\ell}{\mu S} = \frac{\ell}{\mu_0 \mu_s S}$ [AT/Wb] ………… (式 2-45)

② 공극 발생 후 자기저항 : $\frac{\ell - \ell_g}{\mu S} + \frac{\ell_g}{\mu_0 S} \fallingdotseq \frac{\ell}{\mu S} + \frac{\ell_g}{\mu_0 S} = R_m + R_g$

…………………………………………………………………………………………… (式 2-46)

③ 자기저항 증가율 : $\alpha = \frac{R_m + R_g}{R_m} = 1 + \frac{R_g}{R_m} = 1 + \frac{\frac{\ell_g}{\mu_0 S}}{\frac{\ell}{\mu S}} = 1 + \frac{\mu \ell_g S}{\mu_0 \ell S}$

$= 1 + \frac{\mu \ell_g}{\mu_0 \ell} = 1 + \frac{\mu_s \ell_g}{\ell}$ [AT/Wb] ………… (式 2-47)

6. 전자력

1) 플레밍의 왼손 법칙

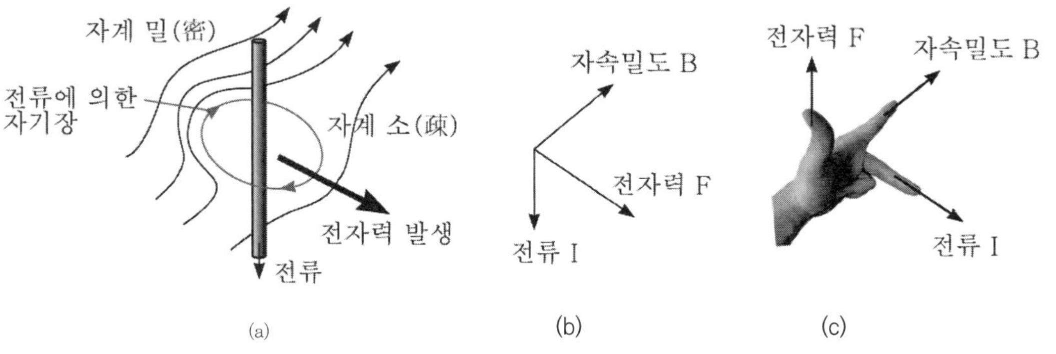

【그림 2-18】 자계 내의 전류에 작용력

(1) 전자력이란 전류와 자기장이 만나 발생하는 힘이다. 【그림 2-18】(a)에서 도체는 자기장의 영향을 받고 있고 여기에 도체에 전류가 지나가면 도체를 움직이는 힘이 생기는 것이다.

(2) 전류 자체가 자기장을 생성하므로 자기장을 자기력선으로 나타냈을 때 자기력선이 빽빽한 곳(밀, 密)과 엉성한 곳(소, 疎)으로 나누어져 에너지 밀도가 높은 쪽에서 낮은 쪽으로 힘이 작용하게 된다. 즉, 도체는 자기력선이 엉성한 곳으로 밀리게 되고 이 힘을 전자력(Electromagnetic force)이라 한다.

(3) 전자력의 식은 다음과 같다.

$$F = IB\ell\sin\theta\,[\mathrm{N}] \quad \cdots\cdots (式\ 2\text{-}48)$$

여기서, I : 전류[A], ℓ : 도선의 길이[m],

B : 자속밀도 [Wb/m^2], θ : 전류와 자계가 이루는 각도

(4) 따라서 전자력은 전류와 자속밀도가 수직($I \perp B$)일 때 가장 크고($F = IB\ell$), 평행($\theta = 0$)일 때는 발생하지 않는다.

(5) 【그림 2-18】(c)와 같이 왼손으로 전자력의 방향을 파악할 수 있다. 손가락이 각각 수직이 되도록 폈을 때 엄지는 힘의 방향(F), 검지는 자속밀도의 방향(B), 중지는 전류의 방향(I)을 뜻하며 이를 플레밍의 왼손법칙이라 한다. 플레밍의 왼손법칙은 전동기(motor)의 원리로 이해할 수 있다.

2) 평행도체 전류 사이에 작용력

(1) 다음과 같은 평행 도선이 있다. 도선에는 전류가 흐른다.

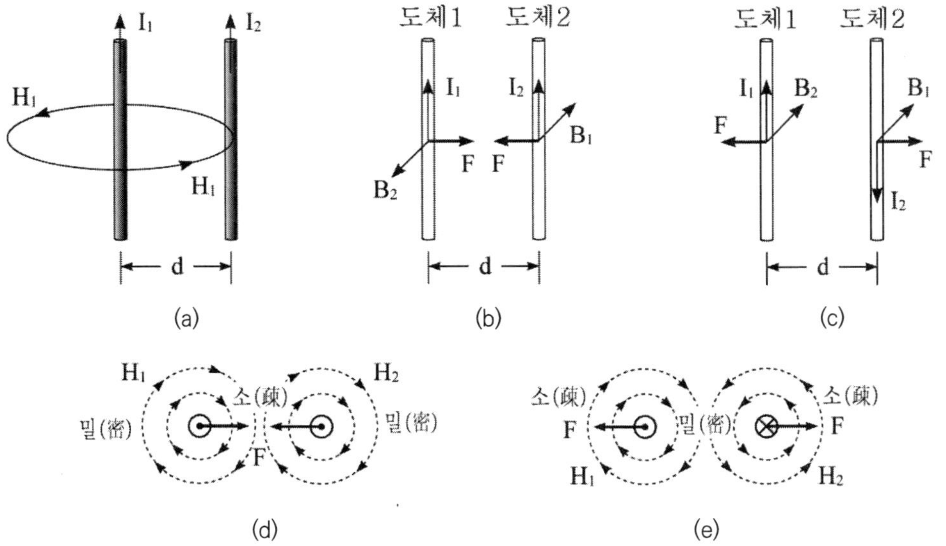

【그림 2-19】 평행도체 전류 사이에 작용력

(2) 평행하게 흐르는 전류 사이에는 전자력이 작용한다. 도체 1의 한 점에서 생성된 자기장이 도체 2에 도달하여 전류와 만나고 그 점에서 힘이 작용한다. 이때 힘의 방향은 전류의 방향으로 판단할 수 있는데 【그림 2-19】(b), (d)와 같이 두 전류가 같은 방향으로 흐르면 흡인력이, 【그림 2-19】(c), (e)와 같이 전류가 반대 방

향으로 흐르면 반발력이 작용한다. 여기서, 전류가 반대 방향으로 흐르는 것은 단상 2선식에서의 왕복전류 또는 3상 선로에서 선간단락 사고가 발생되어 흐르게 되는 단락전류라 볼 수 있다.

(3) 평행도체 사이에 작용하는 힘은 플레밍 왼손법칙에 의해서 정리할 수 있다. 이때 단위 길이(1[m]) 당 작용하는 전자력은 다음과 같다.

① I_1에 의한 자계의 세기 : $H_1 = \dfrac{I_1}{2\pi d}$[AT/m] ············ (式 2-49)

② 도체 2를 통과하는 자속밀도 : $B_1 = \mu_0 H_1 = \dfrac{\mu_0 I_1}{2\pi d}$[Wb/m²] ···· (式 2-50)

③ 전자력 : $F = F_1 = F_2 = \dfrac{\mu_0 I_1 I_2}{2\pi d} = \dfrac{2 I_1 I_2}{d} \times 10^{-7}$[N/m] ········ (式 2-51)

여기서, 진공 중의 투자율 : $\mu_0 = 4\pi \times 10^{-7}$[H/m]

(4) 왕복도선의 경우 평형 도선에 흐르는 전류의 방향이 반대가 되므로 두 도체는 반발력이 작용하며 그 크기는 다음과 같다.

$F = \dfrac{2I^2}{d} \times 10^{-7}$[N/m] $= 2.08 \times \dfrac{I^2}{d} \times 10^{-8}$[kg/m] ············ (式 2-52)

여기서, 왕복전류 이므로 $I_1 = I_2 = I$가 되고, 1[N/m] $= \dfrac{1}{0.8}$[kg/m]

예제 5

진공 중에서 2[m] 떨어진 2개의 무한 평행 도선에 단위 길이 당 10^{-7}[N]의 반발력이 작용할 때 그 도선들에 흐르는 전류는?

① 각 도선에 2[A]가 반대 방향으로 흐른다.
② 각 도선에 2[A]가 같은 방향으로 흐른다.
③ 각 도선에 1[A]가 반대 방향으로 흐른다.
④ 각 도선에 1[A]가 같은 방향으로 흐른다.

해설 | ㉠ 단상 선로는 왕복전류이므로 서로 반발력이 작용하고, 전류의 크기는 같다. **답** ③
즉, $I_1 = I_2 = I$ 이 된다.

㉡ 전자력 $F = \dfrac{2I^2}{d} \times 10^{-7}$[N/m] 에서 $I^2 = \dfrac{rF}{2 \times 10^{-7}}$ 이므로

∴ 전류 $I = \sqrt{\dfrac{rF}{2 \times 10^{-7}}} = \sqrt{\dfrac{2 \times 10^{-7}}{2 \times 10^{-7}}} = 1$[A]

예제 6

무한장 직선도체가 있다. 이 도체로 부터 수직으로 0.1[m] 떨어진 점의 자계의 세기가 180[AT/m]이다. 이 도체로 부터 수직으로 0.3[m] 떨어진 점의 자계의 세기는 몇 [AT/m]인가?

① 20 ② 60 ③ 180 ④ 540

해설 | ㉠ 무한장 직선전류에 의한 자계의 세기는 $H=\frac{I}{2\pi r}$[AT/m] 에서 거리에 반비례한다.

㉡ 도체로부터 거리 0.1[m] 떨어진 곳에서의 자계가 180[AT/m] 이므로, 거리가 0.3[m] 인 지점의 자계의 세기 $H=\frac{180}{3}=60$[AT/m] 이 된다.

답 ②

예제 7

반지름 5[cm], 권회수 100회의 원형코일에 10[A]의 전류를 통할 때 코일 중심의 자계의 크기는 몇 [AT/m] 인가?

① 50 ② 500 ③ 1,000 ④ 10,000

해설 | 원형 코일 중심의 자계 $H=\frac{NI}{2a}=\frac{100\times 10}{2\times 0.05}=\frac{1,000}{0.1}=10,000$[AT/m]

답 ④

2-5 전자유도법칙

1. 페러데이의 전자유도법칙

(1) 1820년 외르스테드(Oersted)가 전류에 의한 자기작용을 발견했다. 이후 패러데이(M. Faraday)는 이를 뒤집어 자기장으로 전류를 일으킬 수 있는지 연구하였고 그 이후 1831년 전자유도에 관한 법칙을 정립하였다.

(2) 【그림 2-20】(a)는 코일에 자석을 넣었다 빼는 것을 반복하여 코일 주변에 전류에 유도됨을 나타낸다. 이때 자석을 코일(1차 회로)로 대체하여 진행한 실험이 【그림 2-20】(b)이고 해석은 다음과 같다.

① 1차 회로의 가변저항을 조절하면 1차 회로에 흐르는 전류의 크기가 변한다. 전류의 크기에 따라 자기장의 크기도 변하고 이 자기장(자속)이 2차 회로를 통과한다. 2차 회로의 코일을 통과한 자속은 기전력을 만들고 검류계 쪽으로 전류가 흐르게 된다.

② 【그림 10-1】(c)는 시간에 따라 변하는 자속과 이때 코일에 유도되는 기전력의 관계를 나타낸 것이다.

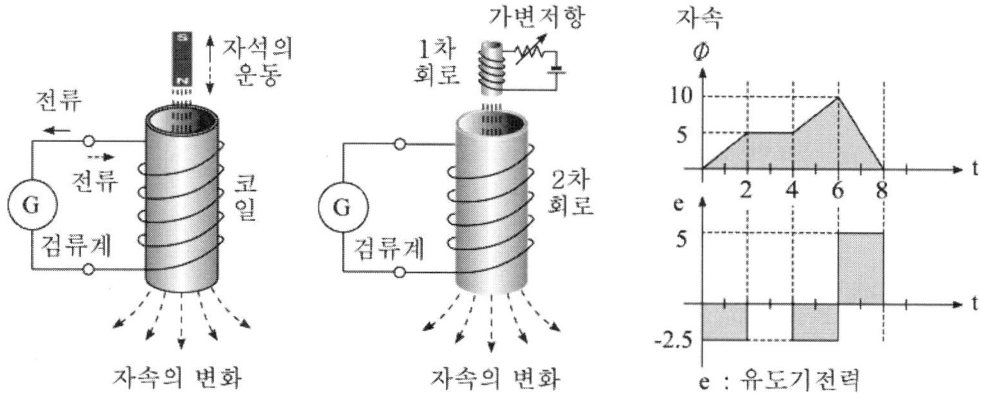

(a) (b) (c)

【그림 2-20】 전자유도 실험

(3) 실험으로 살펴본 이러한 현상을 전자유도(electromagnetic induction)라 하며, 이때 발생된 기전력을 유도기전력(induced electromotive force)라 한다.

(4) 전자유도법칙에 의해 회로에 생기는 유도전류는 쇄교자속의 변화를 방해하는 방향이다. 이것을 렌츠의 법칙(Lentz's law)이라 하고, 전자유도법칙을 수식화한 것을 노이만의 법칙(Neumann's law)이라고 한다.

유도기전력 : $e = -N\dfrac{d\phi}{dt}$ [V] ······ (式 2-53)

여기서, 음의 부호는 유도기전력의 방향을 나타내며 렌츠의 법칙이다.

(5) 【그림 2-20】(b)에서 직류대신 교류를 넣을 경우 가변 저항을 조절하지 않고도 시간에 따라 값이 변하는 전류를 얻을 수 있다. 이때 자속을 교류식 $\phi = \phi_m \sin\omega t$ [Wb] 으로 놓고 유도기전력의 크기와 위상의 관계를 알아보면 다음과 같다.

① $e=-N\dfrac{d\phi}{dt}=-N\phi_m\dfrac{d}{dt}(\sin\omega t)=-\omega N\phi_m\cos\omega t$

$=-\omega N\phi_m\sin(\omega+\dfrac{\pi}{2})=\omega N\phi_m\sin(\omega-\dfrac{\pi}{2})$

② 유도기전력의 최대값 : $E_m=\omega N\phi_m=2\pi f N\phi_m$ [V] ·············· (式 2-54)

③ 유도기전력의 위상 관계 : e 는 ϕ 보다 $\dfrac{\pi}{2}$[rad] 만큼 위상이 느리다.

여기서, N : 권선 수, f : 주파수[Hz]

$\omega=2\pi f$: 각주파수[rad/s], π[rad, 라디안] = 180°

$\dfrac{d}{dt}\sin\omega t=\omega\cos\omega t$, $\dfrac{d}{dt}\cos\omega t=-\omega\sin\omega t$, $\cos\omega t=\sin(\omega t+90°)$

2. 플레밍의 오른손 법칙

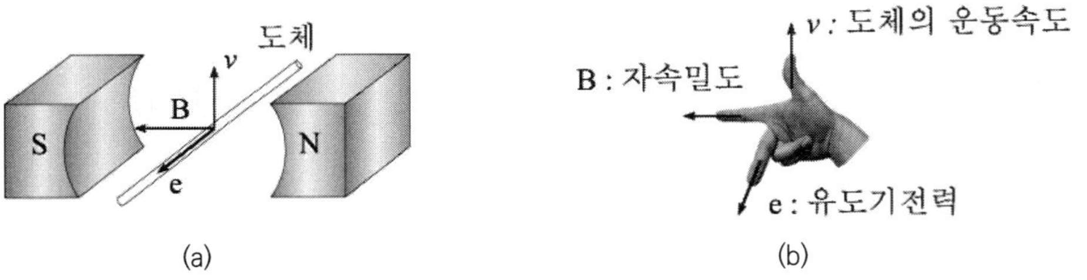

【그림 2-21】 플레밍의 오른손 법칙

(1) 자기장의 영향을 받는 도체가 v[m/s] 의 속도로 움직이면 도체에는 기전력이 유도된다.
이때 【그림 2-21】와 같이 오른손의 엄지, 검지, 중지를 직각으로 펼쳐서 엄지를 v, 검지를 B 의 방향에 놓으면 유도기전력 e 는 중지의 방향이 된다. 이것을 플레밍의 오른손 법칙이라 한다.

(2) 도체가 자기장과 수직으로 운동하는 경우 유도기전력이 발생하기 때문에 자속밀도와 도체가 각도 θ 를 이루며 운동하면 다음과 같이 정리할 수 있다.

① 플레밍의 오른손 법칙 : 자계 내 → 도체가 운동하면 → 유도기전력 발생

② 유도기전력 : $e=vB\ell\sin\theta$ [V] ·· (式 2-55)

여기서, ℓ : 도체의 길이[m]

예제 8

전자유도에 의해서 회로에 발생하는 기전력은 자속쇄교수의 시간에 대한 감소비율에 비례한다는 ㉠법칙에 따르고 특히, 유도된 기전력의 방향은 ㉡법칙에 따른다. ㉠, ㉡에 알맞은 것은?

① ㉠ 패러데이 ㉡ 플레밍의 왼손
② ㉠ 패러데이 ㉡ 렌츠
③ ㉠ 렌츠 ㉡ 패러데이
④ ㉠ 플레밍의 왼손 ㉡ 패러데이

해설 | 패러데이는 자속이 시간적으로 변화하면 기전력이 발생한다는 성질을, 렌츠는 기전력의 방향은 자속의 증감을 방해하는 방향으로 발생한다는 것을 설명하였다. **답** ②

예제 9

0.2[Wb/m^2]의 평등자계속에 자계와 직각방향으로 놓인 길이 90[cm]의 도선을 자계와 30° 각의 방향으로 50[m/sec]의 속도로 이동시킬 때 도체 양단에 유기되는 기전력은 몇 [V]인가?

① 0.45 ② 0.9 ③ 4.5 ④ 9.0

해설 | 플레밍의 오른손 법칙에 의한 유도기전력 **답** ③

$e = vB\ell\sin\theta = 50 \times 0.2 \times 0.9 \times \sin 30° = 4.5[V]$

2-6 인덕턴스

1. 자기 인덕턴스(self inductance)

(1) 변압기(Transformer) 한쪽 코일에 전류가 지나가면 전류에 의해 자속이 생긴다. 이때 전류가 시간에 따라 변하는 교류라면 자속도 시간에 따라 변하는 모양이 된다. 이 자속은 철심을 따라 흐르며 코일과 만나(쇄교) 기전력을 일으킨다.

(2) (式 2-53)에서 자속의 변화가 유도기전력을 일으킨다고 했지만 자속의 변화는

교류전류 때문에 나타난 것이므로 결국 유도기전력은 전류의 변화와 관계가 있다고 볼 수 있다.

① 유도기전력 : $e=-N\frac{d\phi}{dt}=-L\frac{di}{dt}$ [V] .... (式 2-56)

② 쇄교자속 : $\Phi=N\phi=LI$ [Wb] .... (式 2-57)

여기서, N : 권선 수, ϕ : 자속[Wb]

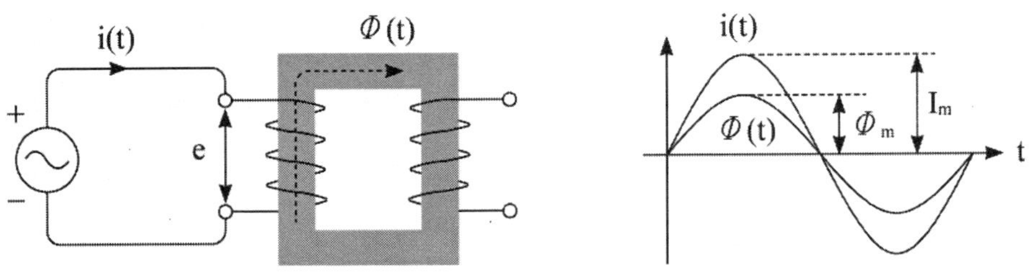

(a) 변압기

(b) 페이저도

【그림 2-22】 유도기전력과 인덕턴스의 관계

(3) 여기서 인덕턴스(L, self inductance)란, 전류의 변화량($\frac{di}{dt}$)과 유도기전력(e) 사이의 비례상수를 의미하며 자기유도계수(coefficient of self inductance)라도 한다.

(4) 자기인덕턴스는 아래와 같이 정리할 수 있으며 권선 수 제곱(N^2)에 비례하고 자기저항(R_m)에 반비례하는 것을 알 수 있다. 또한 자기저항 $R_m=\frac{\ell}{\mu_0\mu_s S}$ 이므로 자기인덕턴스는 철심에 감긴 코일의 권선 수, 철심의 재질(투자율), 철심의 길이와 단면적의 크기에 따라 결정된다.

① $L=\frac{\Phi}{I}=\frac{N}{I}\phi=\frac{N}{I}\int_S B\,ds=\frac{\mu N}{I}\int_S H\ ds$ [H] .... (式 2-58)

② $L=\frac{N}{I}\phi=\frac{N}{I}\times\frac{F}{R_m}=\frac{N^2}{R_m}=\frac{\mu S N^2}{\ell}$ [H] .... (式 2-59)

2. 자계 에너지

(1) 인덕턴스 회로에 발생한 유도기전력은 렌츠의 법칙에 따라 전류의 흐름을 방해하려고 한다. 따라서 전원 측에서는 이것을 이겨낼 수 있는 여분의 에너지(일)을 공급해 주어야 하고 이 에너지(일)는 인덕턴스에 자계 에너지로 축적된다. 이와 같은 에너지를 전자에너지(electromagnetic energy) 또는 자계 에너지(magnetic energy)라고 한다.

(2) 자기 인덕턴스 L 에 I[A] 의 전류가 흐르면 전류 변화에 의한 자기 인덕턴스에 유도되는 역기전력은 $e=-L\frac{dI}{dt}$ 가 되므로 이 유도 기전력과 반대 방향으로 대항하여 미소 전하 dq를 운반하는는 필요한 일(에너지) dW는 다음과 같이 정리할 수 있다.

① $dW=-e\,dq=-\left(-L\frac{dI}{dt}\right)dq=L\frac{dq}{dt}dI$ ······ (式 2-60)

② $dW=L\frac{dq}{dt}dI=LI\,dI$ ······ (式 2-61)

여기서, 전하가 운반 시 필요한 에너지 : $W=QV$[J]

전류의 정의 식 : $I=\frac{dq}{dt}$

(3) 따라서 자기 인덕턴 L 에 흐르는 전류를 0[A] 부터 I[A] 까지 증가시키는데 필요한 일(에너지)는 양변을 적분해서 구할 수 있다.

$$W=\int dW=\int_0^I LI\,dI=\frac{1}{2}LI^2\,[\text{J}] \quad \text{(式 2-62)}$$

(3) 이러한 자계 에너지는 에너지를 저장할 뿐 소비하지 않는다. 즉, 전원을 제거하면 이 에너지는 다시 전원 측으로 반환되게 된다. (式 2-62)에 (式 2-59)를 대입하여 아래와 같이 다시 정리할 수 있다.

① $W_L=\frac{1}{2}LI^2=\frac{1}{2}\times\frac{\mu SN^2}{\ell}\times I^2=\frac{1}{2}\mu S\times\frac{N^2I^2}{\ell}$[J] ······ (式 2-63)

② $w_L=\frac{W_L}{V}=\frac{W_L}{S\ell}=\frac{1}{2}\mu\times\left(\frac{NI}{\ell}\right)^2=\frac{1}{2}\mu H^2$[J/m³] ······ (式 2-64)

$\therefore\ W_m=w_L=\frac{1}{2}\mu H^2=\frac{1}{2}HB=\frac{B^2}{2\mu}$[J/m³] ······ (式 2-65)

여기서, W_L : 자계 에너지[J], w_L : 자계 에너지 밀도[J/m^3]

V : 체적[m^3], W_m : 자계 에너지를 자계의 세기로 표현한 공식

3. 상호 인덕턴스

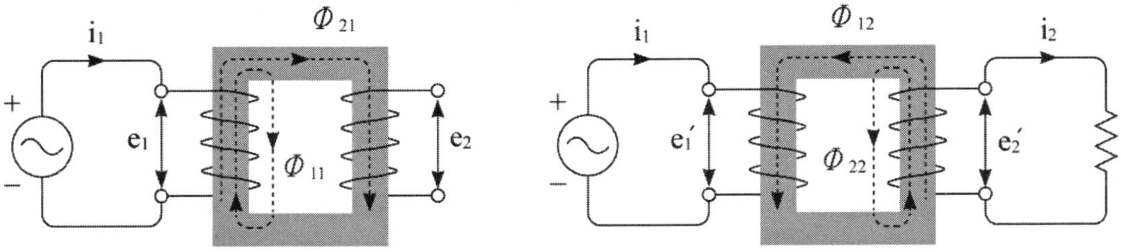

(a) 1차 회로에 전류가 흐를 경우 (b) 2차 회로에도 전류가 흐를 경우

【그림 2-23】 상호 인덕턴스와 결합계수

1) 1차 회로에 전류가 흐를 경우

(1) 【그림 2-23】(a)와 같이 1차 회로에 교류전류 i_1 가 흐르면 1차 권선에 자속 (ϕ_1)이 발생된다. ϕ_1 의 대부분은 철심을 따라 2차 권선과 쇄교하지만 일부 자속은 철심을 벗어나 공기 중으로 순환한다. 이때 철심을 따라 2차 권선과 쇄교한 자속을 쇄교자속(ϕ_{21}), 그렇지 못한 자속을 누설자속(ϕ_{11})이라 하고 그 총합은 ϕ_1 과 같다.

1차 전류에 의한 자속 : $\phi_1 = \phi_{11} + \phi_{21}$ ······ (式 2-66)

여기서, ϕ_{11} : 누설자속, ϕ_{21} : 2차측 쇄교자속

(2) 권수 N_2 인 2차 코일에 쇄교자속(ϕ_{21})이 지날 때 (式 2-53)에 따라 전자유도현상이 일어난다. 이는 1차 코일과 2차 코일이 둘 다 관여한 현상이므로 상호유도(mutual induction)작용이라고 하며 이때의 유도계수를 M(상호인덕턴스 또는 상호유도계수)라고 한다. i_1 에 의한 1차, 2차의 유도기전력은 다음과 같다.

① $e_1 = -N_1 \dfrac{d\phi_1}{dt} = -N_1 \dfrac{d\phi_1}{di_1}\dfrac{di_1}{dt} = -L_1 \dfrac{di_1}{dt}$ [V] ······ (式 2-67)

② $e_2 = -N_2 \dfrac{d\phi_{21}}{dt} = -N_2 \dfrac{d\phi_{21}}{di_1}\dfrac{di_1}{dt} = -M_{21} \dfrac{di_1}{dt}$ [V] ······ (式 2-68)

여기서, L_1 : 1차측 자기 인덕턴스, M_{21} : 상호 인덕턴스 또는 상호 유도계수

2) 2차 회로에도 전류가 흐를 경우

(1) 【그림 11-2】(b)와 같이 2차 회로에 부하를 연결하면 2차 전류 i_2 가 흐르게 되고 마찬가지로 자속 ϕ_2 를 만들어 낸다. 자속 ϕ_2 역시 철심을 따라 1차, 2차 권선을 모두 쇄교하므로 전류 i_2 에 의해 또다른 상호유도작용이 일어난다. i_2 에 의한 1차, 2차의 유도기전력은 다음과 같다.

$$① \ e_1{}' = -N_1 \frac{d\phi_{12}}{dt} = -N_1 \frac{d\phi_{12}}{di_2} \frac{di_2}{dt} = -M_{12} \frac{di_2}{dt} [\mathrm{V}] \quad \cdots\cdots\cdots\cdots (式\ 2\text{-}69)$$

$$② \ e_2{}' = -N_2 \frac{d\phi_2}{dt} = -N_2 \frac{d\phi_2}{di_2} \frac{di_2}{dt} = -L_2 \frac{di_2}{dt} [\mathrm{V}] \quad \cdots\cdots\cdots\cdots (式\ 2\text{-}70)$$

여기서, L_2 : 2차측 자기 인덕턴스, M_{12} : 상호 인덕턴스 또는 상호 유도계수

(2) 따라서 1차 전류에 의해 발생된 자속과 2차 전류에 의해 발생된 자속은 서로 반대방향이므로 변압기 1차 측에 유도된 기전력은 $E_1 = e_1 - e_1{}'$가 되고, 2차 측에 유도된 기전력은 $E_2 = e_2 - e_2{}'$ 이 된다. 이와 같이 1차, 2차에서 발생된 자속이 서로 감쇄가 되도록 코일을 감은 것을 감극성이라 하며, 대부분의 변압기 또는 변성기는 감극성으로 제작된다.

(3) 또한 변압기 2차측 코일을 반대로 감으면 2차 회로에 의해 발생된 자속은 1차 회로의 자속과 동일 방향으로 흐르기 때문에 변압기 1차측에 유도되는 기전력은 $E_1 = e_1 + e_1{}'$이 되고, 2차 측에 유도되는 기전력은 $E_2 = e_2 + e_2{}'$ 이 된다. 이와 같이 1차, 2차에서 발생된 자속이 서로 더해지도록 코일을 감은 것을 가극성이라 한다.

4. 결합계수(coupling coefficient)

(1) 【그림 2-23】(a)와 같이 교류전류 i_1 으로 인해 만들어진 전체자속 $\phi_1 = \phi_{11} + \phi_{21}$ 중 실제로 상호유도에 쓰이는 것은 ϕ_{21} 뿐이다. 또한 2차 전류에 의해 발생된 전체자속 ϕ_2 중 실제로 상호유도에 쓰이는 것은 ϕ_{12} 뿐이므로 전체자속과 쇄교자속의 비율을 따질 수 있다. 이 비율을 결합계수 k 라 하며 아래와 같이정리할 수 있다.

$$k=\sqrt{\frac{\phi_{21}}{\phi_1}\times\frac{\phi_{12}}{\phi_2}}=\sqrt{\frac{\frac{M_{21}i_1}{N_2}}{\frac{L_1 i_1}{N_1}}\times\frac{\frac{M_{12}i_2}{N_1}}{\frac{L_2 i_2}{N_2}}}=\sqrt{\frac{M_{21}}{L_1}\times\frac{M_{12}}{L_2}}=\frac{M}{\sqrt{L_1L_2}}$$

① 결합계수 $k=\dfrac{M}{\sqrt{L_1L_2}}$ ……………………………………………… (式 2-71)

② 상호 인덕턴스 : $M=k\sqrt{L_1L_2}$ [H] ………………………………… (式 2-72)

(2) 결합계수는 두 회로의 자기적 결합정도를 표시하는 양으로 $k=0$ 이면 자기적인 비결합상태를, $k=1$ 이면 자기적인 완전결합상태를 의미한다.

결합계수의 범위는: $0< k\leq 1$ ………………………………………… (式 2-73)

5. 인덕턴스의 접속

1) 직렬접속

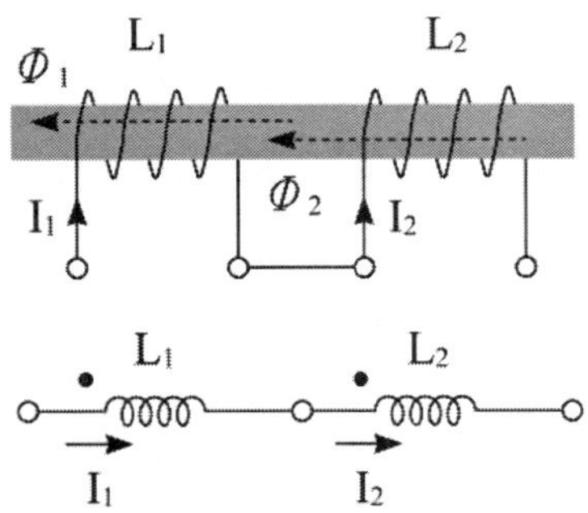

(a) 가동결합(가극성)

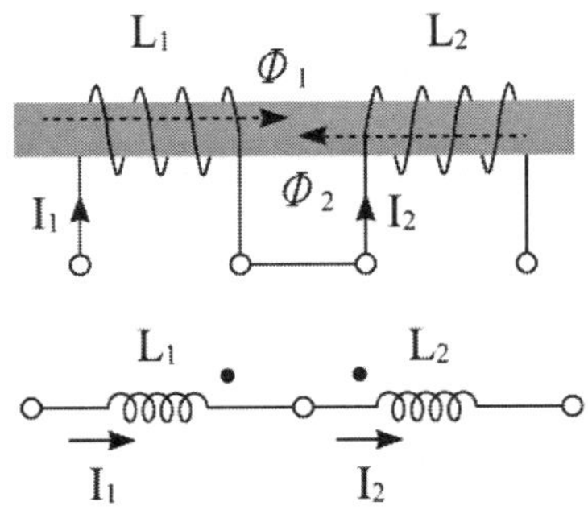

(b) 차동결합(감극성)

【그림 2-24】 L 의 직렬접속

(1) 두 코일 간에 상호 인덕턴스가 없다고 하면 L_1 과 L_2 를 【그림 2-24】(a)와 같이 직렬로 접속하면 전류는 일정하고 전압이 분배되므로 다음과 같이 정리된다.

① $V=V_1+V_2=L_1\dfrac{di}{dt}+L_2\dfrac{di}{dt}=L\dfrac{di}{dt}$ [V] ……………………… (式 2-74)

② 합성 인덕턴스 : $L=L_1+L_2$ [H] …………………………………… (式 2-75)

(2) 한 개의 철심에 1, 2차 코일을 모두 감았다면 두 코일 간에는 상호 인덕턴스가 반드시 존재하므로 각 코일에 인가된 전압은 $V_1 = L_1\frac{di}{dt} \pm M\frac{di}{dt}$, $V_2 = L_2\frac{di}{dt} \pm M\frac{di}{dt}$ (상호 인덕턴스가 $+M$ 인 것을 가동결합 또는 가극성, $-M$ 인 것을 차동결합 또는 감극성이 된다.)이 된다. 따라서 (式 2-74)와 같이 전압 분배 법칙을 이용하여 합성 인덕턴스 공식을 다음과 같이 정리할 수 있다.

① 가동결합 : $L_a = L_1 + L_2 + 2M[\text{H}]$ ······ (式 2-76)

② 차동결합 : $L_b = L_1 + L_2 - 2M[\text{H}]$ ······ (式 2-77)

(3) 위 (式 2-76)과 (式 2-77)를 빼면 $L_a - L_b = 4M$ 이 되어 상호 인덕턴스의 크기를 구할 수 있다.

상호 인덕턴스 : $M = \frac{L_a - L_b}{4}[\text{H}]$ ······ (式 2-78)

2) 병렬접속

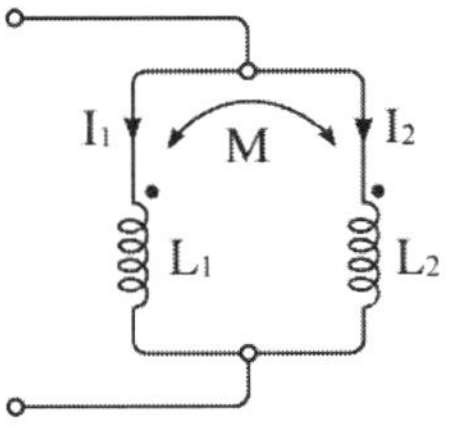

(a) 가동결합(가극성)

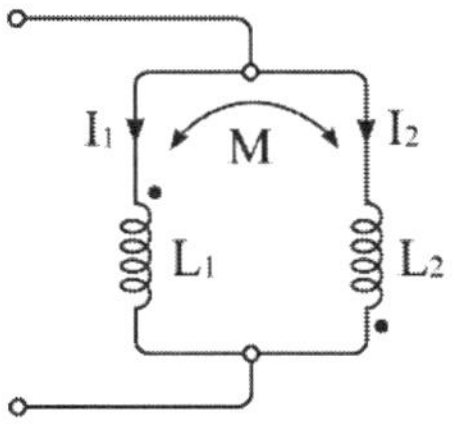

(b) 차동결합(감극성)

【그림 2-25】 L 의 병렬접속

(1) 상호 인덕턴스가 없는 L_1 과 L_2 를 【그림 2-25】와 같이 병렬로 연결하면 전압은 일정하고 전류가 분배되므로 다음과 같이 정리된다.

① $V = V_1 = V_2$ 이므로 $L\frac{di}{dt} = L_1\frac{di_1}{dt} = L_2\frac{di_2}{dt}$

② $V_1 = L_1\frac{di_1}{dt}$, $V_2 = L_2\frac{di_2}{dt}$ 에서 $\frac{di_1}{dt} = \frac{V_1}{L_1} = \frac{V}{L_1}$, $\frac{di_2}{dt} = \frac{V_2}{L_2} = \frac{V}{L_2}$

③ $V = L\frac{di}{dt} = L\left(\frac{di_1}{dt} + \frac{di_2}{dt}\right) = L\left(\frac{V}{L_1} + \frac{V}{L_2}\right)$ 이므로 $\frac{1}{L} = \frac{1}{L_1} + \frac{1}{L_2}$

$$\therefore \text{ 합성 인덕턴스 : } L = \frac{1}{\frac{1}{L_1} + \frac{1}{L_2}} = \frac{L_1 L_2}{L_1 + L_2} [\text{H}] \quad \cdots\cdots (式\ 2\text{-}79)$$

(2) 두 코일 사이에 상호 인덕턴스가 존재하면 다음과 같이 정리할 수 있다.

$$① \text{ 가동결합 : } L_a = \frac{L_1 L_2 - M^2}{L_1 + L_2 - 2M} [\text{H}] \quad \cdots\cdots (式\ 2\text{-}80)$$

$$② \text{ 차동결합 : } L_b = \frac{L_1 L_2 - M^2}{L_1 + L_2 + 2M} [\text{H}] \quad \cdots\cdots (式\ 2\text{-}81)$$

(3) 인덕턴스의 가동결합과 차동결합은 L에 표시된 점(dot)을 기준으로 두 코일에 유입되는 전류의 방향으로 판단할 수 있다. 【그림 2-25】(a)와 두 코일에 유입되는 전류의 방향이 동일하면 가동결합이 되고, 【그림 2-25】(b)와 두 코일에 유입되는 전류의 방향이 반대가 되면 차동결합이 된다. 또한 인덕턴스 병렬접속의 공식을 유도하려면 매우 어렵기 때문에 (式 2-80)과 (式 2-81)을 암기하는 것도 좋다.

3) 가동결합 시 합성 인덕턴스 증명

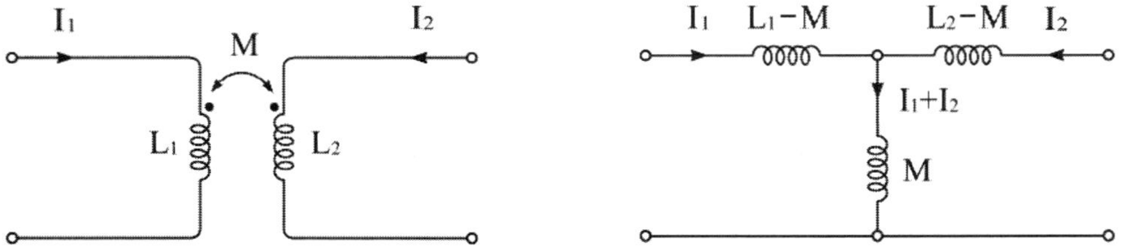

(a) 가동결합(가극성) (b) 가동결합 등가변환

【그림 2-26】 L의 가동결합

(1) 【그림 2-26】(a)와 같이 인덕턴스에 표시된 점으로 전류가 들어가면 가동결합이라 한다. 또는 두 인덕턴스 모두 점과 반대로 전류가 들어가도 가동결합으로 본다.

(2) 가동결합에서 변압기의 각 단자전압은 다음과 같다.

$$① \ V_1 = L_1 \frac{dI_1}{dt} + M \frac{dI_2}{dt} = j\omega L_1 I_1 + j\omega M I_2 \quad \cdots\cdots (式\ 2\text{-}82)$$

$$② \ V_2 = L_2 \frac{dI_2}{dt} + M \frac{dI_1}{dt} = j\omega L_2 I_2 + j\omega M I_1 \quad \cdots\cdots (式\ 2\text{-}83)$$

$\frac{d}{dt}$ 를 라플라스 변환하면 $j\omega$ 가 된다. 여기서 라플라스 변환이면 미분방정식($\frac{d}{dt}$)을 손쉽게 풀이하기 위한 하나의 연산방법이다.

(3) 위 식은 아래와 같이 변형시킬 수 있다.

③ $V_1 = j\omega L_1 I_1 + j\omega M I_2 + j\omega M I_1 - j\omega M I_1$

$= j\omega(L_1 - M)I_1 + j\omega M(I_1 + I_2)$ ······························ (式 2-84)

④ $V_2 = j\omega L_2 I_2 + j\omega M I_1 + j\omega M I_2 - j\omega M I_2$

$= j\omega(L_1 - M)I_2 + j\omega M(I_1 + I_2)$ ······························ (式 2-85)

(4) (式 2-84)와 (式 2-85)을 통해【그림 2-26】(b)와 같이 등가변환 시킬 정리할 수 있다.

$$L_a = \frac{(L_1 - M)\times(L_2 - M)}{(L_1 - M) + (L_2 - M)} + M = \frac{L_1 L_2 - M(L_1 + L_2) + M^2}{L_1 + L_2 - 2M} + M$$

$$= \frac{L_1 L_2 - M(L_1 + L_2) + M^2}{L_1 + L_2 - 2M} + \frac{M(L_1 + L_2 - 2M)}{L_1 + L_2 - 2M}$$

∴ 가동결합 : $L_a = \frac{L_1 L_2 - M^2}{L_1 + L_2 - 2M}$ [H] ······························ (式 2-86)

4) 차동결합 시 합성 인덕턴스 증명

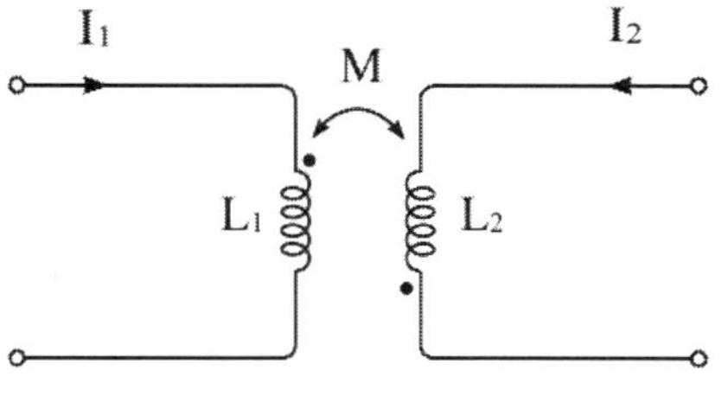

(a) 차동결합(가극성)

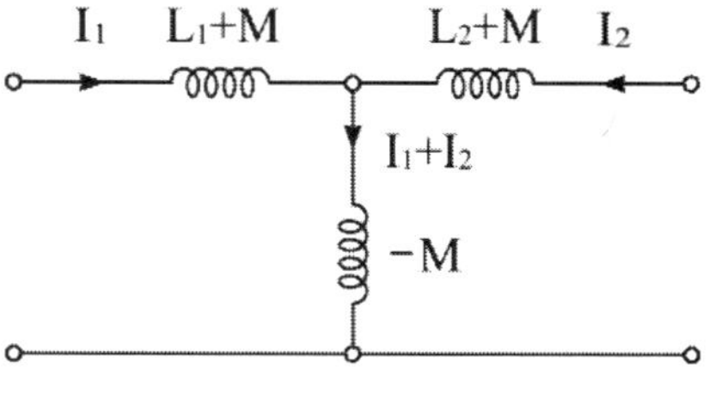

(b) 차동결합 등가변환

【그림 2-27】 L 의 차동결합

(1)【그림 2-27】(a)와 같이 한쪽의 인덕턴스는 점 쪽으로 전류가 들어가고, 반대쪽 인덕턴스 점측 반대로 전류가 들어가면 차동결합이라 한다.

(2) 차동결합에서 변압기의 각 단자전압은 다음과 같다.

① $V_1 = L_1 \frac{dI_1}{dt} - M\frac{dI_2}{dt} = j\omega L_1 I_1 - j\omega M I_2$ ································ (式 2-87)

② $V_2 = L_2 \frac{dI_2}{dt} - M\frac{dI_1}{dt} = j\omega L_2 I_2 - j\omega M I_1$ ································ (式 2-88)

(3) 위 식은 아래와 같이 변형시킬 수 있다.

③ $V_1 = j\omega L_1 I_1 - j\omega M I_2 + j\omega M I_1 - j\omega M I_1$

$= j\omega(L_1' + M)I_1 - j\omega M(I_1 + I_2)$ ································ (式 2-89)

④ $V_2 = j\omega L_2 I_2 - j\omega M I_1 + j\omega M I_2 - j\omega M I_2$

$= j\omega(L_1 + M)I_2 - j\omega M(I_1 + I_2)$ ································ (式 2-90)

(4) (式 2-89)와 (式 2-90)을 통해【그림 2-27】(b)와 같이 등가변환 시킬 정리할 수 있다.

$$L_- = \frac{(L_1+M)\times(L_2+M)}{(L_1+M)+(L_2+M)} - M = \frac{L_1L_2 + M(L_1+L_2)+M^2}{L_1+L_2+2M} - M$$

$$= \frac{L_1L_2 + M(L_1+L_2)+M^2}{L_1+L_2+2M} - \frac{M(L_1+L_2+2M)}{L_1+L_2+2M}$$

∴ 차동결합 : $L_b = \frac{L_1L_2 - M^2}{L_1+L_2+2M}$[H] ································ (式 2-86)

예제 10

환상 솔레노이드 코일에 있어서 코일에 흐르는 전류가 2[A]일 때 자로의 자속이 1×10^{-2} [Wb]이었다고 한다. 코일 권수를 500회라 할 때 이 코일의 자기인덕턴스는 몇 [H]인가? (단, 코일의 전류와 자로의 자속과의 관계는 정비례한 것으로 하여 계산하시오.)

① 2.5 ② 3.5 ③ 4.5 ④ 5.5

해설 | 자기 인덕턴스 $L = \frac{N}{I}\phi = \frac{500}{2}\times10^{-2} = 2.5$[H]

답 ①

예제 11

두 개의 코일이 있다. 각각의 자기 인덕턴스가 0.4[H], 0.9[H]이고 상호 인덕턴스가 0.36[H]일 때 결합계수는?

① 0.5 ② 0.6 ③ 0.7 ④ 0.8

해설 | 결합계수 $K=\dfrac{M}{\sqrt{L_1L_2}}=\dfrac{0.36}{\sqrt{0.4\times0.9}}=0.6$

답 ②

연습문제

01. 다음 중 등전위면의 성질로 적당치 않은 것은?

① 전위가 같은 점들을 연결해 형성된 면이다.
② 등전위면 간의 밀도가 크면 전기장의 세기는 커진다.
③ 항상 전기력선과 수평을 이룬다.
④ 유전체의 유전율이 일정하면 등전위면은 동심원을 이룬다.

해설 전기력선은 전위가 낮아지는 방향으로 향하며, 항상 등전위면과 직교한다.

답 ③

02. 한 코일의 전류가 매초 150[A]의 비율로 변화할 때 다른 코일에 10[V]기전력이 발생하였다면 두 코일 상호 인덕턴스 [H]는?

① $\frac{1}{3}$　② $\frac{1}{5}$
③ $\frac{1}{10}$　④ $\frac{1}{15}$

해설 2차측 코일에 유도되는 기전력 $e=-M\frac{di}{dt}$에서 상호 인덕턴스의 크기는 다음과 같다. (여기서, $\frac{di}{dt}$: 시간적 변화에 따른 전류의 변화량)

$\therefore M=\frac{e}{\frac{di}{dt}}=\frac{10}{150}=\frac{1}{15}$[H]

답 ④

03. 반지름 1[m]인 원형 코일에서 중심점에서의 자계의 세기가 1[AT/m]라면 흐르는 전류는 몇 [A]인가?

① 1　② 2
③ 3　④ 4

해설 원형 선전류(코일)에 의한 자계의 세기 $H=\frac{NI}{2a}$[AT/m] 에서 전류의 크기는

$\therefore I=\frac{2aH}{N}=\frac{2\times1\times1}{1}=2$[A]]

여기서, N : 권수[T], a : 반지름[m]

답 ②

04. 무한장 솔레노이드 자계의 세기에 대한 설명으로 틀린 것은?

① 전류의 세기에 비례한다.
② 코일의 권수에 비례한다.
③ 솔레노이드 내부에서의 자계의 세기는 위치에 관계없이 일정한 평등자계이다.
④ 자계의 방향과 암페어 경로 간에 서로 수직인 경우 자계의 세기가 최고이다.

해설 ① 무한장 솔레노이드 자계의 세기 : $H=n_0I$
② 여기서, n_0 : 단위 길이 당 권수
③ 길이가 무한대 이므로 내부 자계는 평등하다. (내부 자계는 평등 자계)
④ 전류의 방향과 암페어 경로가 수직일 때 자계의 세기가 최고이다.

답 ④

05. 전류에 의한 자계의 세기를 구하는 법칙은?

① 쿨롱의 법칙
② 페러데이의 법칙
③ 비오사바르의 법칙
④ 렌츠의 법칙

해설 전류에 의한 자계의 세기를 구하는 법칙은 앙페르의 주회적분 법칙과 비오-사바르의 법칙이 있다.

답 ③

06. 공기 중에 1×10^{-7}[C]의 (+)전하가 있을 때, 이 전하로부터 15[cm]의 거리에 있는 점의 전장의 세기는 몇 [V/m]인가?

① 1×10^4　② 2×10^4
③ 3×10^4　④ 4×10^4

해설 점전하에 의한 전계의 세기

$: E=\dfrac{Q}{4\pi\epsilon_0 r^2}=9\times10^9\times\dfrac{Q}{r^2}$

$=9\times10^9\times\dfrac{10^{-7}}{0.15^2}=4\times10^4$[V/m]

답 ④

07. 히스테리시스 곡선의 종축과 횡축은?

① 종축 : 자속밀도, 횡축 : 투자율
② 종축 : 자계의 세기, 횡축 : 투자율
③ 종축 : 자계의 세기, 횡축 : 자속밀도
④ 종축 : 자속밀도, 횡축 : 자계의 세기

해설 히스테리시스 곡선
(자기이력곡선, B-H 곡선)

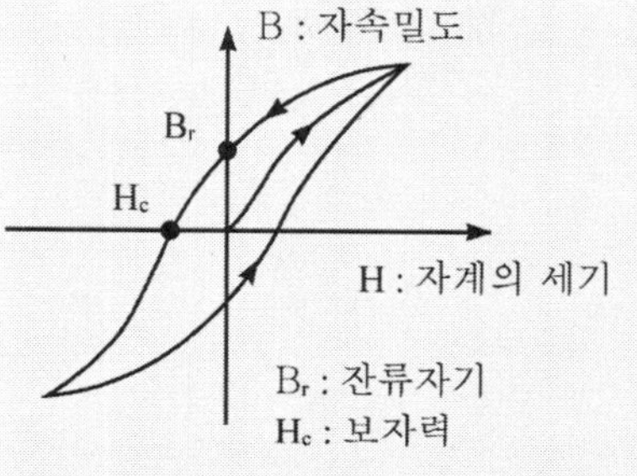

㉠ B-H 곡선이 이루는 면적의 의미
: 단위 체적 당 열에너지(손실)[W/m^3]
㉡ 종축과 만나는 점 : 잔류자기(B_r)
㉢ 횡축과 만나는 점 : 보자력(H_c)

답 ④

08. 자기장 내에 있는 도체에 전류를 흘리면 힘이 작용한다. 이 힘을 무엇이라고 하는가?

① 자속력　② 기전력
③ 전기력　④ 전자력

해설 플레밍 왼손 법칙 : 자기장(자계) 내에 있는 도체에 전류가 흐르면 도체에는 전자력 F가 작용한다.

답 ④

09. 자기인덕턴스 L_1, L_2가 각각 $4[mH]$, $9[mH]$인 두 코일이 이상적인 결합이 되었다면 상호 인덕턴스는 몇 $[mH]$인가? (단, 결합계수는 1이다.)

① 6 ② 12
③ 24 ④ 36

해설 결합계수 $k=1$에서 상호 인덕턴스 M은
$\therefore M = k\sqrt{L_1 L_2} = \sqrt{4\times 9} = 6[mH]$

답 ①

10. 길이 $1[m]$의 철심(비투자율 $\mu_s = 700$) 자기회로에 $2[mm]$의 공극이 생겼다면 자기저항은 몇 배 증가하는가? (단, 각 부의 단면적은 일정하다.)

① 1.4 ② 1.7
③ 2.4 ④ 2.7

해설 ① 초기 자기저항 (공극이 없는 경우)

$$R_m = \frac{\ell}{\mu S}[AT/Wb]$$

② 공극이 생겼을 경우의 자기저항

$$\frac{\ell-\ell_g}{\mu S} + \frac{\ell_g}{\mu_0 S} \fallingdotseq \frac{\ell}{\mu S} + \frac{\ell_g}{\mu_0 S} = R_m + R_g$$

$\therefore$ 자기저항 증가율

$$\alpha = \frac{R_m + R_g}{R_m} = 1 + \frac{R_g}{R_m} = 1 + \frac{\mu\,\ell_g}{\mu_0\,\ell}$$

답 ③

11. 발전기에서 유도기전력의 방향을 나타내는 법칙은?

① 패러데이의 전자유도법칙
② 플레밍의 오른손법칙
③ 암페어의 오른나사법칙
④ 플레밍의 왼손법칙

해설 ① 패러데이의 전자유도법칙
: 자속의 변화 또는 전류의 변화에 의해 기전력이 유도되는 현상을 나타낸 법칙
③ 암페어의 오른나사법칙
: 전류에 따른 자계의 방향을 나타낸 법칙
④ 플레밍의 왼손법칙
: 전동기의 회전방향을 나타내는 법칙

답 ②

12. $50\,[\mathrm{kW}]$의 전력의 안테나에서 사방으로 균일하게 방사될 때, 안테나에서 $1\,[\mathrm{km}]$ 거리에 있는 점에서의 전계의 실효값은 약 몇 $[\mathrm{V/m}]$인가?

① 0.87　② 1.22
③ 1.73　④ 3.98

해설
㉠ 특성 임피던스 $Z_0 = \dfrac{E}{H} = \sqrt{\dfrac{\epsilon_0}{\mu_0}}$
$= 120\pi$에서 자계의 실효값
: $H = \dfrac{E}{120\pi}\,[\mathrm{A/m}]$
(여기서, $\epsilon_0 = \dfrac{1}{36\pi \times 10^9}$,
$\mu_0 = 4\pi \times 10^{-7}$)
㉡ 포인팅 벡터
: $P = EH = \dfrac{E^2}{120\pi}\,[\mathrm{W/m^2}]$
㉢ 방사전력
: $P_s = \int P\,ds = Ps = 4\pi r^2 P$
$= 4\pi r^2 \times \dfrac{E^2}{120\pi} = \dfrac{r^2 E^2}{30}$
∴ 전계의 실효값
: $E = \sqrt{\dfrac{30P_s}{r^2}} = \sqrt{\dfrac{30 \times 50 \times 10^3}{(10^3)^2}}$
$= \sqrt{1.5} = 1.22\,[\mathrm{V/m}]$

답 ②

13. 진공 중에 놓인 $5\,[\mu\mathrm{C}]$의 점전하에서 $2\,[\mathrm{m}]$되는 점의 전계는 몇 $[\mathrm{V/m}]$인가?

① 11.25×10^3　② 16.25×10^3
③ 22.25×10^3　④ 28.25×10^3

해설 점전하에 의한 전계의 세기
$E = \dfrac{Q}{4\pi\epsilon_0 r^2} = 9 \times 10^9 \times \dfrac{Q}{r^2}$
$= 9 \times 10^9 \times \dfrac{5 \times 10^{-6}}{2^2}$
$= 11.25 \times 10^3\,[\mathrm{V/m}]$

답 ①

14. 권선수가 100회인 코일을 200회로 늘리면 코일에 유기되는 유도기전력은 어떻게 변화 하는가?

① $\dfrac{1}{2}$로 감소　② $\dfrac{1}{4}$로 감소
③ 2배로 증가　④ 4배로 증가

해설
㉠ 인덕턴스($L = \dfrac{\mu S N^2}{\ell}$)는 권선 수($N$)의 제곱에 비례하며, 권선 수를 2배 늘리면 인덕턴스는 4배 증가한다.
㉡ 유도기전력($e = -L\dfrac{di}{dt}$)은 인덕턴스 L에 비례하므로, 인덕턴스가 4배 증가하면 유도기전력 또한 4배 증가하게 된다.

답 ④

15. 두 개의 코일 L_1과 L_2를 동일방향으로 직렬 접속하였을 때 합성인덕턴스가 $140[\mathrm{mH}]$이고, 반대방향으로 접속 하였더니 합성 인덕턴스가 $20[\mathrm{mH}]$이었다. 이때, $L_1 = 40[\mathrm{mH}]$ 이면 결합계수 K는?

① 0.38　　② 0.5
③ 0.75　　④ 1.3

해설
㉠ 두 코일을 동일방향으로 접속하면 가동결합($L_a = L_1 + L_2 + 2M$)가 되고, 반대방향으로 접속하면 차동결합($L_b = L_1 + L_2 - 2M$)가 된다.
㉡ 상호 인덕턴스 M은 다음과 같다.

$$M = \frac{L_a - L_b}{4} = \frac{140-20}{4} = 30[\mathrm{mH}]$$

㉢ 2차측 자기 인덕턴스 L_2는 다음과 같다.

$$L_2 = L_a - L_1 - 2M = 140 - 40 - 2 \times 30 = 40[\mathrm{mH}]$$

∴ 결합계수 : $K = \frac{M}{\sqrt{L_1 L_2}} = \frac{30}{\sqrt{40 \times 40}} = 0.75$

답 ③

16. 비투자율 $\mu_s = 500$, 평균 자로의 길이 $1[\mathrm{m}]$의 환상 철심 자기회로에 $2[\mathrm{mm}]$의 공극을 내면 전체의 자기저항은 공극이 없을 때의 약 몇 배가 되는가?

① 5　　② 2.5
③ 2　　④ 0.5

해설
㉠ 초기 자기저항 : $R_m = \frac{\ell}{\mu S}[\mathrm{AT/Wb}]$
㉡ 공극이 발생했을 때 자기저항

$$: \frac{\ell - \ell_g}{\mu S} + \frac{\ell_g}{\mu_0 S} ≒ \frac{\ell}{\mu S} + \frac{\ell_g}{\mu_0 S} = R_m + R_g$$

㉢ 공극의 발생에 의한 저항 상승비

$$: \alpha = \frac{R_m + R_g}{R_m} = 1 + \frac{R_g}{R_m} = 1 + \frac{\mu \ell_g}{\mu_0 \ell} = 1 + \frac{\mu_s \ell_g}{\ell} = 1 + \frac{500 \times 0.02}{1} = 2\text{배}$$

답 ③

17. 반도체에 빛을 쬐이면 전자가 방출되는 현상은?

① 홀효과　　② 광전효과
③ 펠티어효과　　④ 압전기효과

해설
㉠ 홀효과 : 반도체에 전류를 흘려 이것과 직각방향으로 자속밀도를 가하면 플레밍 왼손법칙에 의해 그 양면의 직각 방향으로 기전력이 발생하는 현상
㉡ 펠티어 효과 : 두 종류의 금속으로 폐회로를 만들어 전류를 흘리면 양 접속점에서 한 쪽은 온도가 올라가고 다른 쪽은 온도가 내려가는 현상
㉢ 압전기 현상(피에조 효과) : 유전체에 압력이나 인장력을 가하면 전기분극이 발생하는 현상으로 종효과와 횡효과가 있다.

답 ②

18. 전자유도현상에서 코일에 생기는 유도기전력의 방향을 정의한 법칙은?

① 플레밍의 오른손법칙
② 플레밍의 왼손법칙
③ 렌쯔의 법칙
④ 패러데이의 법칙

해설 ㉠ 플레밍의 오른손 법칙 : 발전기 법칙
㉡ 플레밍의 왼손 법칙 : 전동기 법칙
㉢ 렌쯔의 법칙 : 유도기전력의 방향을 정리
㉣ 패러데이의 법칙 : 전자유도현상에 의해 유도기전력을 정리

답 ③

19. $1[\text{cm}]$의 간격을 둔 평행 왕복전선에 $25[\text{A}]$의 전류가 흐른다면 전선 사이에 작용하는 전자력은 몇 $[\text{N/m}]$이며, 이것은 어떤 힘인가?

① 2.5×10^{-2}, 반발력
② 1.25×10^{-2}, 반발력
③ 2.5×10^{-2}, 흡인력
④ 1.25×10^{-2}, 흡인력

해설 ㉠ 평행도선에 작용하는 힘(전자력)

$$F=\frac{2I_1I_2}{d}\times10^{-7}=\frac{2I^2}{d}\times10^{-7}$$
$$=\frac{2\times25^2}{0.01}\times10^{-7}$$
$$=1.25\times10^{-2}[\text{N/m}]$$

단, 왕복전류의 경우 $I_1=I_2=I$

㉡ 전류가 같은 방향으로 흐르면 흡인력이, 반대 방향으로 흐르면 반발력이 작용한다.

답 ②

20. 용량 $0.02[\mu\text{F}]$ 콘덴서 2개와 $0.01[\mu\text{F}]$ 콘덴서 1개를 병렬로 접속하여 $24[\text{V}]$의 전압을 가하였다. 합성용량은 몇 $[\mu\text{F}]$이며, $0.01[\mu\text{F}]$ 콘덴서에 축적되는 전하량은 몇 $[\text{C}]$인가?

① $0.05[\mu\text{F}]$, $0.12\times10^{-6}[\text{C}]$
② $0.05[\mu\text{F}]$, $0.24\times10^{-6}[\text{C}]$
③ $0.03[\mu\text{F}]$, $0.12\times10^{-6}[\text{C}]$
④ $0.03[\mu\text{F}]$, $0.24\times10^{-6}[\text{C}]$

해설 ㉠ 합성 정전용량 :

$$C=C_1+C_2$$
$$=0.02\times2+0.01\times1$$
$$=0.05[\mu\text{F}]$$

(여기서, C_1 : $0.02[\mu\text{F}]$ 콘덴서 2개, C_2 : $0.01[\mu\text{F}]$ 콘덴서 1개)

㉡ 콘덴서에 축적되는 전하량 :

$$Q=CV=0.01\times10^{-6}\times24$$
$$=0.24\times10^{-6}[\text{C}]$$

답 ②

21. 서로 다른 두 개의 금속도선 양끝을 연결하여 폐회로를 구성한 후, 양단에 온도차를 주었을 때 두 접점 사이에서 기전력이 발생하는 효과는?

① 톰슨 효과　② 제어백 효과
③ 펠티에 효과　④ 펀치 효과

해설 열전현상의 종류
㉠ 제벡 효과 : 두 종류의 금속을 루프상으로 이어 두 접속점을 다른 온도로 유지하면, 이 회로에 전류가 흐르는 현상
㉡ 펠티어 효과 : 두 종류의 금속으로 폐회로를 만들어 전류를 흘리면 양 접속점에서 한 쪽은 온도가 올라가고 다른 쪽은 온도가 내려가는 현상
㉢ 톰슨 효과 : 동일한 금속이라도 그 도체중의 두 점간에 온도차가 있으면 전류를 흘림으로써 열의 발생 또는 흡수가 생기는 현상

답 ②

22. 콘덴서와 정전유도에 관한 설명으로 틀린 것은?

① 정전용량이란 콘덴서가 전하를 축적하는 능력을 말한다.
② 콘덴서에서 전압을 가하는 순간 콘덴서는 단락상태가 된다.
③ 정전 유도에 의하여 작용하는 힘은 반발력이다.
④ 같은 부호의 전하끼리는 반발력이 생긴다.

해설 중성인 도체에 양(+)전하로 충전된 도체를 접근시키면 중성인 도체표면에는 부(-)전하가 유도되어 두 도체사이에는 흡인력이 발생된다.

답 ③

제3장

교류회로의 이해

제3장

교류회로의 이해

3-1 교류의 발생원리

1. 플레밍의 오른손 법칙

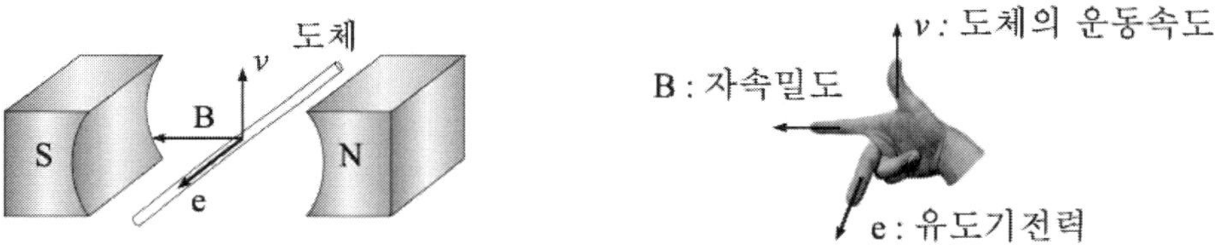

(a) (b)

【그림 3-1】 플레밍의 오른손 법칙

(1) 교류의 발생은 패러데이 전자유도법칙에 의한 플레밍의 오른손 법칙을 이용하는 것으로 【그림 3-1】과 같이 2극 발전기를 이용하여 만들 수 있다.

(2) 플레밍의 오른손 법칙이란 "자계 내에 있는 도체를 v[m/s] 의 속도로 운동하게 되면 도체에는 기전력이 유도된다."는 것이며 【그림 3-1】(b)와 같이 오른손 검지 측으로 자속밀도가 작용하고 있을 때 엄지측 방향으로 도체가 운동하면 유도기전력은 중지의 방향으로 발생하게 된다.

(3) 유도기전력의 크기는 (式 3-1)와 같고 도체의 순간 운동방향과 자속밀도의 진행방향이 이루는 각도가 0°일 때 유도기전력은 0이 되고, 90°일 때 최대값을 갖는다.

유도기전력 : $e = vB\ell\sin\theta$ [V] ………………………… (式 3-1)

여기서, v : 도체의 운동속도[m/s], B : 자속밀도[Wb/m^2], ℓ : 도체의 길이

2. 단상 교류의 발생원리

(1) 정현파 교류 기전력을 발생하는 가장 간단한 장치가 2극 발전기이며 평등자계 내의 도체가 외부의 기계적인 힘을 받아 운동(회전)하면 도체에는 아래와 같은 기전력이 발생한다. 【그림 3-2】와 같이 2극 발전기의 브러시 양단에는 도체 1과 도체 2가 직렬로 접속되어 있으므로 유도기전력은 두 도체에서 발생된 기전력의 합이 된다.

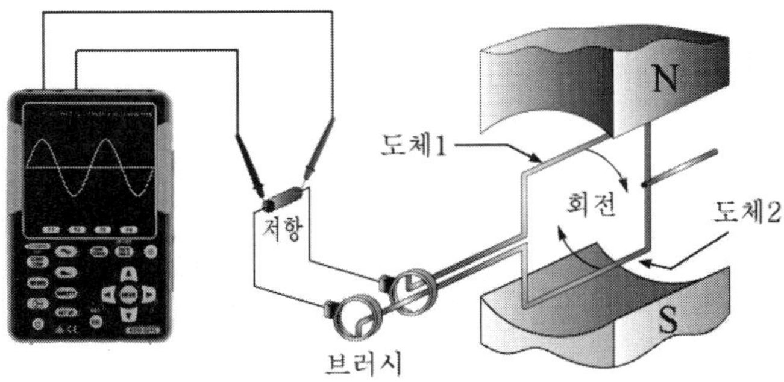

【그림 3-2】 2극 발전기

① 도체 1에 유도되는 기전력 : $e = vB\ell\sin\theta\,[\mathrm{V}]$ ……………………… (式 3-2)

② 브러시 양단에 유도되는 기전력 : $2e = 2\,vB\ell\sin\theta\,[\mathrm{V}]$ ………… (式 3-3)

(2) 도체의 따른 브러시 양단의 유도기전력의 크기는 다음과 같다.

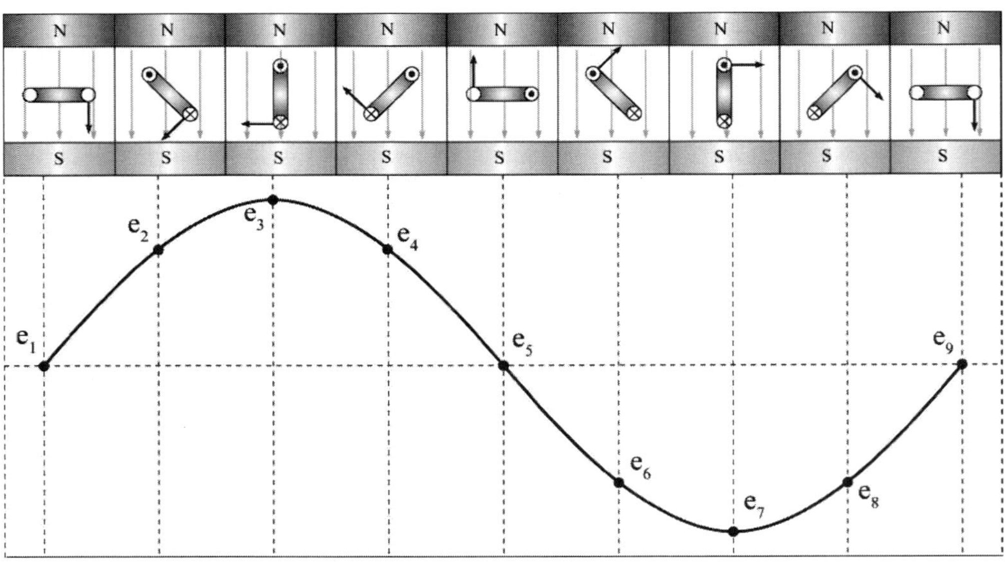

【그림 3-3】 단상 교류의 발생원리

① $e_1 = 2e = 2vB\ell\sin\theta = E_m\sin\theta = E_m\sin 0 = 0[\mathrm{V}]$

② $e_2 = 2vB\ell\sin\theta = E_m\sin 45^\circ = \frac{\sqrt{2}}{2}E_m[\mathrm{V}]$

③ $e_3 = 2vB\ell\sin\theta = E_m\sin 90^\circ = E_m[\mathrm{V}]$

④ $e_4 = 2vB\ell\sin\theta = E_m\sin 135^\circ = \frac{\sqrt{2}}{2}E_m[\mathrm{V}]$

⑤ $e_5 = 2vB\ell\sin\theta = E_m\sin 180^\circ = 0[\mathrm{V}]$

⑥ $e_6 = 2vB\ell\sin\theta = E_m\sin 225^\circ = -\frac{\sqrt{2}}{2}E_m[\mathrm{V}]$

⑦ $e_7 = 2vB\ell\sin\theta = E_m\sin 270^\circ = -E_m[\mathrm{V}]$

⑧ $e_8 = 2vB\ell\sin\theta = E_m\sin 315^\circ = -\frac{\sqrt{2}}{2}E_m[\mathrm{V}]$

⑨ $e_9 = 2vB\ell\sin\theta = E_m\sin 360^\circ = E_m\sin 0^\circ = 0[\mathrm{V}]$

3. 용어 정리

(1) 주파수 (f, frequence)

주파수란 단위시간(1초 기준) 내에 발생한 주기적인 파형의 수를 말하며, 1초에 주기적인 파형이 60번 반복되면 60[Hz] 라 한다. 60[Hz] 의 주파수를 발생시키기 위해서는【그림 3-3】의 발전기가 1초에 60 바퀴를 회전하여야 하므로 주파수와 발전기의 초당 회전수 n[rps] 은 같은 것으로 본다. 또한 주파수의 역수를 주기($T = \frac{1}{f}$[sec])라고 하며 한 파형이 만들어지는데 걸리는 시간을 의미한다. 즉, $f = 60$[Hz] 파형에서 주기는 1/60[sec] 가 된다.

주기 : $T = \frac{1}{f}$[sec] ······························ (式 3-4)

(2) 호도법

원의 반지름 r 과 호의 길이 ℓ 가 같을 때의 중심각의 크기를 1호도 또는 1[rad, 라디안]이라 한다. 1[rad] 을 육십분법(Degree)으로 나타내면 약 57.3° 가 된다.

① π[rad] = 180° ……………………………………………………… (式 3-5)

② 2π[rad] = 360° ……………………………………………………… (式 3-6)

(3) 각속도 (ω, angular velocity)

단위 시간당 회전하는 각도를 나타내는 값을 각속도라고 하며 회전 운동하는 물체의 속도를 알기 위해 사용한다.

각속도 : $\omega = \dfrac{\theta}{t}$ [rad/sec] ……………………………………… (式 3-7)

(4) 각주파수 (ω, angular frequency)

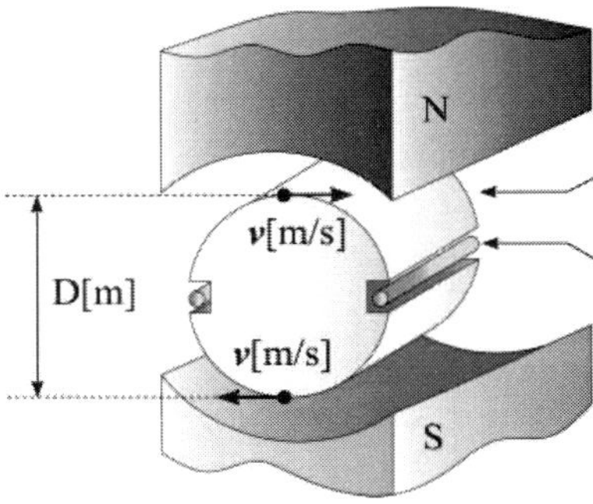

【그림 3-4】 단상 발전기의 구조

【그림 3-4】와 같이 고정자(자기장을 만드는 장치이므로 계자라고도 한다.)에서 만드는 자기장내에서 회전자(또는 전기를 만드는 장치이므로 전기자라고도 한다.)가 한 바퀴 회전해야 정현파 교류전압 한 사이클(1cycle)이 만들어 진다. 그럼 한 사이클 또는 한 주기에서의 회전각은 2π[rad] 이므로 각속도는 (式 3-8)와 같고, 이때 주기를 주파수로 나타낸 것을 각주파수라 한다. 주파수는 세계적으로 50 또는 60[Hz]를 사용하고 있으며 우리나라는 60[Hz]를 상용주파수로 사용하고 있다.

① 각주파수 : $\omega = \dfrac{\theta}{t} = \dfrac{2\pi}{T} = 2\pi f$ [rad/sec] ……………………… (式 3-8)

② 60[Hz]에서 각주파수 : $\omega_{60} = 2\pi \times 60 = 120\pi = 377$ [rad/sec] ‥ (式 3-9)

③ 50[Hz]에서 각주파수 : $\omega_{50} = 2\pi \times 50 = 100\pi = 314$ [rad/sec] (式 3-10)

(5) 주변속도 (ω, angular frequency)

주변속도란 물체가 회전할 때 회전축으로부터 가장 먼 바깥 부분의 속도를 말한다. 【그림 3-4】와 같이 직경이 D(반경 : r)인 회전자의 주변속도를 구하면 다음과 같다.

① 각속도 : $\omega = \frac{\theta}{t} = \frac{\ell}{t \times r} = \frac{v}{r}$[rad/sec] ································ (式 3-11)

② 주변속도 : $v = \omega r = 2\pi f r = D\pi f = D\pi n$[m/sec] ············ (式 3-12)

여기서, θ : 회전각, ℓ : 호의 길이, r : 원통의 반지름, v : 주변속도
D : 원통의 직경, n : 초당 회전수[rps], f : 주파수[Hz]

3-2 교류의 표시법

1. 순시값(instantaneous value)

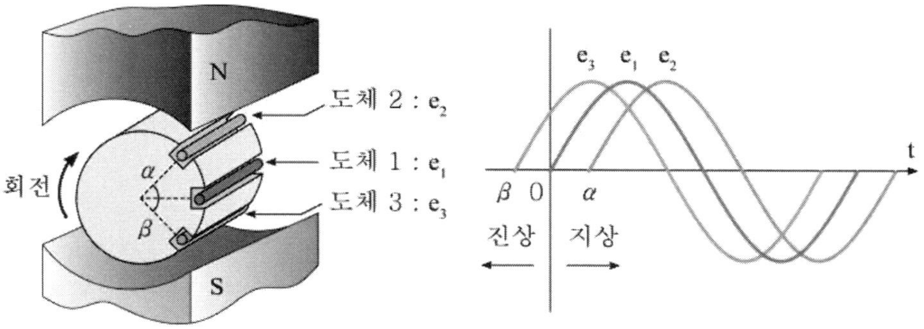

【그림 3-5】 정현파 교류의 위상 관계

(1) 【그림 3-5】에서 전기자(armature) 또는 회전자(rotor)가 발전기 안에서 회전하면 전기자 도체에는 각각 기전력이 유도된다. 도체 1(e_1이 유도되는 도체)에 위치한 지점에서의 유도기전력은 0[V]이고 이를 기준점($t=0$, $\theta=0$)으로 삼는다. 이때의 상(相, phase)을 초기위상(initial phase), 초기각(initial angle) 또는 간단히 위상이라 한다.

(2) e_2 는 e_1 보다 위상이 $\theta = \alpha$ 만큼 뒤지므로 이를 지상(遲相, lagging phase)이라

하며 e_3 는 e_1 보다 위상이 $\theta = \beta$ 만큼 앞서므로 이를 진상(進相, leading phase)이라고 한다. 위 기전력의 순시값은 다음과 같이 표현한다.

① 도체 1의 순시값 : $e_1 = E_m \sin\omega t$[V] .... (式 3-13)
② 도체 2의 순시값 : $e_2 = E_m \sin(\omega t - \alpha)$[V] .... (式 3-14)
③ 도체 3의 순시값 : $e_3 = E_m \sin(\omega t + \beta)$[V] .... (式 3-15)

여기서, E_m : 전압의 최대값[V], ω : 각속도[rad/s]

2. 평균값(average value 또는 mean value)

(1) 교류의 평균값이란, 1개 파형의 교류(적분해서 구한 면적 값)를 주기로 나누어 구한 산술적 평균값이다. 이는 그래프를 적분하여 구한 면적과 같은 값이다. 다만 정현파는 양(+)의 값과 음(-)의 값이 대칭이고 한 주기($T = 2\pi$)의 적분은 항상 0이 되므로 정현파의 평균값은 반주기($T = \pi$)를 기준으로 구한다.

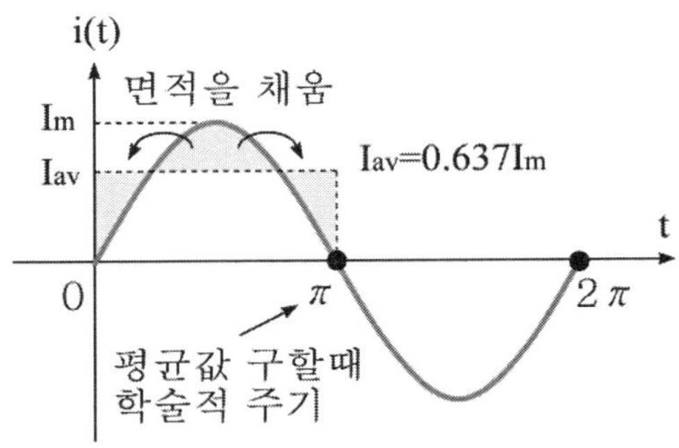

【그림 3-6】 정현파 교류의 평균값

(2) 정현파의 평균값은 정류기(교류를 직류로 변환시켜주는 장치)를 통해 만들어지는 직류의 크기를 구할 때 사용한다.

평균값 : $I_{av} = \dfrac{1}{T}\displaystyle\int_0^T i(t)\,dt$ 또는 $I_{av} = \dfrac{1}{\pi}\displaystyle\int_0^\pi i(\omega t)\,d\omega t$ .... (式 3-16)

(3) 정현파 전류 $i(t) = I_m \sin\omega t$[A] 의 경우 평균값은 다음과 같다.

$$I_{av} = \frac{1}{\pi}\int_0^\pi i(\omega t)\,d\omega t = \frac{1}{\pi}\int_0^\pi I_m \sin\omega t\,d\omega t$$
$$= \frac{I_m}{\pi}\int_0^\pi \sin\omega t\,d\omega t = -\frac{I_m}{\pi}\Big[\cos\omega t\Big]_0^\pi = -\frac{I_m}{\pi}(\cos\pi - \cos 0)$$
$$= \frac{I_m}{\pi}\times 2 \simeq 0.637\,I_m\,[\mathrm{A}] = 0.9\,I[\mathrm{A}]$$

$$\therefore \text{ 교류의 평균값 : } I_{av} = \frac{I_m}{\pi} \times 2 \simeq 0.637 I_m [\mathrm{A}] = 0.9\, I[\mathrm{A}] \quad \cdots\cdots\cdots (式\ 3\text{-}17)$$

여기서, I_m : 전류의 최대값, I : 전류의 실효값($I_m = \sqrt{2}\, I$)

3. 실효값(effective value 또는 root mean square value)

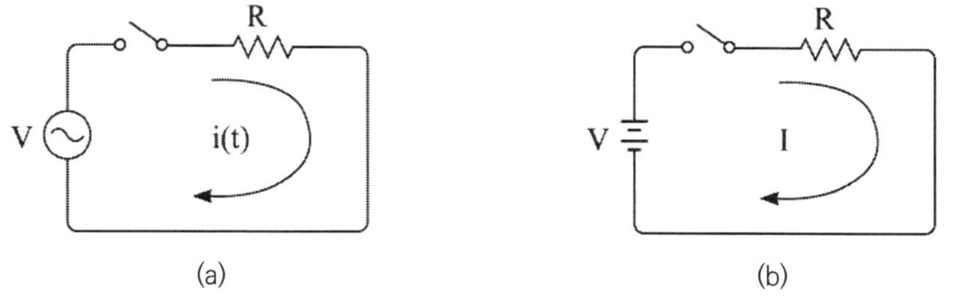

【그림 3-7】 정현파 교류의 실효값

(1) 교류는 시간에 따라 변화하기 때문에 그 크기를 얘기할 때 어느 값을 특정하여 말할 수 없다. 이때 교류의 크기를 가늠해 볼 수 있도록 대푯값을 설정해보자. 【그림 3-7】(a)는 저항에 교류를 가한 것이고 (b)는 직류를 가한 것이다. 이때 두 저항에서 발생하는 열량이 같을 때 그 직류회로에 흐르는 전류의 크기로 교류의 크기를 나타낼 수 있다. 이를 실효값이라 정의한다.

① 실효값은 교류회로와 직류회로에서 저항의 발열량이 같은 경우이므로

$0.24\int_0^T i^2(t)R\ dt = 0.24 I^2 R T$ 으로 나타낼 수 있다.

② 이때의 전류는 $I^2 = \frac{1}{T}\int_0^T i^2(t)\,dt$ 이므로

$$\therefore\ I_{rms} = I = \sqrt{\frac{1}{T}\int_0^T i^2(t)\,dt}\ [\mathrm{A}] \quad \cdots\cdots\cdots (式\ 3\text{-}18)$$

여기서, 전기의 소비 에너지(일) : $W = PT = VIT = I^2 RT = \frac{V^2}{R}T[\mathrm{J}]$

에너지와 발열량의 관계 : $1[\mathrm{J}] = \frac{1}{4.2}[\mathrm{cal}] \fallingdotseq 0.24[\mathrm{cal}]$

부하 전류가 일정할 때의 발열량 : $H = 0.24 I^2 RT[\mathrm{cal}]$

부하 전류가 변화할 때의 발열량 : $H = 0.24\int_0^T i^2(t)R\,dt$

(2) (式 3−18)에서 실효값은 전압 또는 전류의 제곱값(square)을 평균(mean)하고 여기에 제곱근(root)을 취한 것과 같기 때문에 실효값을 다른 말로 r.m.s(root mean square value)라고도 한다.

(3) 정현파 전류 $i(t) = I_m \sin\omega t$[A] 의 경우 실효값은 다음과 같다.

$$I = \sqrt{\frac{1}{2\pi}\int_0^{2\pi} i^2(\omega t)\,d\omega t} = \sqrt{\frac{1}{2\pi}\int_0^{2\pi} I_m^2 \sin^2\omega t\,d\omega t}$$

$$= \sqrt{\frac{I_m^2}{2\pi}\int_0^{2\pi} \frac{1-\cos 2\omega t}{2}\,d\omega t} = \sqrt{\frac{I_m^2}{4\pi}\int_0^{2\pi} 1-\cos 2\omega t\ \,d\omega t}$$

$$= \sqrt{\frac{I_m^2}{4\pi}\left[\omega t - \frac{1}{2}\sin 2\omega t\right]_0^{2\pi}} = \sqrt{\frac{I_m^2}{2}} = \frac{I_m}{\sqrt{2}}$$

$$\therefore \text{실효값} : I_{rms} = I = \frac{I_m}{\sqrt{2}} = 0.707\,I_m\,[\text{A}] \quad \cdots\cdots (式\ 3-19)$$

4. 파고율과 파형률

(1) 평균값과 실효값은 교류의 크기만 나타낼 뿐 파의 형태는 알 수 없다. 파형의 개략적인 상태를 알기 위해 파고율(crest factor)과 파형률(form factor)을 사용하며 정의는 다음과 같다.

① $\text{파고율} = \dfrac{\text{최대값}}{\text{실효값}}$ ················ (式 3−20)

② $\text{파형율} = \dfrac{\text{실효값}}{\text{평균값}}$ ················ (式 3−21)

(2) 정현파 교류의 경우 파고율과 파형율은 다음과 같다.

① $$\text{파고율} = \frac{I_m}{I_{rms}} = \frac{I_m}{\dfrac{I_m}{\sqrt{2}}} = \sqrt{2} = 1.414$$

② $$\text{파형율} = \frac{I_{rms}}{I_{av}} = \frac{\dfrac{I_m}{\sqrt{2}}}{\dfrac{2I_m}{\pi}} = \frac{\pi}{2\sqrt{2}} = 1.11$$

(3) 각 파형에 따른 표현법

【표 3-1】 각 파형에 따른 표현법

종별	파형	평균값		실효값		파고율	파형율
		전파	반파	전파	반파	전파	전파
구형파	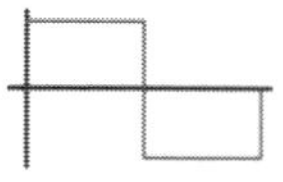	V_m	$\frac{V_m}{2}$	V_m	$\frac{V_m}{\sqrt{2}}$	1	1
정현파	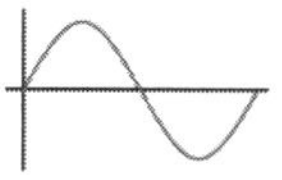	$\frac{V_m}{\pi}\times 2$	$\frac{V_m}{\pi}$	$\frac{V_m}{\sqrt{2}}$	$\frac{V_m}{2}$	$\sqrt{2}$	1.11
삼각파	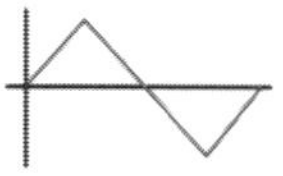	$\frac{V_m}{2}$	$\frac{V_m}{4}$	$\frac{V_m}{\sqrt{3}}$	$\frac{V_m}{\sqrt{6}}$	$\sqrt{3}$	1.155
제형파	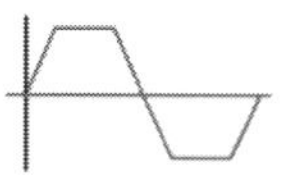	$\frac{2}{3}\times V_m$(전파)		$\frac{\sqrt{5}}{3}\times V_m$(전파)		1.34	1.118

예제 1

$i = 10\sin\left(\omega t - \frac{\pi}{3}\right)$[A] 로 표시되는 전류파형 보다 위상이 30° 만큼 앞서고 최대치가 100[V] 되는 전압파형 v 를 식으로 나타내면 어떤 것인가?

① $v = 100\sin\left(\omega t - \frac{\pi}{3}\right)$ ② $v = 100\sqrt{2}\sin\left(\omega t - \frac{\pi}{6}\right)$

③ $v = 100\sin\left(\omega t - \frac{\pi}{6}\right)$ ④ $v = 100\sqrt{2}\cos\left(\omega t - \frac{\pi}{6}\right)$

해설 | 위상이 30° 진상이므로 **답** ③

$\therefore\ v = 100\sin(\omega t - 60 + 30) = 100\sin(\omega t - 30) = 100\sin\left(\omega t - \frac{\pi}{6}\right)$[V]

예제 2

$i = 3\sqrt{2}\sin(377t - 30°)$[A] 의 평균값은?

① 5.7[A] ② 4.3[A] ③ 3.9[A] ④ 2.7[A]

해설 | 평균값 $V_a = \frac{2V_m}{\pi} = 0.637\,V_m$ **답** ④

$= 0.637 \times \sqrt{2}\,V = 0.9\,V = 0.9 \times 3 = 2.7$[V]

예제 3

파고율 값이 1.414인 것은 어떤 파인가?

① 반파정류파 ② 직사각형파 ③ 정현파 ④ 톱니파

해설 | ① 반파정류파(정현 반파)의 파고율 : 2

② 직사각형파(구형파 전파)의 파고율 : 1

③ 정현파(정현 전파)의 파고율 : 1.414

④ 톱니파(삼각파)의 파고율 : 1.732

답 ③

3-3 단일 소자 교류회로

1. 저항 회로

1) 전류의 순시값

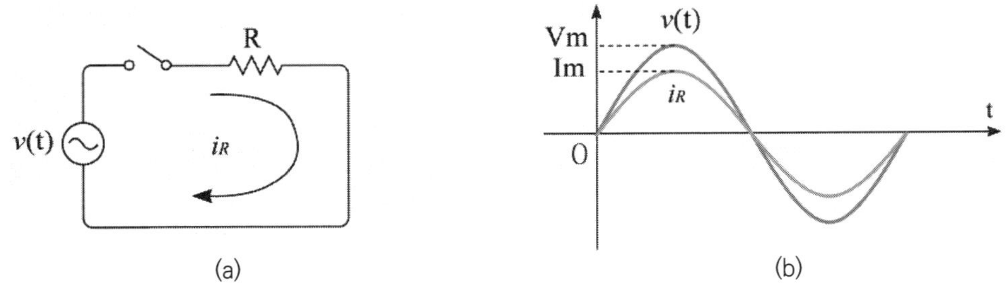

【그림 3-8】 저항회로의 전압과 전류의 관계

(1) 저항 $R[\Omega]$ 만 있는 회로에 정현파 전압 $v(t)=V_m\sin\omega t[\mathrm{V}]$ 을 가하면 옴의 법칙으로 회로에 흐르는 전류를 구할 수 있다.

$$i_R=\frac{v}{R}=\frac{V_m}{R}\sin\omega t=I_m\sin\omega t[\mathrm{A}] \quad \text{(式 3-22)}$$

(2) i_R 의 특징

① 전류의 크기는 저항 R 의 비(比)에 의해 결정된다.

② 전류의 위상은 전압과 같으며(동상, 동위상), 주파수도 변화하지 않는다.

2) 전력(electric power)과 에너지(electric energy)

(1) 전압 $v(t)= \sqrt{2}\, V\sin\omega t[\mathrm{V}]$, 전류 $i(t)= \sqrt{2}\, I\sin\omega t[\mathrm{A}]$ 일 때 순시전력과 평균전력을 구하면 다음과 같다.

① 순시전력(instantaneous power)

$$p(t)= v(t)i(t)= 2\,VI\sin^2\omega t= VI(1-\cos 2\omega t)[\mathrm{W}] \quad \cdots\cdots (式\ 3\text{-}23)$$

② 평균전력(average power)

$$P= \frac{1}{T}\int_0^T p(t)\ dt= \frac{1}{2\pi}\int_0^{2\pi} VI(1-\cos 2\omega t)\,d\omega t$$

$$= \frac{VI}{2\pi}\int_0^{2\pi} 1-\cos 2\omega t\, d\omega t = \frac{VI}{2\pi}\left[\omega t-\frac{1}{2}\sin 2\omega t\right]_0^{2\pi}$$

$$= \frac{VI}{2\pi}\times 2\pi= VI[\mathrm{W}] \quad \cdots\cdots (式\ 3\text{-}24)$$

(2) 에너지

$$w_R= \int_0^t p(t)\ dt= VI\int_0^t 1-\cos 2\omega t\ dt$$

$$= P\left(t-\frac{1}{2\omega}\sin 2\omega t\right) \fallingdotseq Pt= VIt[\mathrm{J}] \quad \cdots\cdots (式\ 3\text{-}25)$$

여기서, $\frac{1}{2\omega}\sin 2\omega t \ll t$ 가 되므로 $\frac{1}{2\omega}\sin 2\omega t$ 을 무시할 수 있다.

2. 인덕턴스 회로

1) 전류의 순시값

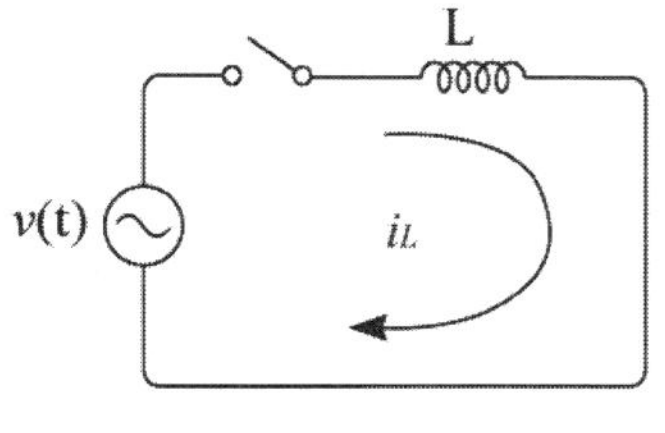

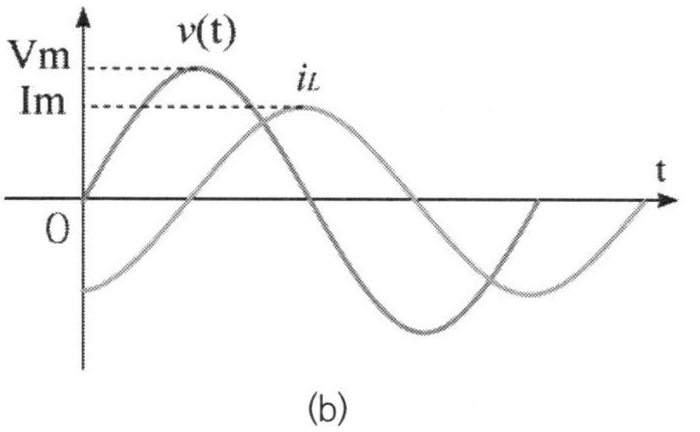

【그림 3-9】 인덕턴스 회로의 전압과 전류의 관계

(1) 인덕턴스 $L[\mathrm{H}]$ 인 코일 회로에 정현파 전압 $v(t)=V_m \sin\omega t[\mathrm{V}]$ 을 인가했을 때 회로에 흐르는 전류는 자기유도에 의하여 발생하는 전압강하를 이용하여 구할 수 있다.

① 전압강하 $V_L = L\dfrac{di_L}{dt}$ 에서 $di_L = \dfrac{1}{L}V_L\,dt = \dfrac{1}{L}v(t)\,dt$ 이 된다. 따라서

전류의 순시값 : $i_L = \int di_L = \dfrac{1}{L}\int v(t)\,dt$ .... (式 3-26)

② 인덕턴스 회로의 전류

$$i_L = \frac{1}{L}\int V_m \sin\omega t\,dt = \frac{V_m}{L}\int \sin\omega t\,dt = -\frac{V_m}{\omega L}\cos\omega t$$

$$= -\frac{V_m}{\omega L}\sin\left(\omega t + \frac{\pi}{2}\right) = \frac{V_m}{\omega L}\sin\left(\omega t - \frac{\pi}{2}\right)[\mathrm{A}] \quad \text{.................. (式 3-27)}$$

(2) i_L 의 특징

① (전압이 일정할 때) 전류의 크기는 ωL 와 반비례한다.

② 전류의 위상은 전압보다 90° 늦다. (지상전류, lag)

③ 전류와 전압의 주파수는 변하지 않는다.

(3) 유도성 리액턴스(inductive reactance)

① 시간에 따라 변화하는 교류전류가 흐르면 회로에는 이에 반응하여 전류의 반대방향으로 기전력을 유도($e = -L\dfrac{di}{dt}$)시키는데 이는 저항처럼 작용한다.

② 이러한 저항성분은 직류에서 발생하지 않기 때문에 교류저항이라 하고, 이를 유도성 리액턴스 X_L 라 한다. (직류에서는 $X_L = 0$)

유도성 리액턴스 : $X_L = \omega L = 2\pi f L[\Omega]$ .... (式 3-28)

2) 리액터스(reactance)의 정의

(1) 전기회로에서 직류전류를 방해하는 것은 저항 R 뿐이지만 시간에 따라 변화하는 교류전류를 흘리게 되면 저항 이외에 전류를 방해하는 저항성분이 만들어 지는데 이를 리액턴스라 한다. 리액턴스에는 유도성과 용량성이 있다.

(2) 시간에 따라 변화하는 교류 전류가 흐르면 전류의 반대방향으로 기전력($e = -L\dfrac{di}{dt}$)이 형성되기 때문에 이는 전류의 흐름을 방해하는 역할 즉, 저항으로 작용한다.

이와 같이 유도에 의해서 발생한 저항성분을 유도 리액턴스라 한다.

(3) 회로에 $i(t) = I_m \sin\omega t$[A]의 교류전류가 흘렀을 때 전류의 역방향으로 발생되는 기전력의 크기는 다음과 같다.

$$V_L = L\frac{di(t)}{dt} = L\frac{d}{dt}I_m \sin\omega t = LI_m \frac{d}{dt}\sin\omega t$$
$$= \omega L I_m \cos\omega t = \omega L I_m \sin(\omega t + 90^\circ) = j\omega L I_m \sin\omega t[\mathrm{V}]$$
$$\therefore\ V_L = j\omega L\, i(t) = jX_L\, i(t)[\mathrm{V}] \quad \cdots\cdots (式\ 3\text{-}29)$$

여기서, 허수 j의 의미는 위상이 90° 빠르다는 것을 의미

(4) 옴의 법칙([V] = [Ω][A])에서와 같이 $X_L = \omega L$의 차원이 [Ω]이 되는 것을 알 수 있다. 이때, X_L을 유도 리액턴스라 한다.

3) 전력(electric power)과 에너지(electric energy)

(1) 전압 $v(t) = \sqrt{2}I\sin\omega t$[V], 전류 $i(t) = \sqrt{2}I\sin\left(\omega - \frac{\pi}{2}\right) = -\sqrt{2}I\cos\omega t$ [A]일 때 순시전력과 평균전력을 구하면 다음과 같다.

① 순시전력(instantaneous power)

$$p(t) = v(t)i(t) = -2VI\sin\omega t\cos\omega t = -VI\sin 2\omega t[\mathrm{W}] \quad \cdots\cdots (式\ 3\text{-}30)$$

② 평균전력(average power)

$$P = \frac{1}{T}\int_0^T p(t)\,dt = -\frac{VI}{2\pi}\int_0^{2\pi}\sin 2\omega t\,d\omega t$$
$$= \frac{VI}{4\pi}\Big[\cos 2\omega t\Big]_0^{2\pi} = 0 \quad \cdots\cdots (式\ 3\text{-}31)$$

(2) 에너지

① 인덕터에 순간적으로 축적되는 에너지

$$w_L = \int_0^t p\,dt = \int_0^t v\,i\,dt = \int_0^t L\frac{di}{dt}i\,dt = \int_0^i Li\,di$$
$$= \int_0^i Li\,di = \frac{1}{2}Li^2 = \frac{1}{2}L(\sqrt{2}I\sin\omega t)^2 = LI^2\sin^2\omega t$$
$$= \frac{1}{2}LI^2(1-\cos 2\omega t)[\mathrm{J}] \quad \cdots\cdots (式\ 3\text{-}32)$$

② 한 주기 동안 인덕터에 축적되는 평균에너지

$$W_L = \frac{1}{T}\int_0^T w_L dt = \frac{1}{T}\int_0^T \frac{1}{2} LI^2(1-\cos 2\omega t)\,dt$$

$$= \frac{1}{2\pi}\int_0^{2\pi} \frac{1}{2} LI^2(1-\cos 2\omega t)\ d\omega t = \frac{LI^2}{4\pi}\left[\omega t - \frac{1}{2}\sin 2\omega t\right]_0^{2\pi}$$

$$= \frac{1}{2} LI^2 [\text{J}] \quad \cdots\cdots (式\ 3\text{-}33)$$

(3) (式 3-31)와 (式 3-33)에서 보듯이 인덕터는 에너지를 저장할 뿐이지 자체적으로 소비는 하지 않는다는 것을 알 수 있다.

3. 정전용량 회로

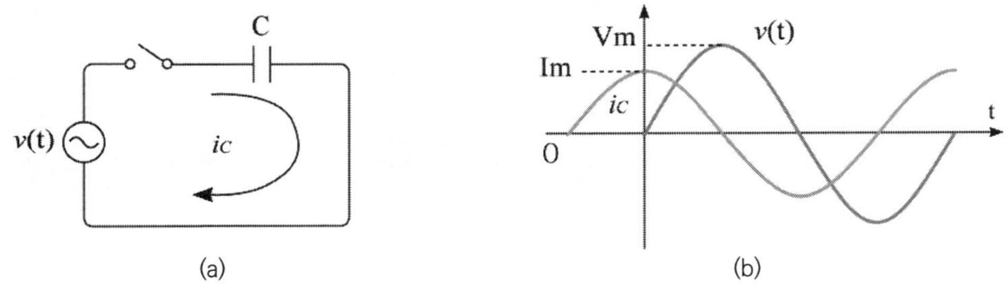

【그림 3-10】 커패시턴스 회로의 전압과 전류의 관계

1) 전류의 순시값

(1) 전류의 정의식 $i_c = \frac{dQ}{dt}$ [A] 에서 콘덴서에 축적된 전하량은 $Q = CV$ 이므로

$i_c = \frac{dQ}{dt} = C\frac{dV}{dt} = C\frac{dv(t)}{dt}$ [A] 이 된다. 여기서, $v(t) = V_m \sin\omega t$ [V] 의 전압을 인가했을 흐르는 전류는 다음과 같다.

$$i_c = C\frac{d}{dt} V_m \sin\omega t = CV_m \frac{d}{dt}\sin\omega t = \omega C V_m \cos\omega t$$

$$= \omega C V_m \sin\left(\omega t + \frac{\pi}{2}\right) = \frac{V_m}{1/\omega C}\sin\left(\omega t + \frac{\pi}{2}\right) [\text{A}] \quad \cdots\cdots (式\ 3\text{-}34)$$

(2) i_C 의 특징

① (전압이 일정할 때) 전류의 크기는 $\frac{1}{\omega C}$ 와 반비례한다.

② 전류의 위상은 전압보다 90° 빠르다. (진상전류, lead)

③ 전류와 전압의 주파수는 변하지 않는다.

2) 용량성 리액턴스(capacitive reactance)

(1) 콘덴서를 계통에 접속하면 그 어떤 성분보다 먼저 충전하려는 특성을 지니고 있다. 따라서 콘덴서에 의해 계통에 전류가 흐르지 못하는 비율의 저항을 용량성 리액턴스라 한다. 즉, 콘덴서 충전전류와 인가전원의 비례상수이며 콘덴서 충전전류는 (式 3-34)를 통해 (式 3-35)와 같이 실효값 전류로 나타낼 수 있고 이를 옴의 공식의 형태로 용량성 리액턴스의 크기를 구하면 (式 3-36)와 같이 정리할 수 있다.

① 전류의 실효값 : $I_C = \frac{V}{1/j\omega C} = j\omega CV[\mathrm{A}]$ ············ (式 3-35)

② $\frac{V}{I_C} = \frac{1}{j\omega C} = -j\frac{1}{\omega C} = -jX_C$ ············ (式 3-36)

여기서, X_C 를 용량성 리액턴스라 하며 j 는 전압과 전류의 위상관계를 나타낸다.

(2) 이와 같이 리액턴스에는 용량성과 유도성이 있으며 이를 정리하면 다음과 같다.

① 유도성 리액턴스 : $X_L = \omega L = 2\pi fL[\Omega]$ ············ (式 3-37)

② 용량성 리액턴스 : $X_C = \frac{1}{\omega C} = \frac{1}{2\pi fC}[\Omega]$ ············ (式 3-38)

3) 전력(electric power)과 에너지(electric energy)

(1) 전류 $i(t) = \sqrt{2}\,V\sin\omega t[\mathrm{A}]$, 전압 $v(t) = \sqrt{2}\,I\cos\omega t[\mathrm{V}]$ 일 때 순시전력과 평균전력을 구하면 다음과 같다.

① 순시전력(instantaneous power)

$p(t) = v(t)i(t) = 2VI\sin\omega t\cos\omega t = VI\sin 2\omega t[\mathrm{W}]$ ············ (式 3-39)

② 평균전력(average power)

$P = \frac{1}{T}\int_0^T p(t)\,dt = 0$ ············ (式 3-40)

(2) 에너지

① 커패시터(콘덴서)에 순간적으로 축적되는 에너지

$$w_C = \int_0^t p\ dt = \int_0^t v\,i\ dt = \int_0^t v\,C\frac{dv}{dt}dt = \int_0^v Cv\ dv$$

$$= \frac{1}{2}Cv^2 = \frac{1}{2}C(\sqrt{2}\,V\sin\omega t)^2 = CV^2\sin^2\omega t$$

$$= \frac{1}{2}CV^2(1-\cos 2\omega t)[\mathrm{J}] \quad \cdots\cdots (式\ 3\text{-}41)$$

② 한 주기 동안 커패시터에 축적되는 평균에너지

$$W_C = \frac{1}{T}\int_0^T w_C dt = \frac{1}{T}\int_0^T \frac{1}{2}LI^2(1-\cos 2\omega t)\,dt$$

$$= \frac{1}{2\pi}\int_0^{2\pi}\frac{1}{2}CV^2(1-\cos 2\omega t)\ d\omega t = \frac{CV^2}{4\pi}\left[\omega t - \frac{1}{2}\sin 2\omega t\right]_0^{2\pi}$$

$$= \frac{1}{2}CV^2[\mathrm{J}] \quad \cdots\cdots (式\ 3\text{-}42)$$

(3) (式 3-40)와 (式 2-34)에서 보듯이 커패시터는 에너지를 저장할 뿐이지 자체적으로 소비는 하지 않는다는 것을 알 수 있다.

4. R, L, C 회로의 전력 및 에너지 파형 분석

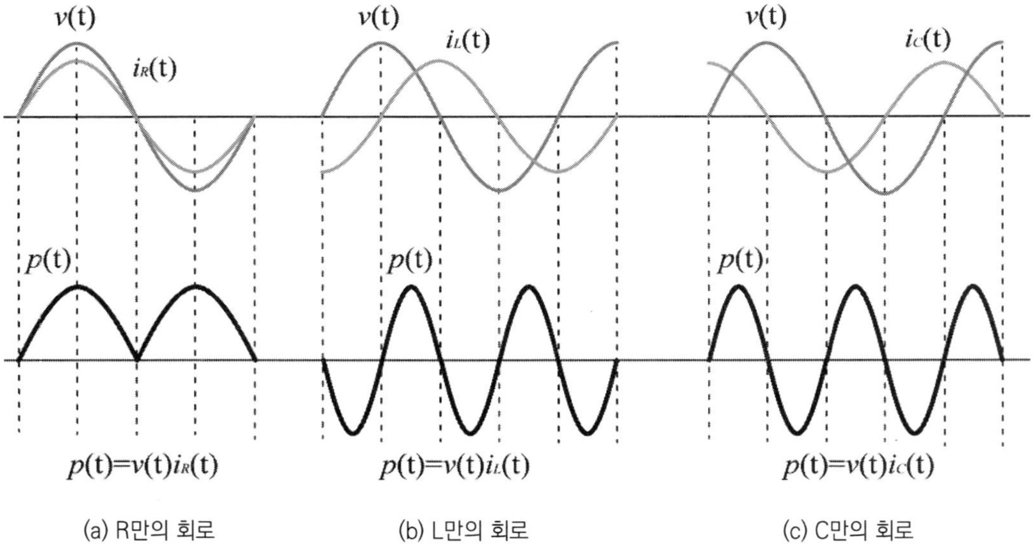

【그림 3-11】 전압, 전류, 전력 파형 분석

(1) R 만의 회로에서 순시전력 $p(t)$ 을 보면 100[%] 소비만 하고 L, C 만의 회로에서 순시전력 $p(t)$ 을 보면 $p > 0$ 일 때는 전원으로부터 소자에 전력이 공급되고, $p < 0$ 일 때에는 반대로 소자에서 전원측으로 전력을 반환하고 있다.

(2) 이것만 보더라고 L, C 소자에는 충전과 방전만을 반복할 뿐 전력소모가 없다는 것을 알 수 있다.

5. 교류의 페이저법

1) 개요

(1) 교류회로의 크기는 시간에 따라 그 크기가 변화하므로 여러 정현파의 가감 연산을 하려면 상당히 복잡한 부분이 많이 있다. 따라서 교류회로를 정지벡터도로 표현하는 페이저(phasor)에 의한 방법으로 교류회로를 비교적 쉽게 해석할 수 있다.

(2) 페이저란, phase(위상)으로부터 유래된 말이며 정현파 교류를 크기와 위상으로 표현하여 여러 정현파의 가감 연산을 하는 방법을 말한다.

2) 복소수(complex number)의 연산

(1) 복소수의 가감법은 실수는 실수끼리, 허수는 허수끼리의 합 또는 차를 구하면 된다.

① $\dot{A}+\dot{B}=(a+jb)+(c+jd)=(a+c)+j(b+d)$ ······ (式 3-43)

② $\dot{A}-\dot{B}=(a+jb)-(c+jd)=(a-c)+j(b-d)$ ······ (式 3-44)

(2) 복소수의 곱하기(승법, 乘法)에서 허수의 단위크기 j 는 $\sqrt{-1}$ 이므로 $j^2=-1$ 을 기본으로 승법을 구하면 된다.

③ $\dot{A}\times\dot{B}=(a+jb)\times(c+jd)=ac+j(ad+bc)+j^2bd$

$=(ac-bd)+j(ad+bc)$ ······ (式 3-45)

(3) 공액 복소수(conjugate complex number)란, 복소평면(complex plane)에서 실수축에 대해 대칭관계에 있는 두 복소수 즉, $a+jb$ 와 $a-jb$ 상의 관계를 공액이라 하며, $\dot{A}$ 의 공액 복소수는 $\dot{A}^*$ 로 표시한다.

④ $\dot{A}+\dot{A}^*=(a+jb)+(a-jb)=2a$ ······ (式 3-46)

⑤ $\dot{A}-\dot{A}^*=(a+jb)-(a-jb)=j2b$ ······ (式 3-47)

⑥ $\dot{A}\times\dot{A}^*=(a+jb)\times(a-jb)=a^2+b^2$ ······ (式 3-48)

(4) 복소수의 나누기(제법, 除法)는 아래와 같이 분모의 복소수를 공액시킨 값을 본 공식의 분모와 분자에 모두 곱해서 구하면 된다.

$$\frac{\dot{A}}{\dot{B}} = \frac{a+jb}{c+jd} = \frac{(a+jb)\times(c-jd)}{(c+jd)\times(c-jd)} = \frac{ac+bd}{c^2+d^2} + j\frac{bc-ad}{c^2+d^2} \quad \cdots\cdots (\text{式 } 3\text{-}49)$$

3) 오일러의 정리

(1) 지수함수(e, exponential function)를 사용하면 삼각함수 연산을 보다 손쉽게 구할 수 있다.

$$\text{지수함수 : } e = \lim_{x\to\infty}\left(1+\frac{1}{x}\right)^2 \simeq 2.71828\ldots \quad \cdots\cdots (\text{式 } 3\text{-}50)$$

(2) 매클로린 정리

① $e^x = 1 + x + \frac{x^2}{2!} + \frac{x^3}{3!} + \ldots + \frac{x^n}{n!}$ ……………… (式 3-51)

② $\sin x = x - \frac{x^3}{3!} + \frac{x^5}{5!} - \frac{x^7}{7!} + \ldots$ ……………… (式 3-52)

③ $\cos x = 1 - \frac{x^2}{2!} + \frac{x^4}{4!} - \frac{x^6}{6!} + \ldots$ ……………… (式 3-53)

(2) 오일러의 정리

$$\begin{aligned} e^{j\theta} &= 1 + j\theta + \frac{(j\theta)^2}{2!} + \frac{(j\theta)^3}{3!} + \ldots + \frac{(j\theta)^n}{n!} \\ &= \left(1 - \frac{\theta^2}{2!} + \frac{\theta^4}{4!} - \ldots\right) + j\left(\theta - \frac{\theta^3}{3!} + \frac{\theta^5}{5!} - \ldots\right) \\ &= \cos\theta + j\sin\theta \quad \cdots\cdots (\text{式 } 3\text{-}54) \end{aligned}$$

(3) 극형식 연산

① $A\angle\theta_1 \times B\angle\theta_2 = A(\cos\theta_1 + j\sin\theta) \times B(\cos\theta + j\sin\theta)$

$= Ae^{j\theta_1} \times Be^{j\theta_2} = AB\, e^{j(\theta_1+\theta_2)} = AB\angle\theta_1 + \theta_2$

$\therefore\ A\angle\theta_1 \times B\angle\theta_2 = AB\angle\theta_1 + \theta_2$ ……………… (式 3-55)

② $\dfrac{A\angle\theta_1}{B\angle\theta_2}=\dfrac{A\,e^{j\theta_1}}{B\,e^{j\theta_2}}=\dfrac{A}{B}\,e^{j\theta_1-\theta_2}=\dfrac{A}{B}\angle\theta_1-\theta_2$

$\therefore\ \dfrac{A\angle\theta_1}{B\angle\theta_2}=\dfrac{A}{B}\angle\theta_1-\theta_2$ ………………………………………… (式 3-56)

4) 페이저 표시법

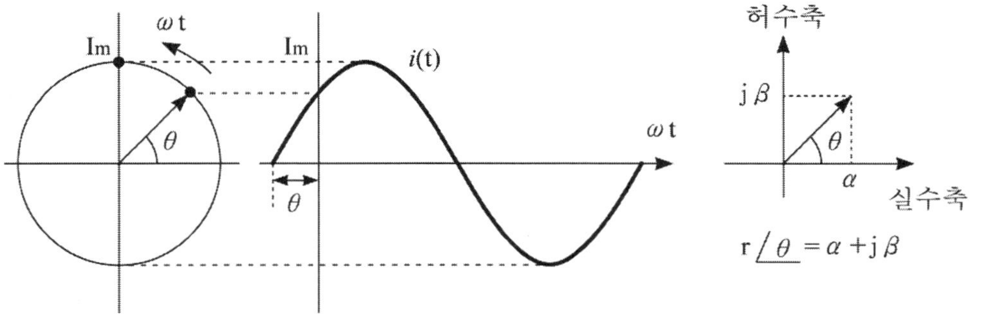

【그림 3-12】 정현파 교류의 페이저 표시법

① 순시값 표현 : $i(t)=I_m\sin(\omega t+\theta)=I\sqrt{2}\,\sin(\omega t+\theta)\,[\mathrm{A}]$

② 페이저(극형식) 표현 : $\dot{I}=I\angle\theta\,[\mathrm{A}]=\sqrt{\alpha^2+\beta^2}\ \angle\tan^{-1}\dfrac{\beta}{\alpha}\,[\mathrm{A}]$

③ 복소수 표현 : $\dot{I}=\alpha+j\beta=I(\cos\theta+j\sin\theta)\,[\mathrm{A}]$

④ 지수형식 표현 : $\dot{I}=Ie^{j\theta}\,[\mathrm{A}]$

여기서, I_m : 전류의 최대값, I : 전류의 실효값, θ : 위상차

5) 두 정현파 전류의 합성

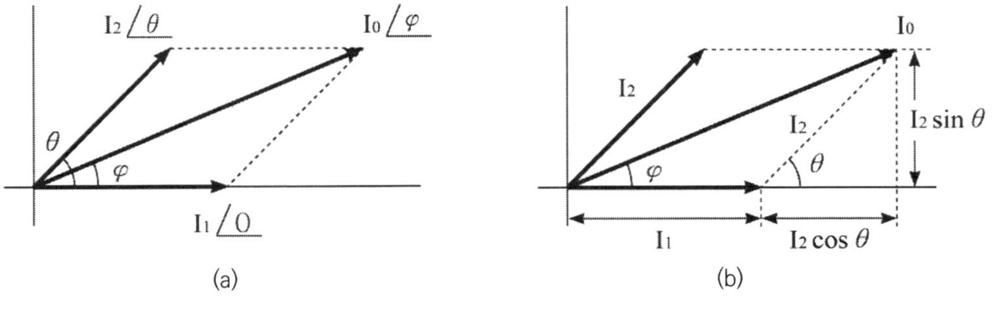

【그림 3-13】 두 정현파 교류전류의 합성

(1) 합성 전류의 크기(실효값)

$$|\dot{I_0}| = I_0 = \sqrt{실수^2 + 허수^2} = \sqrt{(I_1 + I_2\cos\theta)^2 + (I_2\sin\theta)^2}$$
$$= \sqrt{I_1^2 + 2I_1I_2\cos\theta + I_2^2\cos^2\theta + I_2^2\sin^2\theta}$$
$$= \sqrt{I_1^2 + I_2^2(\cos^2\theta + \sin^2\theta) + 2I_1I_2\cos\theta}$$
$$= \sqrt{I_1^2 + I_2^2 + 2I_1I_2\cos\theta}$$
$$\therefore |\dot{I_0}| = I_0 = \sqrt{I_1^2 + I_2^2 + 2I_1I_2\cos\theta} \quad \cdots\cdots (式\ 3\text{-}57)$$

(2) 합성 전류의 위상차

$$\phi = \tan^{-1}\frac{허수}{실수} = \tan^{-1}\frac{I_2\sin\theta}{I_1 + I_2\cos\theta} \quad \cdots\cdots (式\ 3\text{-}58)$$

(3) 합성 전류의 순시값

$$\dot{I_0} = I_0\angle\phi = I_0\sqrt{2}\sin(\omega t + \phi)[\mathrm{A}] \quad \cdots\cdots (式\ 3\text{-}59)$$

6. 페이저를 이용한 단일 소자 회로의 전류

(1) 앞에서도 설명한 것과 같이 R 만의 회로에서의 전류는 전압과 동위상이고, L 만의 회로에서는 전압보다 90° 늦은 지상전류가, C 만의 회로에서는 전압보다 90° 빠른 진상전류가 흐르게 된다. 이를 정리하면【그림 3-14】와 같이 그릴 수 있다.

(2) 교류회로에 전류의 흐름을 방해하는 요소로는 저항 R과 리액턴스 X가 있으며 저항은 실수, 리액턴스는 허수의 값을 갖는다. 이와 같이 교류회로에서 전류가 흐르기 어려운 정도를 나타내는 비례상수를 임피던스(impedance)라 부른다. 즉, 임피던스는 저항과 리액턴스의 합으로 구할 수 있다.

(3) 페이저를 이용한 전류계산

① $I_R = \dfrac{V}{R} = \dfrac{V_m}{R}\sin\omega t[\mathrm{A}]$ ⋯⋯ (式 3-60)

② $I_L = \dfrac{V}{jX_L} = -j\dfrac{V}{X_L} = \dfrac{V}{X_L}\angle -90° = \dfrac{V_m}{\omega L}\sin(\omega t - 90°)$ ⋯⋯ (式 3-61)

③ $I_C = \dfrac{V}{-jX_C} = j\dfrac{V}{X_C} = \dfrac{V}{X_C}\angle 90° = \omega CV_m\sin(\omega t + 90°)$ ⋯⋯ (式 3-62)

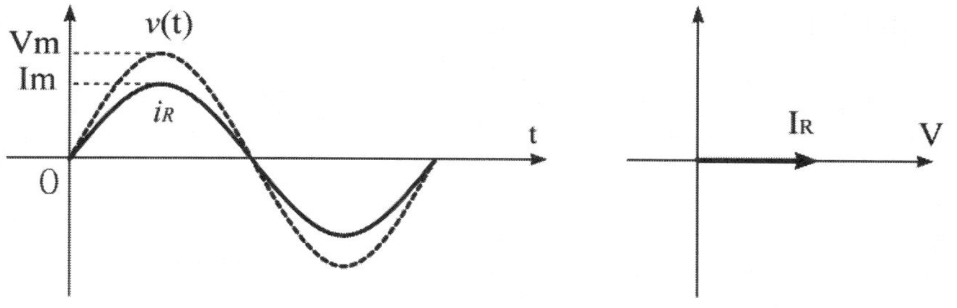

(a) R만의 회로

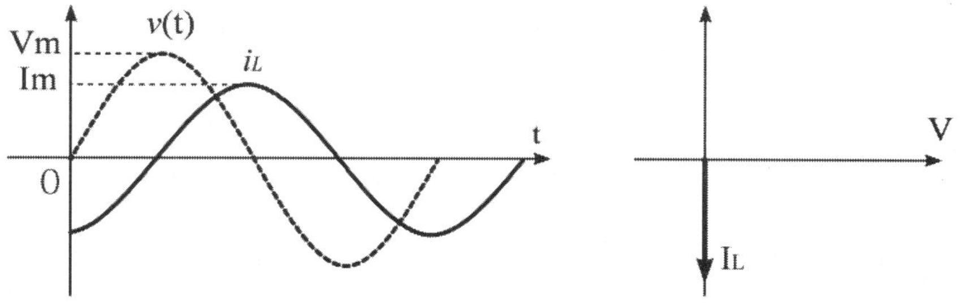

(b) L만의 회로

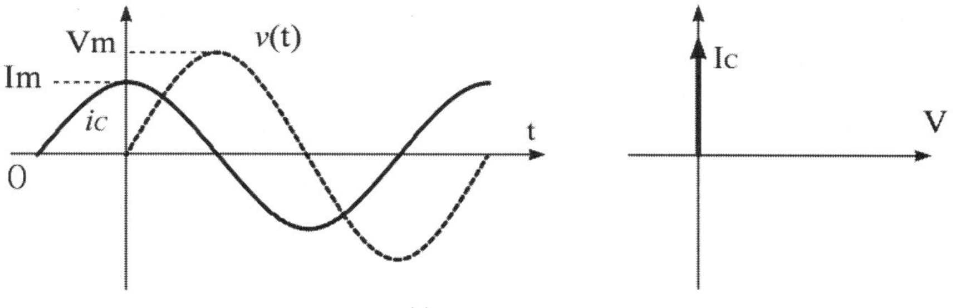

(c) C만의 회로

【그림 3-14】 전압과 전류의 위상관계

예제 4

어떤 회로 소자에 $e = 125\sin 377t\,[\mathrm{V}]$ 가 했을 때 전류 $i = 50\cos 377t\,[\mathrm{A}]$ 가 흐른다. 이 소자는 어떤 것인가?

① 순저항 ② 저항과 유도리액턴스
③ 용량 리액턴스 ④ 유도 리액턴스

해설 | 전류의 위상이 전압보다 90° 빠르므로(진상) 용량 리액턴스만의 회로이다. **답** ③

㉠ R만의 회로 : 전류는 전압과 동위상
㉡ L만의 회로 : 전류는 전압보다 위상이 90° 앞선다.

예제 5

C[F] 인 콘덴서에 q[C] 의 전하를 충전하였더니 C 의 양단 전압이 e[V] 이었다. C 에 저장된 에너지는 몇 [J] 인가?

① qe　② Ce　③ $\frac{1}{2}Cq^2$　④ $\frac{1}{2}Ce^2$

해설 | ㉠ 콘덴서에 축적되는 전기에너지 : $W_C = \frac{1}{2}CV^2$[J]　**답** ④

㉡ 코일(인덕터)에 축적되는 자기에너지 : $W_L = \frac{1}{2}LI^2$[J]

예제 6

인덕턴스 $L = 20$[mH] 인 코일에 실효치 $V = 50$[V], $f = 50$[Hz] 인 정현파 전압을 인가했을 때 코일에 축적되는 평균 자기에너지 W_L[J] 은?

① 3.636　② 2.634　③ 1.634　④ 0.634

해설 | ㉠ 전류 : $I_L = \frac{V}{X_L} = \frac{V}{\omega L} = \frac{V}{2\pi fL} = \frac{50}{2\pi \times 50 \times 20 \times 10^{-3}} = 7.96$[A]　**답** ④

㉡ 축적되는 자기에너지 : $W_L = \frac{1}{2}LI^2 = \frac{1}{2} \times 20 \times 10^{-3} \times 7.96^2 = 0.634$[J]

3-4　RLC 직렬회로 회로

1. RL 직렬회로

(1) 복소 임피던스 : $\dot{Z} = R + jX_L = \sqrt{R^2 + X_L^2} \angle \tan^{-1}\frac{X_L}{R}$

① 임피던스 : $Z = \sqrt{R^2 + X_L^2} = \sqrt{R^2 + (\omega L)^2}$ [Ω] ······················ (式 3-63)

② 상차각(부하각) : $\theta = \tan^{-1}\frac{X_L}{R}$ ·· (式 3-64)

(2) 전류

① 페이저 : $\dot{I}=\frac{\dot{V}}{\dot{Z}}=\frac{V\angle 0}{Z\angle\theta}=\frac{V}{\sqrt{R^2+X_L^2}}\angle -\tan^{-1}\frac{X_L}{R}$ ······ (式 3-65)

② 순시값 : $i(t)=\frac{V\sqrt{2}}{\sqrt{R^2+X_L^2}}\sin\left(\omega t-\tan^{-1}\frac{X_L}{R}\right)[\mathrm{A}]$ ············ (式 3-66)

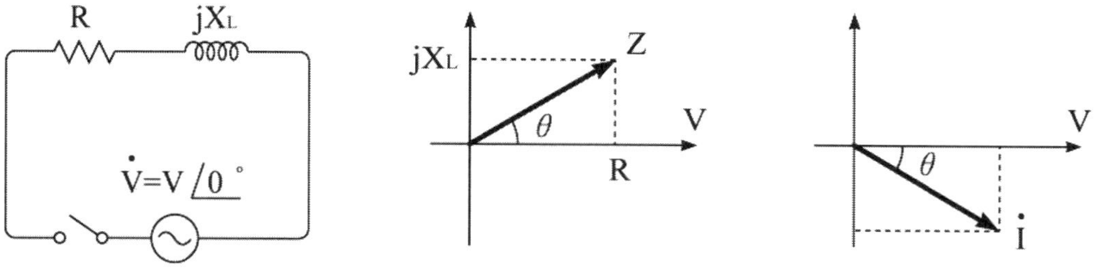

(a) RL 직렬회로　(b) 임피던스　(c) 전류 벡터

【그림 3-15】 RL 직렬회로의 페이저 표시

2. RC 직렬회로

(1) 복소 임피던스 : $\dot{Z}=R-jX_C=\sqrt{R^2+X_C^2}\angle -\tan^{-1}\frac{X_C}{R}$

① 임피던스 : $Z=\sqrt{R^2+X_C^2}=\sqrt{R^2+\left(\frac{1}{\omega C}\right)^2}\,[\Omega]$ ······················ (式 3-67)

② 상차각(부하각) : $\theta=-\tan^{-1}\frac{X_C}{R}=-\tan^{-1}\frac{1}{\omega CR}$ ················· (式 3-68)

(2) 전류

① 페이저 : $\dot{I}=\frac{\dot{V}}{\dot{Z}}=\frac{V\angle 0}{Z\angle\theta}=\frac{V}{\sqrt{R^2+X_C^2}}\angle\tan^{-1}\frac{X_C}{R}$ ··········· (式 3-69)

② 순시값 : $i(t)=\frac{V\sqrt{2}}{\sqrt{R^2+X_C^2}}\sin\left(\omega t+\tan^{-1}\frac{X_C}{R}\right)[\mathrm{A}]$ ·············· (式 3-70)

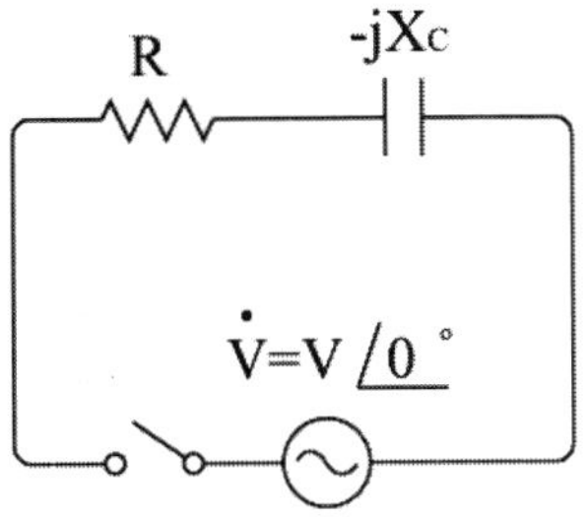

(a) RC 직렬회로

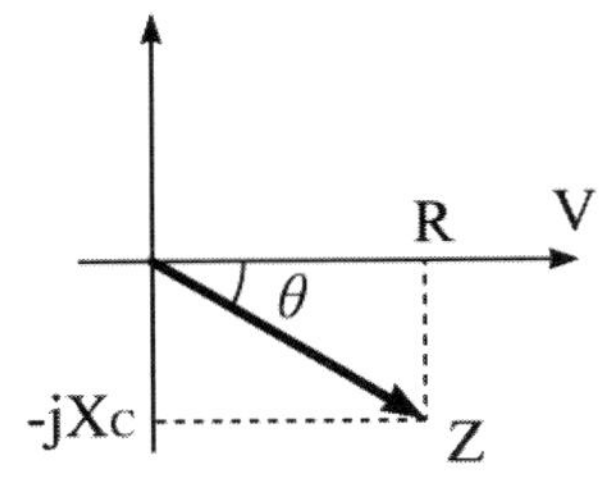

(b) 임피던스

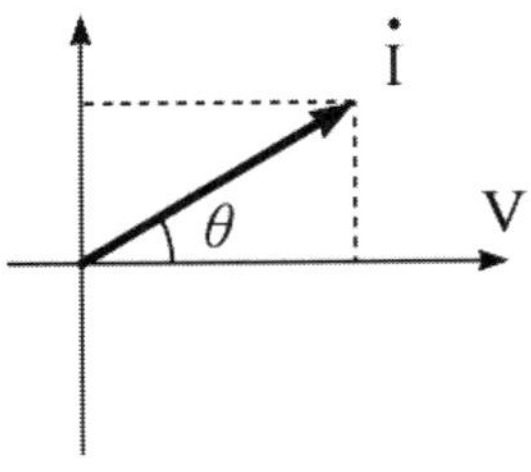

(c) 전류 벡터

【그림 3-16】 RC 직렬회로의 페이저 표시

3. RLC 직렬회로 (단, $X_L > X_C$)

(1) 복소 임피던스 : $\dot{Z} = R + j(X_L - X_C) = R + jX = \sqrt{R^2 + X^2} \angle \tan^{-1}\frac{X}{R}$

① 임피던스 : $Z = \sqrt{R^2 + X^2} = \sqrt{R^2 + \left(\omega L - \frac{1}{\omega C}\right)^2}$ [Ω] ·········· (式 3-71)

② 상차각(부하각) : $\theta = \tan^{-1}\frac{X}{R} = \tan^{-1}\frac{\omega L - \frac{1}{\omega C}}{R}$ ·················· (式 3-72)

(2) 전류

① 페이저 : $\dot{I} = \frac{\dot{V}}{\dot{Z}} = \frac{V \angle 0}{Z \angle \theta} = \frac{V}{\sqrt{R^2 + X^2}} \angle -\tan^{-1}\frac{X}{R}$ ·········· (式 3-73)

② 순시값 : $i(t) = \frac{V\sqrt{2}}{\sqrt{R^2 + X^2}} \sin\left(\omega t - \tan^{-1}\frac{X}{R}\right)$ [A] ················ (式 3-74)

(3) 리액턴스 크기에 따른 특성

① $X_L > X_C$ 의 경우 : 유도성 회로($R-L$)가 되어 뒤진 전류(지상전류)가 흐른다.

② $X_L < X_C$ 의 경우 : 용량성 회로($R-C$)가 되어 앞선 전류(진상전류)가 흐른다.

③ $X_L = X_C$ 의 경우 : 순 저항 회로가 되고 전압과 전류의 위상차는 생기지 않는다. 직렬 공진 회로라고도 한다.

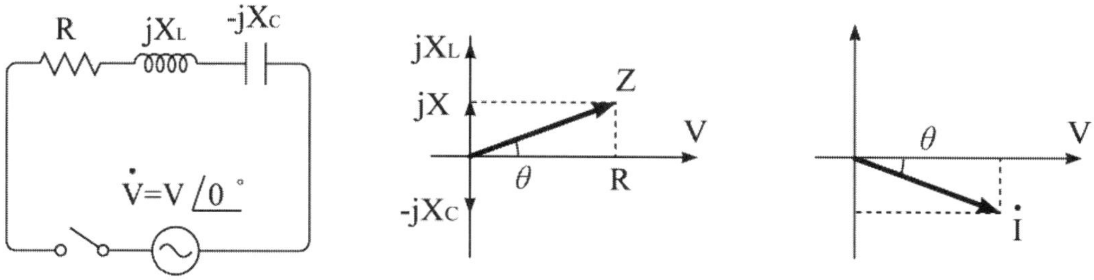

(a) RLC 직렬회로 (b) 임피던스 (c) 전류 벡터

【그림 3-18】 RLC 직렬회로의 페이저 표시

4. 직렬 공진(共振, resonance)

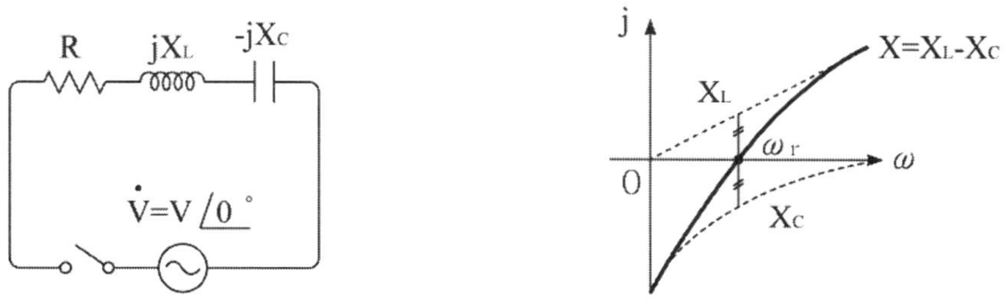

(a) RLC 직렬회로 (b) 주파수변환에 따른 X

(c) 주파수변환에 따른 Z (d) 주파수변환에 따른 I

【그림 3-19】 직렬공진의 특징

(1) 전기회로에서 공진이란, 인가되는 전원의 주파수와 회로 자체의 고유주파수가 일치하면 전압과 전류가 동위상이 되어 회로에 전기적 큰 진동이 발생하는 현상을 말한다. 공진에는 직렬공진과 병렬공진이 있으며 공진특성을 이용하여 특정 주파수의 전류를 흘릴 수 있는 필터(filter)회로를 설계할 수 있다. 직렬공진 시 전류파형이, 병렬공진 시에는 전압파형의 진동이 최대가 된다.

(2) 회로가 공진이 되기 위해서는【그림 3-19】와 같이 각주파수 또는 주파수의 크기를 조절하여 리액턴스 성분(허수부)을 0으로 만들면 된다. 따라서 공진 시 회로에는 순수한 저항 성분만 남게 되므로 회로 임피던스는 최소, 전류는 최대가 된다. 또한 전압과 전류의 위상은 동위상이 된다.

(3) 직렬 임피던스 $Z = R + j(X_L - X_C) = R + j\left(\omega L - \frac{1}{\omega C}\right)$ 에서 $X_L = X_C$ 가 되는 것을 직렬회로에서의 공진 조건이며 이때의 주파수를 공진주파수(resonance frequency)라 한다.

(4) 공진조건에서 공진주파수를 구하면 다음과 같다.

> 공진조건 $\omega L = \frac{1}{\omega C}$ 에서 $\omega^2 = \frac{1}{LC}$ 이 되고, 양변에 제곱근을 취하면
>
> $\omega = \frac{1}{\sqrt{LC}}$ 이 된다. 이때 각주파수 $\omega = 2\pi f$ 이므로 공진주파수는 다음과 같다.
>
> ∴ 공진주파수 $f_r = \frac{1}{2\pi\sqrt{LC}}$ [Hz] .... (式 3-75)

예제 7

$R = 10[\Omega]$, $L = 0.045[\text{H}]$ 의 직렬회로에 실효값 $140[\text{V}]$, $25[\text{Hz}]$ 의 정현파 교류전압을 가했을 때 임피던스 $[\Omega]$ 의 크기는?

① 17.25　② 15.31　③ 12.25　④ 10.41

해설 | ㉠ 유도 리액턴스 : $X_L = \omega L = 2\pi f L = 2\pi \times 50 \times 0.045 = 7[\Omega]$ **답** ④

㉡ 임피던스 : $Z = R + jX_L = \sqrt{R^2 + X_L^2}\ \angle \tan^{-1}\frac{X_L}{R}$

$= \sqrt{10^7 + 7^2}\ \angle \frac{7}{10} = 12.2\ \angle 35^\circ\ [\Omega]$

∴ 임피던스 : $Z = \sqrt{R^2 + X^2} = 12.2[\Omega]$, 부하각 : $\theta = \tan^{-1}\frac{X}{R} = 35^\circ$

3-5 RLC 병렬회로 회로

1. RL 병렬회로

(1) 복소 임피던스 : $\dot{Z}=\dfrac{1}{\dfrac{1}{R}+\dfrac{1}{jX_L}}=\dfrac{jRX_L}{R+jX_L}=\dfrac{RX_L\angle 90^\circ}{\sqrt{R^2+X_L^2}\angle\tan^{-1}\dfrac{X_L}{R}}$

$$=\frac{RX_L}{\sqrt{R^2+X_L^2}}\angle\left(90^\circ-\tan^{-1}\frac{X_L}{R}\right)$$

① 임피던스 : $Z=\dfrac{RX_L}{\sqrt{R^2+X_L^2}}=\dfrac{\omega RL}{\sqrt{R^2+(\omega L)^2}}[\Omega]$ ·················· (式 3-76)

② 상차각(부하각) : $\theta=90^\circ-\tan^{-1}\dfrac{X_L}{R}=\tan^{-1}\dfrac{R}{X_L}$ ·················· (式 3-77)

(2) 전류

① $\dot{I}_R=\dfrac{\dot{V}}{R}=\dfrac{V}{R}[\text{A}]$, $\dot{I}_L=\dfrac{\dot{V}}{jX_L}=-j\dfrac{V}{X_L}=-j\dfrac{V}{\omega L}[\text{A}]$ ········· (式 3-78)

② 전류 : $\dot{I}=\dot{I}_R+\dot{I}_L=\dfrac{V}{R}-j\dfrac{V}{X_L}[\text{A}]$ ·· (式 3-79)

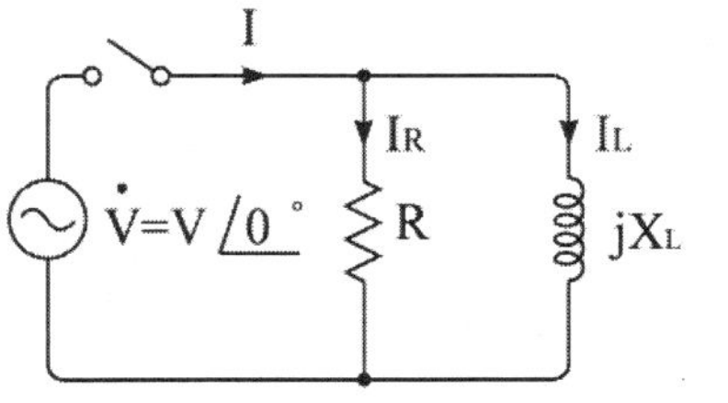

(a) RL 병렬회로

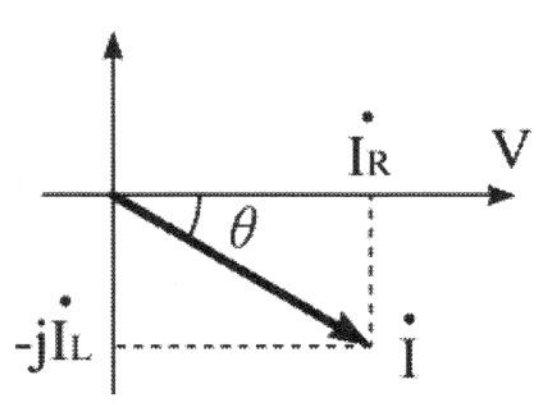

(b) 전류 벡터

【그림 3-20】 RL 병렬회로의 페이저 표시

2. RC 병렬회로

(1) 복소 임피던스 : $\dot{Z}=\dfrac{1}{\dfrac{1}{R}+\dfrac{1}{-jX_C}}=\dfrac{-jRX_C}{R-jX_C}=\dfrac{RX_C\ \angle -90^\circ}{\sqrt{R^2+X_C^2}\ \angle -\tan^{-1}\dfrac{X_C}{R}}$

$$=\frac{RX_C}{\sqrt{R^2+X_C^2}}\ \angle\left(-90^\circ+\tan^{-1}\frac{X_C}{R}\right)$$

① 임피던스 : $Z=\dfrac{RX_C}{\sqrt{R^2+X_C^2}}=\dfrac{R}{\sqrt{1+(\omega CR)^2}}[\Omega]$ ··············· (式 3-80)

② 상차각(부하각) : $\theta=-90^\circ+\tan^{-1}\dfrac{X_C}{R}=-\tan^{-1}\dfrac{R}{X_C}$ ······· (式 3-81)

(2) 전류

① $\dot{I}_R=\dfrac{\dot{V}}{R}=\dfrac{V}{R}[A]$, $\dot{I}_C=\dfrac{\dot{V}}{-jX_C}=j\dfrac{V}{X_C}=j\omega CV[A]$ ······· (式 3-82)

② 전류 : $\dot{I}=\dot{I}_R+\dot{I}_C=\dfrac{V}{R}+j\dfrac{V}{X_C}[A]$ ······································· (式 3-83)

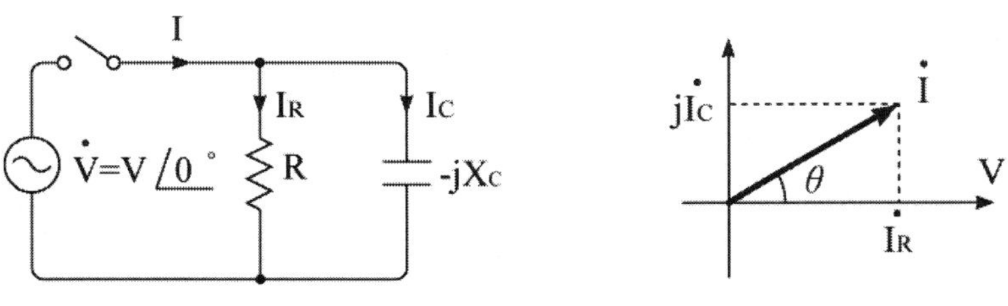

(a) RC 병렬회로 (b) 전류 벡터

【그림 3-21】 RC 병렬회로의 페이저 표시

3. RLC 병렬회로

(1) 병렬회로에서 합성 임피던스를 구하기란 쉽지 않기 때문에 어드미턴스 Y를 사용하여 회로의 전류를 구한다. 여기서 어드미턴스란, 임피던스의 역수를 의미한다.

(2) 저항과 리액턴스 그리고 임피던스의 역수는 다음과 같다.

① 컨덕턴스(conductance) : $G = \frac{1}{R}[℧]$ ································· (式 3-84)

② 서셉턴스(susceptance) : $B = \frac{1}{X}[℧]$ ································· (式 3-85)

③ 어드미턴스(admittance) : $Y = \frac{1}{Z}[℧]$ ································· (式 3-86)

(3) 유도성 리액턴스는 양의 허수값(jX_L), 용량성 리액턴스는 음의 허수값($-jX_C$)를 갖지만 서셉턴스는 리액턴스의 허수의 부호가 반대가 된다. 이를 정리하면 다음과 같다.

① 유도성 서셉턴스 : $\frac{1}{jX_L} = -j\frac{1}{X_L} = -jB_L$ ································· (式 3-87)

② 용량성 서셉턴스 : $\frac{1}{-jX_C} = j\frac{1}{X_C} = jB_C$ ································· (式 3-88)

(4) 병렬회로 해석

① 합성 임피던스 : $Z = \dfrac{1}{\dfrac{1}{R} + \dfrac{1}{jX_L} + \dfrac{1}{-jX_C}} = \dfrac{1}{G - jB_L + jB_C}$ ·· (式 3-89)

② 합성 어드미턴스 : $Y = \frac{1}{Z} = G + j(B_L - B_C)[℧]$ ································· (式 3-90)

③ 전류 : $I = I_R + I_L + I_C = \frac{V}{R} + \frac{V}{jX_L} + \frac{V}{-jX_C} = \frac{V}{R} - j\frac{V}{X_L} + j\frac{V}{X_C}$

$= \frac{V}{R} - j\frac{V}{\omega L} + j\omega CV[\text{A}]$ ································· (式 3-91)

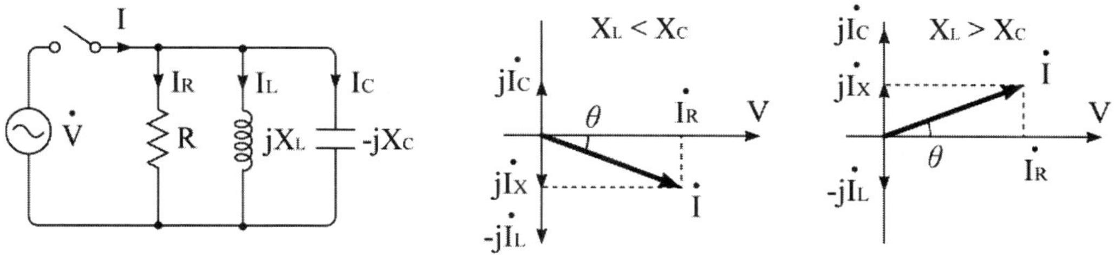

(a) RLC 병렬회로 (b) $I_L > I_C$ (c) $I_L < I_C$

【그림 3-22】 RLC 병렬회로의 페이저 표시

(5) 병렬회로 전류의 위상관계

① $X_L > X_C$ 의 경우 : 유도성 회로(RL 회로)가 되어 뒤진 전류(지상전류)가 흐른다.

② $X_L < X_C$ 의 경우 : 용량성 회로(RC 회로)가 되어 앞선 전류(진상전류)가 흐른다.

③ $X_L = X_C$ 의 경우 : 순 저항 회로가 되고 전압과 전류는 동위상(병렬공진)이 된다.

4. 병렬 공진

(1) 병렬 공진은 (式 3-90)와 같이 용량성 서셉턴스와 유도성 서셉턴스의 크기가 같아 어드미턴스에서 허수부 즉, 서셉턴스가 0이 되는 상태를 말한다.

(2) 병렬회로에서 공진이 발생하면 회로는 순저항만의 회로가 되어 전압과 전류가 동위상이 되지만 직렬공진와 반대로 전류는 최소가 된다.

(3) $B_L = B_C$ 의 조건을 이용하여 공진주파수를 구하면 다음과 같다.

$\frac{1}{\omega L} = \omega C$ 에서 $\omega^2 = \frac{1}{LC}$ 이 되고, 양변에 제곱근을 취하면

$\omega = \frac{1}{\sqrt{LC}}$ 이 된다. 이때 각주파수 $\omega = 2\pi f$ 이므로 공진주파수는 다음과 같다.

$$\therefore \text{공진주파수 } f_r = \frac{1}{2\pi\sqrt{LC}}\,[\text{Hz}] \quad \cdots\cdots (\text{式 } 3\text{-}92)$$

예제 8

그림과 같은 회로에서 전원에 흘러 들어오는 전류[A]는?

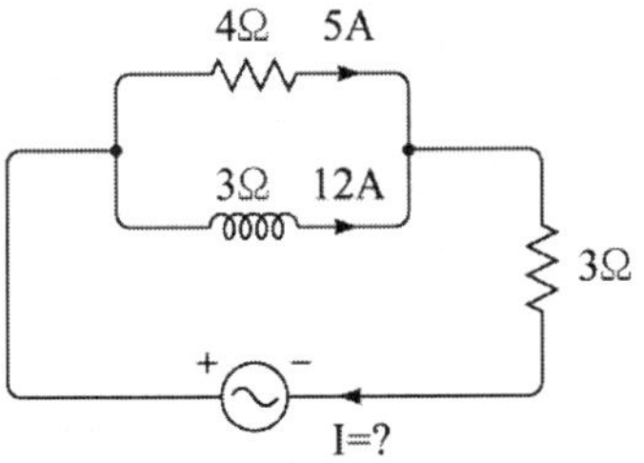

① 7
② 10
③ 13
④ 17

해설 | 저항에 흐르는 전류는 전압과 동위상이고, 코일에 흐르는 전류는 전압보다 위상이 90° 느리다.

$\therefore$ 전체 실효값 전류 : $I = \sqrt{I_R^2 + I_L^2} = \sqrt{5^2 + 12^2} = 13\,[\text{A}]$

답 ③

3-6 교류전력과 역률

1. 교류전력

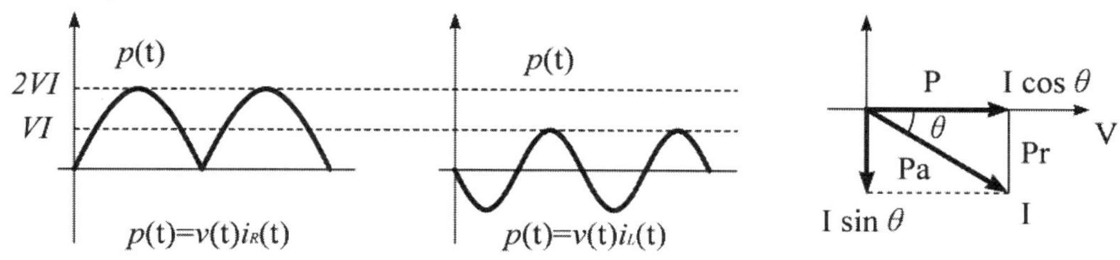

(a) R의 순시전력 (b) L의 순시전력 (c) 전력 삼각형

【그림 3-23】 유효전력과 무효전력

(1) 유효전력(active power)

R 에서 발생하는 전력은【그림 3-23】(a)와 같고 실제 소비하고 있는 전력이다. 유효전력은 평균전력에 기여하는 유효전류인 $I\cos\theta$ 와 전압 V 의 곱으로 나타내고, 단위는 와트[W] 를 사용한다. 또는 피상전력(VI)에 역률($\cos\theta$)를 곱한 모양으로 이해할 수도 있다.

$$\text{유효전력} : P = VI\cos\theta = I^2 R = \frac{V^2}{R}[\text{W}] \quad \cdots\cdots (\text{式 } 3\text{-}93)$$

(2) 무효전력(reactive power)

L 또는 C, 즉 리액턴스에서 발생되는 전력으로【그림 3-23】(b)와 같이 에너지 저장만 할 뿐 소비하지 않는 전력을 말한다. 무효전력은 평균전력에 전혀 기여하지 않는 무효전류인 $I\sin\theta$와 전압 V 의 곱으로 나타내고, 단위는 바(voltampere reactive, Var)를 사용한다. 피상전력(VI)에 무효율($\sin\theta$)를 곱한 모양으로 이해할 수도 있다.

$$\text{무효전력} : P_r = Q = VI\sin\theta = I^2 X = \frac{V^2}{X}[\text{Var}] \quad \cdots\cdots (\text{式 } 3\text{-}94)$$

(3) 피상전력(apparent power)

【그림 3-23】(c)와 같이 유효전력 P 와 무효전력 P_r 의 벡터합으로 회로 단자에 인가된 단자전압과 전류 실효값의 곱으로 나타내며, 단위는 볼트암페어[VA] 를

사용한다.

$$\text{피효전력 : } P_a = P + jP_r = \sqrt{P^2 + P_r^2} = VI\sqrt{\cos^2\theta + \sin^2\theta}$$
$$= VI = I^2 Z = \frac{V^2}{Z}[\text{VA}] \quad \cdots\cdots (\text{式 } 3\text{-}95)$$

2. 복소전력(complex power)

(1) 전압과 전류가 복소수로 표현되어 있을 때 복소전력을 이용하면 유효전력, 무효전력, 피상전력, 역률 등을 편리하게 구할 수 있다.

(2) 전류가 $\dot{I} = a + jb$ [A] 인 경우 전류의 실효값(크기)는 $I = |\dot{I}| = \sqrt{a^2 + b^2}$ [A] 이 되므로 $I^2 = a^2 + b^2$ 이 된다.

(3) 켤레 복소수 공식을 이용하면 $\dot{I} \cdot \dot{I}^* = (a + jb) \times (a - jb) = a^2 + b^2 = I^2$ 의 관계를 얻는다. 여기서, $\dot{I}^*$ 는 $\dot{I}$ 의 켤레 복소수(또는 공액복소수)를 의미하며 컨쥬게이트(conjugate)라고 읽는다. 따라서 전력식은 다음과 같다.

$$P_a = S = I^2 Z = \dot{I} \cdot \dot{I}^* Z = \dot{V}\dot{I}^* \quad \cdots\cdots (\text{式 } 3\text{-}96)$$

① $P_a = \dot{V}\dot{I}^* = P \pm jP_r$ 의 경우 : $P_r > 0$ (유도성), $P_r < 0$ (용량성)

② $P_a = \dot{V}^*\dot{I} = P \pm jP_r$ 의 경우 : $P_r > 0$ (용량성), $P_r < 0$ (유도성)

(4) 위 ②식와 같이 전류가 아닌 전압을 켤레 복소수하여 계산하면 허수의 부호가 반대가 되므로 ①과 ②식은 본질적으로 같다.

3. 역률(力率, power factor)

(1) 역률은 피상전력과 유효전력의 비율을 말한다. 즉, 역률은 다음과 같이 나타낼 수 있다.

$$\text{역률 : } p.f = \cos\theta = \frac{P}{P_a} = \frac{\text{유효전력}}{\text{피상전력}} \quad \cdots\cdots (\text{式 } 3\text{-}97)$$

(2) 계통에는 일반적으로 전동기나 변압기와 같은 유도성 부하가 많기 때문에 지상전류(lag)가 흐른다. 회로에 유도성 부하가 많을수록 전류의 위상은 전압보다 더욱

느려지게 되는데 이것을 역률이 나쁘다고 표현한다. 역률이 나쁘다는 것은 실제 부하가 필요로 하는 전류보다 더 많은 전류를 공급해야 하므로 계통의 손실과 전압강하가 증가하여 전압변동률이 커지게 된다. 이에 따라 전력회사에서는 역률을 90[%] 로 기준하여 이보다 작을 경우 전기요금에 할증을 부가하고, 기준보다 높을 경우 할인해주고 있다. 이는 한전 전기 공급약관 제43조에 기재되어 있다. 따라서 역률을 개선하면(높이면) 변압기 및 배전선의 손실저감, 설비용량 이용률의 향상, 전압강하 감소, 전기요금 저감 등의 이점이 있다. 그렇다고 역률이 무작정 높여 진상이 되면(전압보다 전류의 위상이 빠를 경우) 패란티 현상을 초래하여 수용가의 단자전압을 상승시키게 된다. 따라서 전력회사 측에서는 이 또한 전기요금에 할증을 부여한다.

(3) 직렬회로의 역률

직렬회로는 전류가 일정하므로 전력식을 (式 2-98)와 같이 전류에 관한 식으로 정리하며, (式 3-63)을 이용하여 직렬회로에서의 역률을 다음과 같이 정리할 수 있다.

$$\cos\theta = \frac{P}{P_a} = \frac{I^2R}{I^2Z} = \frac{IR}{IZ} = \frac{V_R}{V} = \frac{R}{Z} = \frac{R}{\sqrt{R^2+X^2}} \quad \cdots\cdots\cdots\cdots (\text{式 } 3\text{-}98)$$

(4) 병렬회로의 역률

병렬회로에서는 전압이 일정하므로 전력식을 (式 3-99)와 같이 전압에 관한 식으로 정리하며, (式 3-76)을 이용하여 병렬회로에서의 역률을 다음과 같이 정리할 수 있다.

$$\cos\theta = \frac{P}{P_a} = \frac{\frac{V^2}{R}}{\frac{V^2}{Z}} = \frac{\frac{V}{R}}{\frac{V}{Z}} = \frac{I_R}{I} = \frac{Z}{R} = \frac{X}{\sqrt{R^2+X^2}} \quad \cdots\cdots\cdots\cdots (\text{式 } 3\text{-}99)$$

4. 최대전력 전달조건

(1) 전원과 부하계통 사이에 적당한 회로망을 삽입하여 전원측 내부 임피던스와 부하측 임피던스를 정합(impedance matching)하면 부하에 최대전력을 전달할 수 있다.

(2) 전원측 내부 임피던스가 R_g 일 때 최대전력이 전달되기 위한 R_L 의 크기

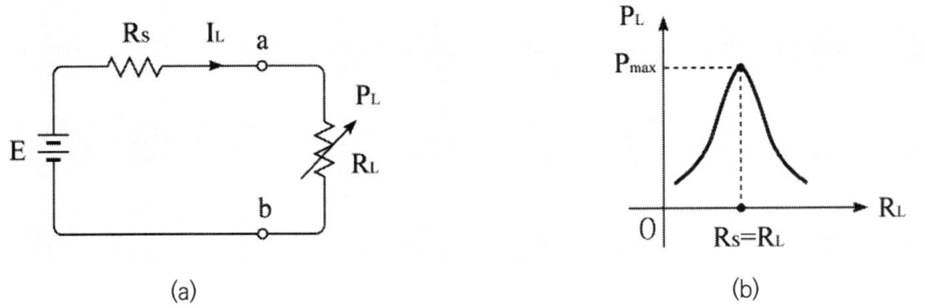

【그림 3-24】 최대전력 전달조건 1

① 부하전류 : $I_L = \dfrac{E}{R_S + R_L}$ [A] ………………………… (式 3-100)

② 소비전력 : $P_L = I_L^2 R_L = \dfrac{E^2}{(R_S+R_L)^2} \times R_L$ [W] ………………… (式 3-101)

③ 최대전력 전달조건 : $\dfrac{dP_L}{dR_L} = 0$ ………………………… (式 3-102)

$$\frac{dP_L}{dR_L} = \frac{E^2(R_S+R_L)^2 - 2(R_S+R_L)E^2R_L}{(R_S+R_L)^4} = 0$$

$E^2(R_S+R_L)^2 = 2(R_S+R_L)E^2R_L$ 에서 $R_S+R_L = 2R_L$ 이므로

$\therefore R_L = R_S$ ………………………………………… (式 3-103)

④ 부하의 최대 출력

$P_{max} = \dfrac{E^2}{(R_S+R_L)^2} \times R_L = \dfrac{E^2}{(2R_L)^2} \times R_L = \dfrac{E^2}{4R_L}$ [W] ……… (式 3-104)

(3) 【그림 3-25】(a)와 같이 전원측 내부 임피던스가 $Z_S = R_S + jX_S$ 일 때 최대전력이 전달되기 위한 부하 임피던스 R_L 의 크기는 다음과 같다.

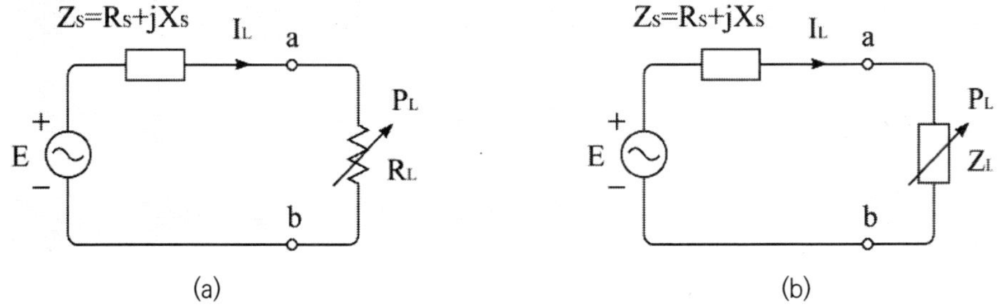

【그림 3-25】 최대전력 전달조건 2

① 부하전류 : $I = \frac{E}{Z} = \frac{E}{\sqrt{(R_S + R_L)^2 + X_S^2}}$ [A] ······················ (式 3-105)

② 소비전력 : $P = I^2 R_L = \frac{E^2 R_L}{(R_S + R_L)^2 + X_S^2}$ [W] ······················ (式 3-106)

③ 최대전력 전달조건 : $\frac{dP_L}{dR_L} = 0$ ······························ (式 3-107)

$$\frac{dP}{dR_L} = \frac{E^2\left[(R_S + R_L)^2 + X_S^2\right] - E^2 R_L \times 2(R_S + R_L)}{\left[(R_S + R_L)^2 + X_S^2\right]^2} = 0$$

$$E^2\left[(R_S + R_L)^2 + X_S^2\right] = 2E^2 R_L (R_S + R_L)$$

$$(R_S + R_L)^2 + X_S^2 = 2R_S R_L + 2R_L^2$$

$R_S^2 + 2R_S R_L + R_L^2 + X_S^2 = 2R_S R_L + 2R_L^2$ 에서 $R_L^2 = R_S^2 + X_S^2$

$\therefore R_L = \sqrt{R_S^2 + X_S^2}$ [Ω] ······························ (式 3-108)

(4) 【그림 3-25】(b)와 같이 전원측 내부 임피던스가 $Z_S = R_S + jX_S$ 일 때 최대전력이 전달되기 위한 부하 임피던스 $Z_L = R_L + jX_L$ 의 크기는 다음과 같다.

① 부하전류 : $I = \frac{E}{Z} = \frac{E}{\sqrt{(R_L + R_S)^2 + (X_L + X_S)^2}}$ [A] ··········· (式 3-109)

② 소비전력 : $P = I^2 R_L = \frac{E^2 R_L}{(R_S + R_L)^2 + (X_L + X_S)^2}$ [W] ·········· (式 3-110)

③ 최대전력 전달조건 : $\frac{dP_L}{dR_L} = 0$ ······························ (式 3-111)

④ R_L 이 일정하고 X_L 을 변화했을 경우

$$\frac{dP}{dX_L} = \frac{-2(X_L + X_S)E^2 R_L}{\left[(R_L + R_S)^2 + (X_L + X_S)^2\right]^2} = 0$$

$-2X_L E^2 R_L - 2X_S E^2 R_L = 0$에서 $2X_L E^2 R_L = -2X_S E^2 R_L$

$\therefore X_L = -X_S$ ······························ (式 3-112)

⑤ X_L 이 일정하고 R_L 을 변화했을 경우

$$\frac{dP}{dR_L} = \frac{E^2(R_L + R_S)^2 - 2(R_L + R_S)E^2 R_L}{\left[(R_L + R_S)^2 + (X_L + X_S)^2\right]^2} = 0$$

$E^2(R_L + R_S)^2 = 2(R_L + R_S)E^2 R_L$에서 $R_L + R_S = 2R_L$

$\therefore R_L = R_S$ ………………………………………… (式 3−113)

⑥ (式 3−112), (式 3−113)와 같이 전원측과 부하측의 임피던스가 공액복소수의 관계에 있을 때 최대전력이 전달된다.

최대전력 전달조건 : $Z_L = Z_S{}^* = R_S - jX_S$ ……………… (式 3−114)

예제 9

100[V], 800[W], 역률 80[%] 인 회로의 리액턴스 [Ω] 는?

① 12 ② 10 ③ 8 ④ 6

해설 | ㉠ 유효전력 $P = IV\cos\theta$[W] 에서 **답** ④

전류 $I = \dfrac{P}{V\cos\theta} = \dfrac{800}{100\times 0.8} = 10$[A] 가 된다.

㉡ 무효전력 $Q = P_r = I^2X = VI\sin\theta = VI\sqrt{1-\cos^2\theta}$

$= 100\times 10\sqrt{1-0.8^2} = 600$[kVar] 이므로

$\therefore$ 리액턴스 : $X = \dfrac{Q}{I^2} = \dfrac{600}{10^2} = 6[\Omega]$

예제 10

저항 $R = 12[\Omega]$, 인덕턴스 $L = 13.3$[mH] 인 $R-L$ 직렬회로에 실효치 $E = 130$[V], $f = 60$[Hz] 인 전압을 가했을 때 이 회로의 무효전력은?

① 500[kVar] ② 0.5[kVar]
③ 5[kVar] ④ 50[kVar]

해설 | 무효전력 : $Q = I^2X_L = \left(\dfrac{V}{\sqrt{R^2+X_L^2}}\right)^2 X_L = \dfrac{V^2X_L}{R^2+X_L^2}$ **답** ②

$$= \frac{130^2\times 2\pi\times 60\times 13.3\times 10^{-3}}{12^2 + (2\pi\times 60\times 13.3\times 10^{-3})^2} = 500[\text{Var}] = 0.5[\text{kVar}]$$

예제 11

저항 30[Ω] 과 유도 리액턴스 40[Ω] 을 병렬로 접속하고 120[V] 의 교류전압을 가했을 때 회로의 역률 값은?

① 0.6　　② 0.7　　③ 0.8　　④ 0.9

해설 | 병렬 역률 : $\cos\theta = \dfrac{I_R}{I} = \dfrac{X}{\sqrt{R^2 + X}} = \dfrac{40}{\sqrt{30^2 + 40^2}} = \dfrac{40}{50} = 0.8$　　답 ①

3-7 회로망 해석

1. 전압원과 전류원의 등가변환

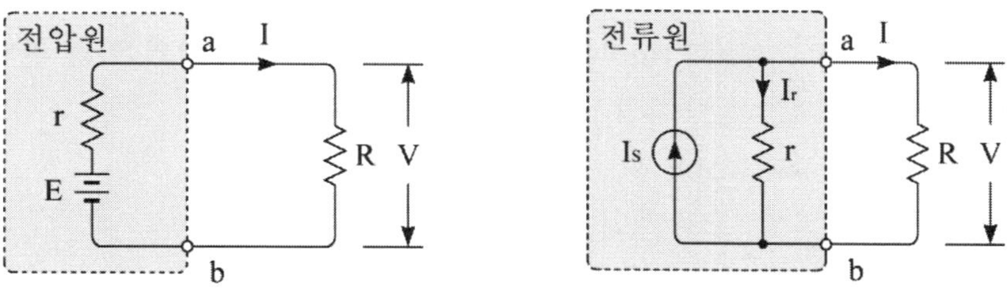

(a) 전압원　　(b) 전류원

【그림 3-26】 전압원과 전류원

(1) 【그림 3-26】과 같이 직렬로 접속된 전압원과 저항은 병렬로 접속된 전류원과 저항으로 변환이 가능하다. 이러한 등가변환을 통하여 복잡한 회로에서 지로에 흐르는 전류와 단자전압을 간단하게 구할 수 있다.

(2) 전압원은 아래와 같은 방법으로 전류원으로 등가 변환할 수 있다.

$E = I(r + R) = Ir + IR = Ir + V$ 에서

$E - V = Ir$ 이므로 $\dfrac{E}{r} - \dfrac{V}{r} = I$ 이 된다.

$\therefore \dfrac{E}{r} = \dfrac{V}{r} + I \rightarrow I_s = I_r + I$ ······ (式 3-115)

(3) 【그림 3-26】와 같이 직렬로 접속된 전압원과 저항은 병렬로 접속된 전류원과 저항으로 변환이 가능하다. 이때 (式 3-115)와 같이 저항의 크기는 동일한 것을 알 수 있고, 등가전류의 크기는 $I_s = \frac{E}{r}$ 이 된다.

2. 중첩의 정리(superposition's theorem)

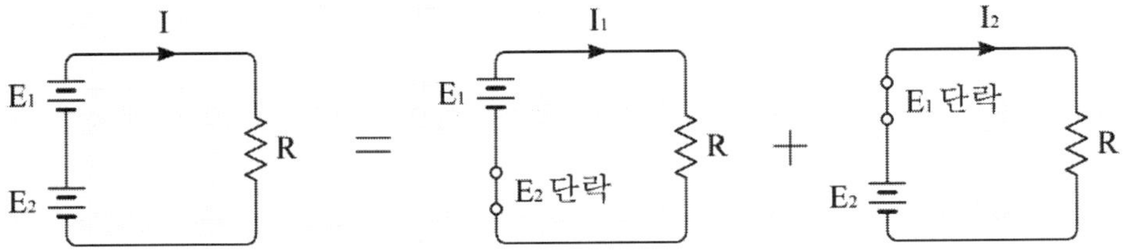

【그림 3-27】 중첩의 정리의 개념

(1) 다수의 전원을 포함하는 회로망에서 회로 내의 임의의 두 점 사이의 전류 또는 전위차는 각각의 전원이 단독으로 있을 때의 전류 또는 전압의 합과 같다. 이것을 중첩의 원리라고 하고 선형회로망에서만 적용되는 개념이다.

(2) 【그림 3-27】(a)에서 회로에 흐르는 전류는 아래와 같다.

$$I = \frac{E_1 + E_2}{R} = \frac{E_1}{R} + \frac{E_2}{R} = I_1 + I_2 \,[\mathrm{A}] \quad \text{······ (式 3-116)}$$

(3) (式 3-116)에 의해 【그림 3-27】(a)의 회로를 (b), (c)와 같이 E_1, E_2 만의 독립된 회로로 분해하여 해석할 수 있다. 【그림 3-27】(b)와 같이 E_1 만의 회로로 해석할 때에는 다른 전압원 E_2 는 단락($r = 0$)시킨 후 해석한 것을 알 수 있다. 이는 전압원 E_2 를 하나의 독립된 저항으로 바라본 것으로 이상적인 관계에서 $r = 0$ 이 된 것이다. 만약 다른 전원이 전류원이라면 개방($r = \infty$)시켜 해석한다. 【그림 3-27】와 같이 R 이 선형 소자가 아닌 비선형 소자였다면 전압의 크기에 따라 전류의 크기가 변하기 때문에 중첩의 정리를 적용할 수 없다.

3. 테브낭(Thevenin)과 노튼(Norton)의 정리

(1) 회로의 임의의 두 점 사이의 전류 또는 전위차를 구하는 방법으로 테브낭과 노튼의 정리가 있다. 테브낭의 정리는 【그림 3-28】(b)와 같이 두 점 a, b 에서 전원

쪽의 능동 회로망(network)을 하나의 전압원으로 바꾸고, 노튼의 정리는 【그림 3-28】(c)와 같이 능동 회로망(network)을 하나의 전류원으로 바꾸어 해석하는 것을 말한다.

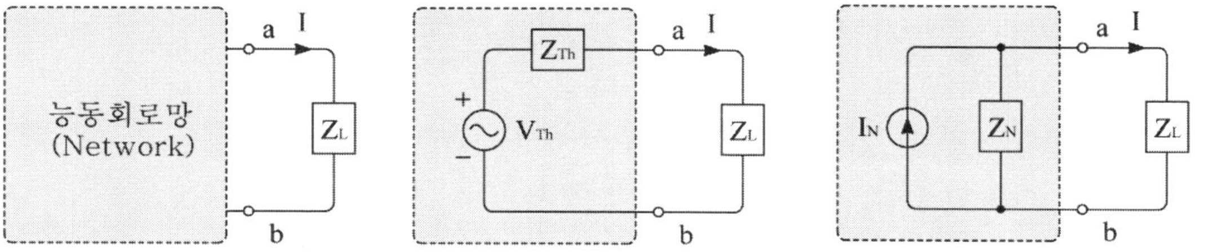

(a) 회로망 (b) 테브난의 등가변환 (c) 노튼의 등가변환

【그림 3-28】 테브난과 노튼의 등가회로의 관계

(2) 회로망에서 부하전류는 일반적으로 다음과 같이 계산된다.

① 합성 저항 : $R_0 = 2 + \dfrac{4 \times 4}{4+4} = 4[\Omega]$ ········· (式 3-107)

② 전체 전류 : $I_0 = \dfrac{V}{R_0} = \dfrac{12}{4} = 3[A]$ ········· (式 3-118)

③ 부하 전류 : $I_L = \dfrac{I_0}{2} = 1.5[A]$ ········· (式 3-119)

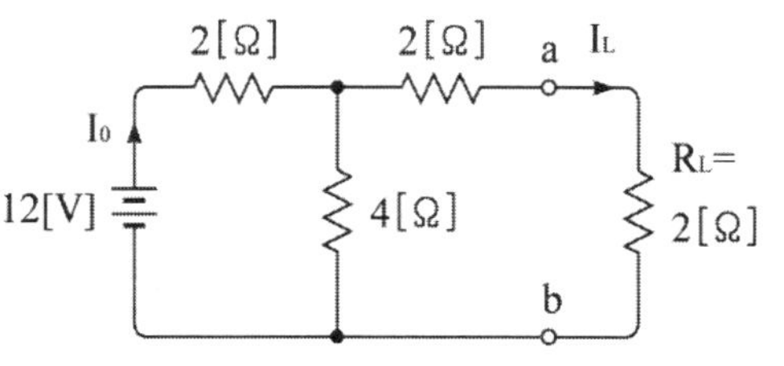

【그림 3-29】 회로망 해석

(3) 테브난의 정리(Thevenin's theorem)

① 등가전압은 【그림 3-30】(a)와 같이 부하 R_L 을 개방시킨 상태에서 두 단자 a, b 에 걸리는 전압을 말한다.

등가전압 : $V_{TH} = 4I = 4 \times \dfrac{12}{2+4} = 8[V]$ ········· (式 3-120)

② 등가 저항은 【그림 3-30】(b)와 같이 부하 R_L 을 개방시킨 상태에서 두 단자 a, b 에서 바라본 합성저항을 말하며, 이때 전압원과 전류원이 있으면 전압원은 단락, 전류원은 개방하여 해석한다.

등가저항 : $R_{TH} = 2 + \frac{2 \times 4}{2+4} = 2 + \frac{4}{3} = \frac{10}{3}[\Omega]$ ………………… (式 3-121)

③ 부하 전류는 【그림 6-6】(c)와 같이 등가 변환하여 구할 수 있다.

부하전류 : $I_L = \frac{V_{TH}}{R_{TH} + R_L} = \frac{8}{2 + \frac{10}{3}} = \frac{8 \times 3}{6+10} = 1.5[A]$ …· (式 3-122)

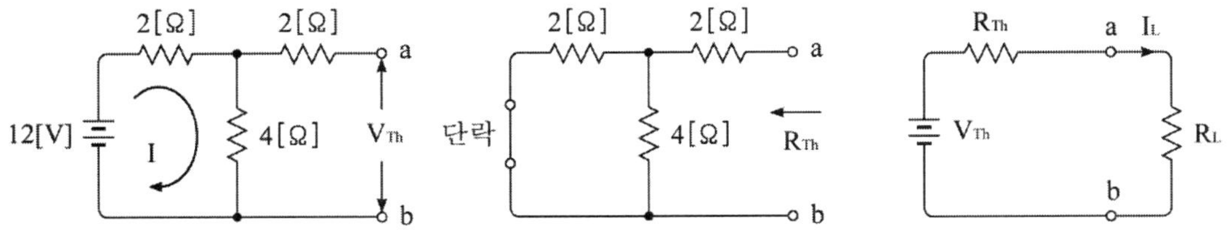

(a) 등가전압 V_{Th}　　(b) 등가저항 R_{Th}　　(c) 테브난의 등가회로

【그림 3-30】 테브난의 정리

(4) 노튼의 정리(Norton's theorem)

① 등가전류는 【그림 3-31】(a)와 같이 두 단자 a, b 를 단락시켰을 때 흐르는 전류를 말한다.

등가전류 : $I_N = \frac{4}{4+2} \times I = \frac{4}{6} \times \frac{12}{2 + \frac{2 \times 4}{2+4}} = 2.4[A]$ ……….. (式 3-123)

② 등가 저항은 테브낭의 등가저항 구하는 방법과 동일하다.

등가저항 : $R_N = 2 + \frac{2 \times 4}{2+4} = 2 + \frac{4}{3} = \frac{10}{3}[\Omega]$ ………………… (式 3-124)

③ 부하 전류는 【그림 3-31】(c)와 같이 등가 변환하여 구할 수 있다.

$$\text{부하전류 : } I_L = \frac{R_N}{R_N + R_L} \times I_N = \frac{\frac{10}{3}}{\frac{10}{3}+2} \times 2.4$$

$$= \frac{10}{10+6} \times 2.4 = 1.5[\text{A}] \quad \cdots\cdots (\text{式 } 3\text{-}125)$$

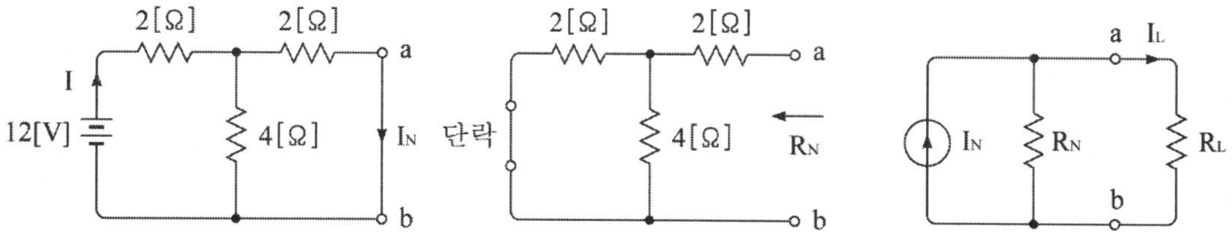

(a) 등가전압 V_{Th}　　(b) 등가저항 R_{Th}　　(c) 테브난의 등가회로

【그림 3-31】 노튼의 정리

4. 밀만의 정리(Millman's theorem)

(1) 회로 내의 동일 주파수 전압원이 여러 개 병렬로 연결되어있는 경우 이를 하나의 등가 전원으로 대치할 수 있다. 또는 임의의 두 점간의 전위차(개방전압)를 구할 때 사용된다. 두 점간의 전위차를 구하는 방법에는 중첩의 정리, 테브난의 정리, 노튼의 정리 등이 있지만 밀만의 정리를 이용하는 것이 가장 편리하다.

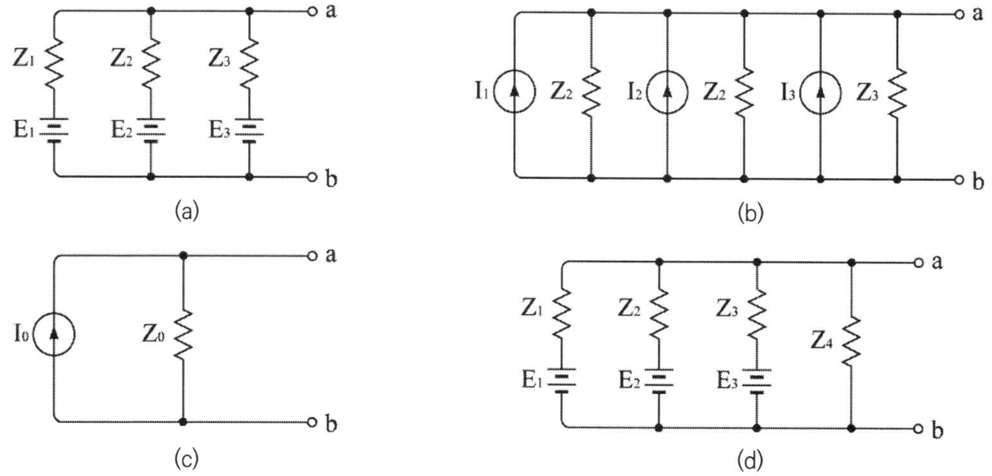

【그림 3-32】 밀만의 정리 개념

(2) 【그림 3-32】(a)를 전류원으로 등가변환하면 【그림 3-32】(b)와 같이 변환된다.

$$① \ I_1 = \frac{E_1}{Z_1} = Y_1 E_1, \ I_2 = \frac{E_2}{Z_2} = Y_2 E_2, \ I_3 = \frac{E_3}{Z_3} = Y_3 E_3 \quad \cdots\cdots (式\ 3\text{-}126)$$

$$② \ I_0 = I_1 + I_2 + I_3, \ Z_0 = \frac{1}{\frac{1}{Z_1} + \frac{1}{Z_2} + \frac{1}{Z_3}} \quad \cdots\cdots (式\ 3\text{-}127)$$

(3) 【그림 3-32】(b)는 (c)와 같이 등가변환하여 a, b 단자 사이의 개방전압을 구할 수 있다.

$$\therefore \ V_{ab} = I_0 Z_0 = \frac{\frac{E_1}{Z_1} + \frac{E_2}{Z_2} + \frac{E_3}{Z_3}}{\frac{1}{Z_1} + \frac{1}{Z_2} + \frac{1}{Z_3}} = \frac{Y_1 E_1 + Y_2 E_2 + Y_3 E_3}{Y_1 + Y_2 + Y_3}$$

$$= \sum_{n=1}^{m} \frac{Y_n E_n}{Y_n} \quad \cdots\cdots (式\ 3\text{-}128)$$

(4) 【그림 3-32】(d)의 a, b 단자 사이의 개방전압은 다음과 같다.

$$V_{ab} = I_0 Z_0 = \frac{\frac{E_1}{Z_1} + \frac{E_2}{Z_2} + \frac{E_3}{Z_3}}{\frac{1}{Z_1} + \frac{1}{Z_2} + \frac{1}{Z_3} + \frac{1}{Z_4}} = \frac{Y_1 E_1 + Y_2 E_2 + Y_3 E_3}{Y_1 + Y_2 + Y_3 + Y_4} \quad \cdots (式\ 3\text{-}129)$$

예제 12

회로를 테브낭(Thevenin)의 등가회로로 변화하려고 한다. 이때 테브난의 등가저항 R_T [Ω]와 등가전압 V_T [V]는?

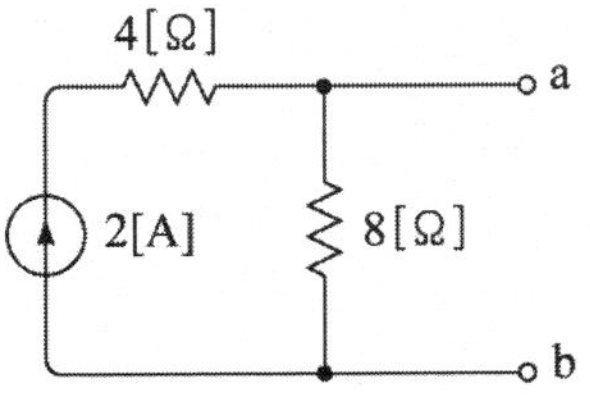

① $R_T = \frac{8}{3}$, $V_T = 8$

② $R_T = 6$, $V_T = 12$

③ $R_T = 8$, $V_T = 16$

④ $R_T = \frac{8}{3}$, $V_T = 16$

해설 | 테브난의 등가회로로 정리하면 **답** ③

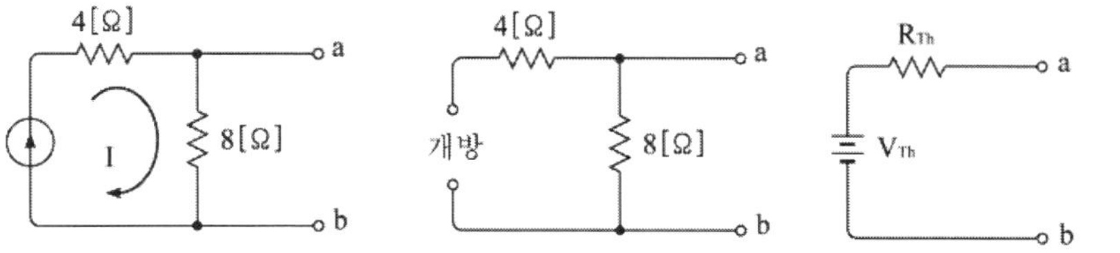

(a) V_{Th} 구하기 (b) R_{Th} 구하기 (c) 테브난 등가변화

㉠ a, b 양단 사이에 걸린 개방전압

$\therefore\ V_{TH} = 8I = 8 \times 2 = 16[\mathrm{V}]$

㉡ 전압원은 단락, 전류원은 개방한 상태에서 a, b 양단에서 본 합성저항

$\therefore\ R_{Th} = 8[\Omega]$

예제 13

그림과 같은 회로에서 $5[\Omega]$에 흐르는 전류는 몇 $[\mathrm{A}]$ 인가?

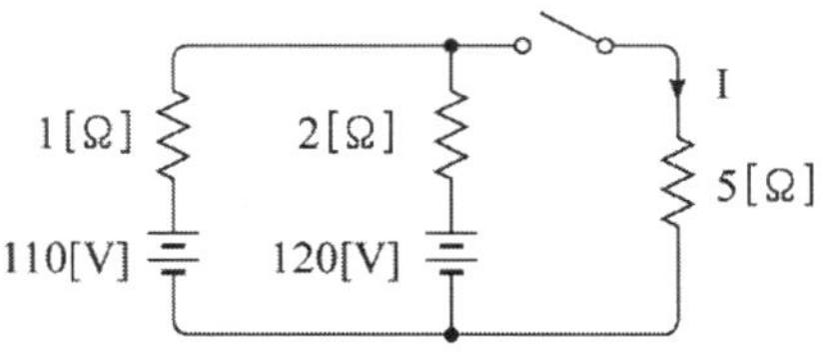

① $30[\mathrm{A}]$ ② $40[\mathrm{A}]$

③ $20[\mathrm{A}]$ ④ $33.3[\mathrm{A}]$

해설 | 밀만의 정리 $V_{ab} = \dfrac{\sum I}{\sum Y} = \dfrac{\dfrac{110}{1} + \dfrac{120}{2}}{\dfrac{1}{1} + \dfrac{1}{2} + \dfrac{1}{5}} = 100[\mathrm{V}]$ **답** ③

$\therefore$ $5[\Omega]$ 에 흐르는 전류 $I = \dfrac{100}{5} = 20[\mathrm{A}]$

3-8 3상 교류회로

1. 3상 교류의 발생

(1) 단상 교류는 전압이나 전류를 교류 파형 한 개로 나타낼 수 있는 교류이다. 다상 교류는 주파수가 같고 위상이 서로 다른 여러 개의 파형으로 나타내는 교류를 말한다. 이때 각 파형의 크기와 위상차가 동일한 교류를 대칭(또는 평형) 다상 교류라고 한다. 다상 교류 중 가장 널리 쓰이는 방식이 3상 교류이고 3상 교류를 사용하는 주된 이유는 다음과 같다.

① 단상은 교번자계를 발생시키지만 3상은 안정적인 회전자계를 발생시킨다.

② 3상 회전자계를 이용하면 구조가 간단한 전동기를 만들 수 있고 이것을 3상 유도전동기라고 한다.

④ 단상의 경우 2가닥의 케이블을 통해서 전력을 공급해야 하지만 3상 결선법(Y 결선 또는 △결선)을 활용하면 3가닥만으로도 3상을 보낼 수 있다. 동시에 3상을 이용하면 전력손실을 줄일 수 있어 발전, 송전, 배전 등 거의 모든 계통에서 3상을 사용하고 있다.

(2) 대칭 3상 교류(symmetrical three-phase AC)

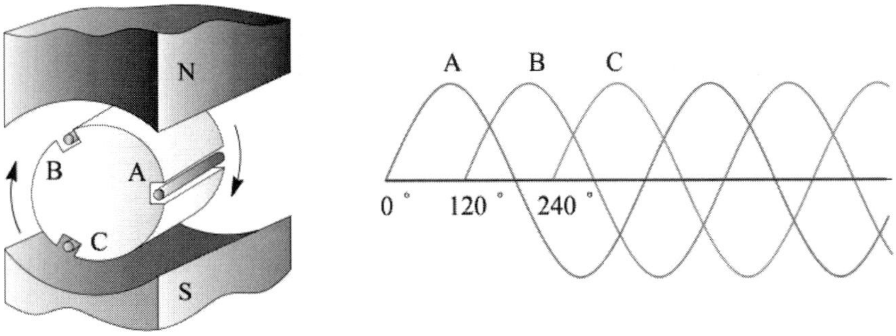

(a)

【그림 3-33】 3상 교류 발전기와 phase

【그림 3-33】(a)에는 전기자(armature) 도체 3개가 각 120° 간격으로 놓여있다. 전기자를 발전(회전)하면 【그림 3-33】(b)와 같은 3개의 상(phase)을 얻을 수 있다. 이와같이 크기는 같고 각상의 위상차가 120° 인 3상을 대칭(평형) 3상 교류라 하며, 처음 발전되는 상을 기준으로 a, b, c 또는 R, S, T 순으로 부른다. 대칭 3상 교류의 순시값은 다음과 같이 나타낸다.

① $v_a(t) = V_m \sin\omega t = V\sqrt{2}\sin\omega t$[V] ………………………… (式 3-130)

② $v_b(t) = V_m \sin(\omega t - 120°) = V\sqrt{2}\sin\left(\omega t - \frac{2\pi}{3}\right)$[V] ……… (式 3-131)

③ $v_c(t) = V_m \sin(\omega t - 240°) = V\sqrt{2}\sin\left(\omega t - \frac{4\pi}{3}\right)$[V] ……… (式 3-132)

(3) 대칭 3상 교류의 페이저 표현

① $\dot{V}_a = V\angle 0° = V$[V] ………………………… (式 3-133)

② $\dot{V}_b = V\angle -120° = V\angle 240° = a^2 V$[V] ………………… (式 3-134)

③ $\dot{V}_c = V\angle -240° = V\angle 120° = aV$[V] ………………… (式 3-135)

④ $\dot{V}_b + \dot{V}_c = V(a^2 + a) = -V = -\dot{V}_a$

$\therefore\ \dot{V}_a + \dot{V}_b + \dot{V}_c = V(1 + a^2 + a) = 0$ ………………… (式 3-136)

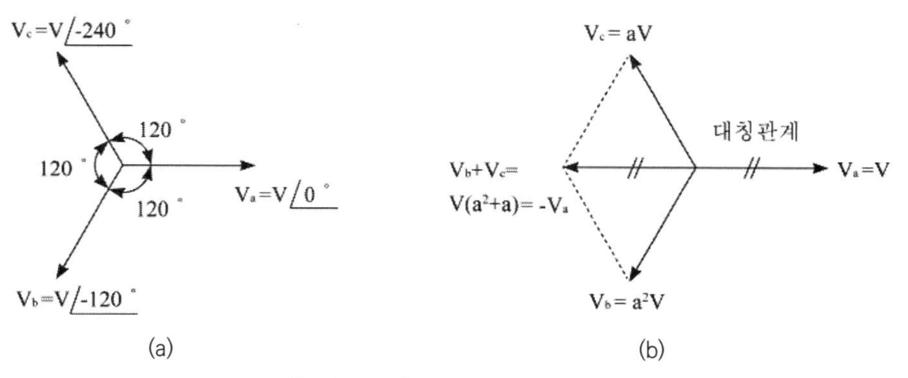

【그림 3-34】 3상 교류의 정지벡터도

2. 평형 3상 회로의 특징

1) 성상결선(성형결선 또는 스타결선)

(1) 다상교류결선 방식 중【그림 3-35】(a)와 같이 각 상의 (−)단자를 한 점으로 모두 연결하는 방식을 성형결선(스타결선)이라 하고 이때 3상 회로를 Y결선이라 부른다.

(2) Y결선 시 회로특징은 상전류(phase current, $\dot{I}_p$)와 선전류(line current, $\dot{I}_\ell$)는 크기와 위상이 모두 같고, 선간전압(line to line voltage, $\dot{V}_{ab}$, $\dot{V}_{bc}$, $\dot{V}_{ca}$)은 상전압(phase voltage, $\dot{V}_a$, $\dot{V}_b$, $\dot{V}_c$)보다 크기가 $\sqrt{3}$ 배 커지고 위상이 30° 앞서

게 된다. 이러한 Y결선은 선간전압에 비해 상전압이 $\sqrt{3}$ 배 작아지기 때문에 변압기와 같은 기기의 절연비용을 줄일 수 있고 220[V]와 380[V]을 동시에 사용할 수 있어 우리나라의 경우 대부분의 일반부하(조명설비, 전열설비)는 Y결선방식을 사용하고 있다.

① $I_\ell = I_p \angle 0°$ ·········· (式 3-137)

② $V_\ell = \sqrt{3}\, V_p \angle 30°$ ·········· (式 3-138)

(3) 【그림 3-35】(b)에서 상전압과 선간전압의 관계는 다음과 같다.

① $\dot{V}_{ab} = \dot{V}_a - \dot{V}_b = \dot{V}_a + \left(-\dot{V}_b\right) = V_a \cos 30° \times 2$

$= V_a \times \frac{\sqrt{3}}{2} \times 2 = V_a \sqrt{3} \angle 30° = V_{ab} \angle 30°$ ·········· (式 3-139)

② $\dot{V}_{bc} = \dot{V}_b - \dot{V}_c = \dot{V}_b + \left(-\dot{V}_c\right) = V_b \sqrt{3} \angle 30° = V_{bc} \angle -90°$ (式 3-140)

③ $\dot{V}_{ca} = \dot{V}_c - \dot{V}_a = \dot{V}_c + \left(-\dot{V}_a\right) = V_c \sqrt{3} \angle 30° = V_{ca} \angle -210°$ (式 3-141)

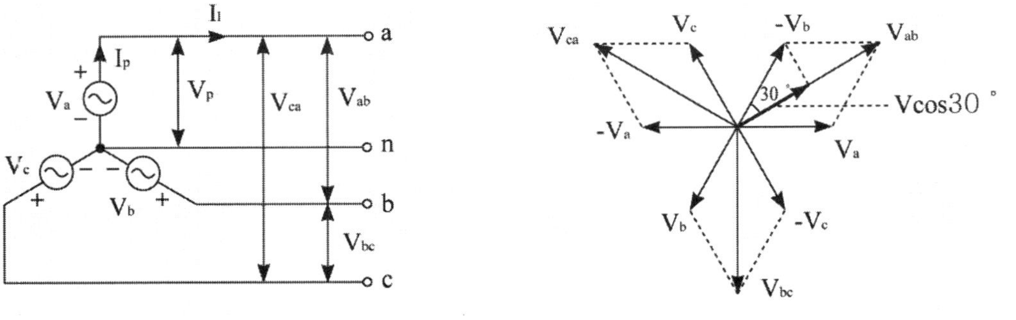

(a) Y결선 회로 (b) 전압 페이저

【그림 3-35】 성형결선(Y결선)

(4) 3상 전력은 단상 전력의 3배이지만 3상 전력의 정격을 표시할 때에는 상전압, 상전류가 아닌 선간전압과 선전류로 표시하기 때문에 단상과 3상이 마치 $\sqrt{3}$배 만큼 차이가 발생하는 것처럼 보여지게 된다. 이를 나타내면 다음과 같다.

3상 전력 : $P_3 = 3P_1 = 3V_p I_p = 3 \times \frac{V_\ell}{\sqrt{3}} \times I_\ell = \frac{3}{\sqrt{3}} \times \frac{\sqrt{3}}{\sqrt{3}} V_\ell I_\ell$

$= \sqrt{3}\, V_\ell I_\ell = \sqrt{3}\, VI$ ·········· (式 3-142)

여기서, P_1 : 단상 피상전력, P_3 : 3상 피상전력, V_p : 상전압
V_ℓ : 선간전압, I_p : 상전류, I_ℓ : 선전류

(4) 3상 전력공식은 다음과 같다.

① 피상전력 : $P_a = \sqrt{3}\ VI = 3I_Z^2 Z = 3\dfrac{V_Z^2}{Z}$ [VA] ········ (式 3-143)

② 유효전력 : $P = \sqrt{3}\ VI\cos\theta = 3I_R^2 R = 3\dfrac{V_R^2}{R}$ [W] ········ (式 3-144)

③ 무효전력 : $P = \sqrt{3}\ VI\sin\theta = 3I_X^2 X = 3\dfrac{V_X^2}{X}$ [Var] ········ (式 3-145)

2) 환상결선(환형결선)

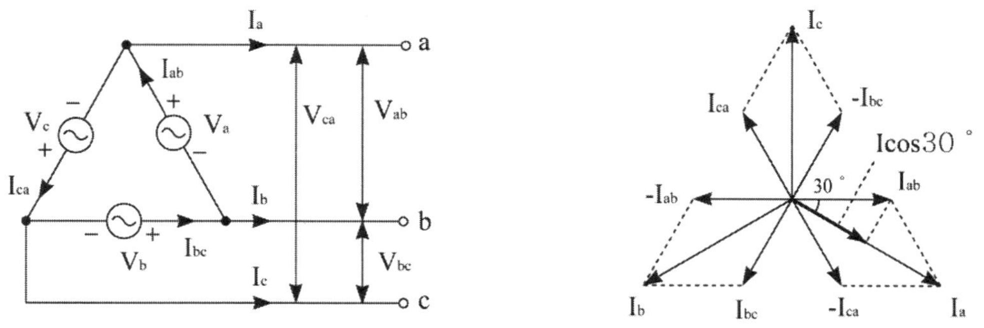

(a) △결선 회로 (b) 전류 페이저

【그림 3-36】 환상결선(△결선)

(1) 【그림 3-36】(a)와 같이 전원을 고리형태로 연결하는 방법을 환상결선이라 하고 이때 3상 회로를 △(델타, delta)결선이라 한다.

(2) △결선 시 회로특징은 상전압과 선간전압의 크기와 위상이 모두 같고, 선전류는 상전류보다 크기가 $\sqrt{3}$배 커지고 위상이 30° 늦어지게 된다. 즉, △결선을 취하면 선전류가 $\sqrt{3}$배 커지기 때문에 대전류 부하(전동기 등)에 용이하며, 또한 △결선은 제3 고조파 전류의 순환통로로 작용하므로 부하 측에서 유입된 제3 고조파 전류를 계통 측으로 흐르지 못하도록 차단하여 계통의 파형이 왜곡되는 것을 방지시키는 역할을 한다.

① $V_\ell = V_p \angle 0°$ ······ (式 3-146)

② $I_\ell = \sqrt{3}\, I_p \angle -30°$ ······ (式 3-147)

(3) 【그림 3-36】(b)에서 선전류와 상전류의 관계는 다음과 같다.

① $\dot{I_a} = \dot{I_{ab}} - \dot{I_{ca}} = \dot{I_{ab}} + \left(-\dot{I_{ca}}\right) = I_{ab}\cos 30° \times 2$

$= I_{ab} \times \dfrac{\sqrt{3}}{2} \times 2 = I_{ab}\sqrt{3} \angle -30° = I_a \angle -30°$ ······ (式 3-148)

② $\dot{I_b} = \dot{I_{bc}} - \dot{I_{ab}} = \dot{I_{bc}} + \left(-\dot{I_{ab}}\right) = I_{bc}\sqrt{3} \angle -30° = I_b \angle -150°$ ···· (式 3-149)

③ $\dot{I_c} = \dot{I_{ca}} - \dot{I_{bc}} = \dot{I_{ac}} + \left(-\dot{I_{bc}}\right) = I_{ca}\sqrt{3} \angle -30° = I_c \angle -270°$ ··· (式 3-150)

(4) △결선도 Y결선과 동일하게 상 기준의 전력식을 정격(선간전압, 선전류)으로 변환하면 다음 식을 얻는다.

3상 전력 : $P_3 = 3P_1 = 3V_pI_p = 3 \times V_\ell \times \dfrac{I_\ell}{\sqrt{3}} = \sqrt{3}\, VI$ ········ (式 3-151)

(5) 그러므로 위의 3상 교류전력은 결선법과 상관없이 동일하게 적용할 수 있다. 즉, 피상전력, 유효전력, 무효전력은 (式 3-143), (式 3-144), (式 3-145)와 같다.

3) Y결선과 △결선의 특징 정리

(1) 변압기 결선 방식

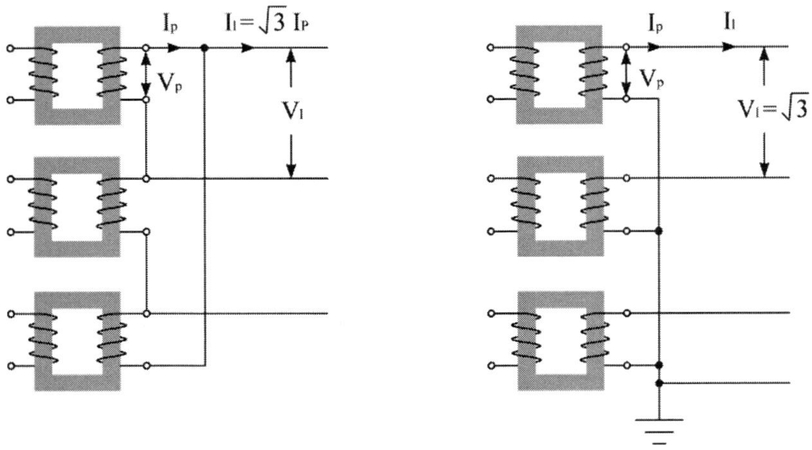

(a) Y결선 (b) △결선

【그림 3-37】 변압기 결선법 및 특징

(2) 결선방식에 따른 선전류의 비교

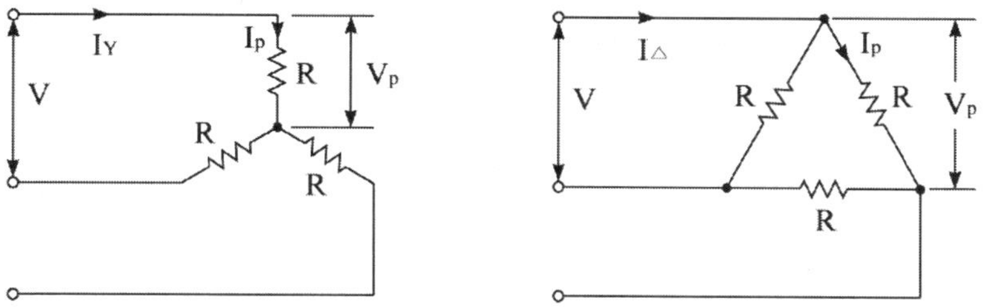

(a) Y결선

(b) △결선

【그림 3-38】 Y, △결선의 비교

① 【그림 3-38】와 같이 동일 크기의 부하 R 을 Y와 △결선으로 각각 결선했을 때 선에 흐르는 전류는 다음과 같다.

㉠ Y결선 : $I_Y = \frac{V_p}{R} = \frac{V}{R\sqrt{3}}$ [A] ………………………… (式 3-152)

㉡ △결선 : $I_\triangle = \sqrt{3}\, I_p = \sqrt{3}\,\frac{V_p}{R} = \frac{\sqrt{3}\,V}{R}$ [A] ………… (式 3-153)

∴ $\frac{I_Y}{I_\triangle} = \frac{1}{3}$ 또는 $I_Y = \frac{1}{3} I_\triangle$ ………………………… (式 3-154)

② 따라서 동일 부하라 하더라도 Y결선했을 때와 △결선했을 때는 부하전류(선전류)는 3배 만큼 차이나기 때문에 이를 이용하여 전동기의 기동전류를 낮출 수 있는 효과를 볼 수 있다. 즉, 전동기를 Y결선으로 기동하고, △결선으로 운전하는 방식을 Y-△ 기동법이라 하며, 현장에서 가장 많이 사용되고 있는 기동법 중 하나이다.

(3) 결선방식에 따른 유효전력의 비교

① 【그림 3-38】와 같이 동일 크기의 부하 R 을 Y와 △결선으로 각각 결선했을 때 부하의 소비전력은 다음과 같다.

㉠ Y결선 : $P_Y = 3\frac{V_R^2}{R} = \frac{3V_p^2}{R} = \frac{3\left(\frac{V}{\sqrt{3}}\right)^2}{R} = \frac{V}{R}$ [W] …… (式 3-155)

㉡ △결선 : $P_\triangle = 3\frac{V_R^2}{R} = \frac{3V_p^2}{R} = \frac{3V}{R}$ [W] ………………… (式 3-156)

$$\therefore \ \frac{P_Y}{P_\triangle} = \frac{1}{3} \quad \text{또는 } P_Y = \frac{1}{3} P_\triangle \quad \cdots\cdots\cdots\cdots (\text{式 } 3-157)$$

② 위에서 살펴본 바와 같이 Y결선은 △결선보다 선전류와 소비전력이 모두 $\frac{1}{3}$ 배로 낮아진다. 이를 활용하여 전동기의 큰 기동전류를 감당할 때는 Y결선으로, 기동이 끝난 뒤 운전은 △결선으로 운전하는 방식을 Y−△ 기동법이라 하며, 현장에서 가장 많이 사용되고 있는 기동법 중 하나이다.

4) V결선의 특징

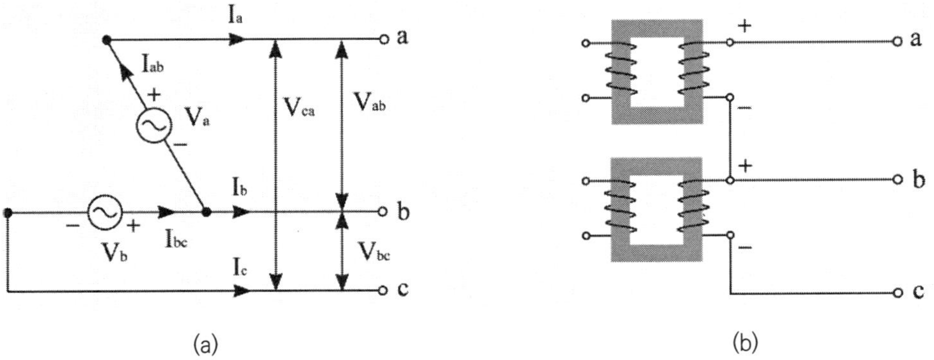

【그림 3-39】 V결선

(1) V결선은 △결선에서 파생된 방법로 【그림 3-39】처럼 변압기 2대로 3상 전력을 공급하는 방식을 말한다. 3대의 변압기를 △결선으로 운전하던 중 변압기 1대가 고장나거나 보수로 인하여 정지했을 때 사용하는 방법이다.

(2) V결선 시 출력은 단상 변압기 1대 용량의 $\sqrt{3}$ 배이므로 변압기 2대의 출력의 86.6%만 출력이 발생한다. 또한 변압기 3대로 운전했을 때와 V결선 시 출력비는 57.7%가 된다.

① V결선 출력 : $P_V = \sqrt{3}\,P_1\,[\text{kVA}]$ ············ (式 3-158)

② 이용율 : $\epsilon_1 = \frac{P_V}{P_2} = \frac{\sqrt{3}\,P_1}{2P_1} = 0.866 = 86.6\,[\%]$ ············ (式 3-159)

③ 출력비 : $\epsilon_2 = \frac{P_V}{P_\triangle} = \frac{\sqrt{3}\,P_1}{3P_1} = 0.577 = 57.7\,[\%]$ ············ (式 3-160)

예제 14

대칭 3 상 Y결선(성형결선) 부하에서 선간전압이 $100\sqrt{3}$ [V] 이고, 각 상의 임피던스 $Z=30+j40[\Omega]$ 의 평형 부하일 때 선전류 [A] 는?

① 2　　② $2\sqrt{3}$　　③ 5　　④ $5\sqrt{3}$

해설 | ㉠ 각 상의 임피던스의 크기 : $Z=\sqrt{30^2+40^2}=50[\Omega]$

㉡ 상전압 : $V_P=V_\ell/\sqrt{3}=100[\text{V}]$

$\therefore$ 선전류 : $I_\ell=I_P=\dfrac{V_P}{Z}=\dfrac{100}{50}=2[\text{A}]$

답 ①

예제 15

3상 유도전동기의 출력이 3 마력, 전압이 200[V], 효율 80[%], 역률 90[%] 일 때 전동기에 유입하는 선전류의 값은 약 몇 [A] 인가?

① 7.18　　② 9.18　　③ 6.85　　④ 8.97

해설 | 유효전력 $P=\sqrt{3}\,VI\cos\theta\,\eta[\text{W}]$에서

(여기서, 효율 $\eta=\dfrac{\text{출력}}{\text{입력}}$, 1[HP] 은 746[W] 이다.)

$\therefore$ 선전류 : $I=\dfrac{P}{\sqrt{3}\,V\cos\theta\,\eta}=\dfrac{3\times746}{\sqrt{3}\times200\times0.9\times0.8}=8.97[\text{A}]$

답 ④

연습문제

01. 3상 전원에서 6상 전압을 얻을 수 있는 변압기의 결선방법은?

① 우드브릿지 결선
② 메이어 결선
③ 스코트 결선
④ 환상 결선

해설 3상을 6상으로 변환하는 결선법
㉠ 2차 2중 Y결선
㉡ 2차 2중 △결선
㉢ 대각 결선
㉣ Fork 결선

답 ④

02. 제3고조파 전류가 나타나는 결선방식은?

① Y−Y ② Y−△
③ △−△ ④ △−Y

해설 변압기를 △결선로 결선하면 제3고조파를 제거할 수 있다.

답 ①

03. 반파 정류 정현파의 최대값이 1일 때, 실효값과 평균값은?

① $\frac{1}{\sqrt{2}}, \frac{\pi}{2}$ ② $\frac{1}{2}, \frac{\pi}{2}$
③ $\frac{1}{\sqrt{2}}, \frac{\pi}{2\sqrt{2}}$ ④ $\frac{1}{2}, \frac{1}{\pi}$

해설 파형의 실효값과 평균값

구분	실효값		평균값	
	전파	반파	전파	반파
구형파	V_m	$\frac{V_m}{\sqrt{2}}$	V_m	$\frac{V_m}{2}$
정현파	$\frac{V_m}{\sqrt{2}}$	$\frac{V_m}{2}$	$\frac{2V_m}{\pi}$	$\frac{V_m}{\pi}$
삼각파	$\frac{V_m}{\sqrt{3}}$	$\frac{V_m}{\sqrt{6}}$	$\frac{V_m}{2}$	$\frac{V_m}{4}$

여기서, V_m : 전압의 최대값

답 ④

04. 주파수 60[Hz], 인덕턴스 50[mH]인 코일의 유도리액턴스는 몇 [Ω]인가?

① 14.14 ② 18.85
③ 22.12 ④ 26.86

해설 유도성 리액턴스

$X_L = \omega L = 2\pi f L$

$= 2\pi \times 60 \times 50 \times 10^{-3} = 18.84[\Omega]$

답 ②

05. 선간전압이 일정한 경우 △결선된 부하를 Y결선으로 바꾸면 소비전력은 어떻게 되는가?

① $\frac{1}{3}$ 배로 감소한다.

② $\frac{1}{9}$ 배로 감소한다.

③ 3배로 증가한다.

④ 9배로 증가한다.

해설 △결선된 부하를 Y결선으로 바꾸면

㉠ 부하전류 : $I_Y = \frac{1}{3}I_\triangle$

㉡ 소비전력 : $P_Y = \frac{1}{3}P_\triangle$

∴ 부하전류와 소비전력 모두 $\frac{1}{3}$ 배로 감소한다.

답 ①

06. $i = I_m \sin wt$ 인 정현파에서 순시값과 실효값이 같아지는 위상은 몇 도인가?

① 30° ② 45°

③ 50° ④ 60°

해설 ㉠ 정현파의 순시값 : $i = I_m \sin \omega t$

㉡ 정현파의 실효값 : $I = \frac{I_m}{\sqrt{2}}$

㉢ 순시값과 실효값이 같아지는 위상은

$I_m \sin \omega t = \frac{I_m}{\sqrt{2}}$ 에서 $\sin \omega t = \frac{1}{\sqrt{2}}$

이므로

∴ $\omega t = 45°$ 가 되어야 한다.

답 ②

07. A, B 두 개의 코일에 동일 주파수, 동일 전압을 가하면 두 코일의 전류는 같고, 코일 A는 역률이 0.96, 코일 B는 역률이 0.80인 경우 코일 A에 대한 코일 B의 저항비는 얼마인가?

① 0.833 ② 1.544

③ 3.211 ④ 7.621

해설 ㉠ 동일 주파수, 동일 전압을 가했을 때 전류가 같다는 것은 두 코일의 임피던스 Z가 같다는 것이므로

㉡ A 코일의 역률 $\cos\theta_1 = \frac{R_1}{Z}$ 에서

A 코일의 저항은 $R_1 = Z\cos\theta_1$ 이 되고

㉢ B 코일의 역률 $\cos\theta_2 = \frac{R_2}{Z}$ 에서

B 코일의 저항은 $R_2 = Z\cos\theta_2$ 이 된다.

∴ $\frac{B}{A} = \frac{Z\cos\theta_2}{Z\cos\theta_1} = \frac{0.86}{0.96} = 0.833$

답 ①

08. 다음 정현파에서 $v = V_m \sin(wt + \theta)$ 의 주기 T 로 옳은 것은?

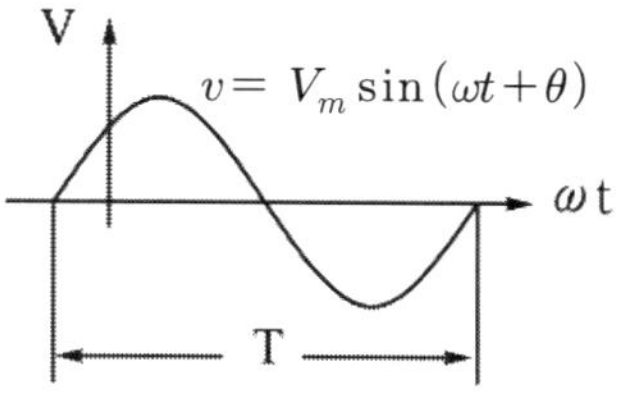

① $\frac{4\pi}{w}$ ② $\frac{2\pi}{w}$ ③ $\frac{w^2}{2\pi}$ ④ $4\pi f^2$

해설 ㉠ 주기는 주파수의 역수이다. 즉

$T = \frac{1}{f}$

㉡ 각주파수 $\omega = 2\pi f = \frac{2\pi}{T}$ 에서

∴ 주기 $T = \frac{2\pi}{\omega}$ [s]

답 ②

09. $i = I_m \sin wt$인 정현파에서 순시값과 실효값이 같아지는 위상은 몇 도인가?

① 30° ② 45°
③ 50° ④ 60°

해설 ㉠ 정현파의 순시값 : $i = I_m \sin \omega t$

㉡ 정현파의 실효값 : $I = \frac{I_m}{\sqrt{2}}$

㉢ 순시값과 실효값이 같아지는 위상은 $I_m \sin \omega t = \frac{I_m}{\sqrt{2}}$에서 $\sin \omega t = \frac{1}{\sqrt{2}}$ 이므로

∴ $\omega t = 45°$가 되어야 한다.

답 ②

10. 60[Hz]의 3상 전압을 전파정류하면 맥동주파수는?

① 120[Hz] ② 240[Hz]
③ 360[Hz] ④ 720[Hz]

해설 맥동주파수

$f' = 2fP = 2 \times 60 \times 3 = 360[\text{Hz}]$

여기서, f : 입력 주파수[Hz],

P : 상수

단, 반파정류에서 맥동주파수는 $f' = fP$가 된다.

답 ③

11. 저항 6[Ω]과 유도리액턴스 8[Ω]이 직렬로 접속된 회로에 100[V]의 교류전압을 가할 때 흐르는 전류의 크기는 몇 [A]인가?

① 10 ② 20
③ 50 ④ 80

해설 ㉠ 합성 임피던스

: $|Z| = \sqrt{R^2 + X_L^2} = \sqrt{6^2 + 8^2} = 10[\Omega]$

㉡ 전류 : $I = \frac{V}{Z} = \frac{100}{10} = 10[\text{A}]$

답 ①

12. 그림과 같은 브리지 회로의 평형조건은?

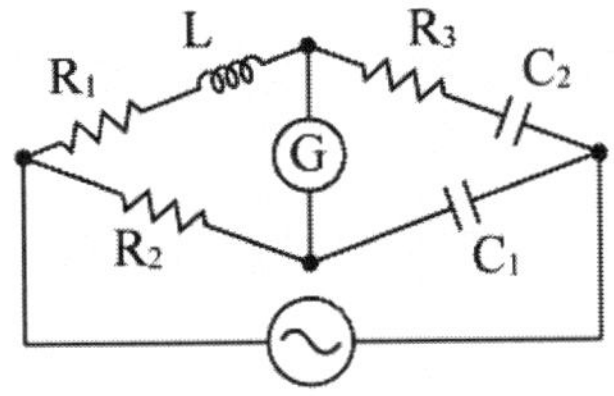

① $R_1C_1 = R_2C_2,\ R_2R_3 = C_1L$

② $R_1C_1 = R_2C_2,\ R_2R_3 = C_1 = L$

③ $R_1C_2 = R_2C_1,\ R_2R_3 = C_1L$

④ $R_1C_2 = R_2C_1,\ L = R_2R_3C_1$

해설 ㉠ 브리지 회로의 평형조건

$(R_1 + j\omega L)\frac{1}{j\omega C_1} = (R_3 + \frac{1}{j\omega C_2})R_2$

㉡ ㉠식을 정리하면 다음과 같다.

$-j\frac{R_1}{\omega C_1} + \frac{L}{C_1} = R_2R_3 - j\frac{R_2}{\omega C_2}$

㉢ 평형이 되기 위해서는 실수와 허수부가 모두 같아야 하므로

– 실수부 : $L = R_2R_3C_1$

– 허수부 : $R_1C_2 = R_2C_1$

답 ④

13. 저항 R_1, R_2와 인덕턴스 L이 직렬로 연결된 회로에서 시정수[sec]는?

① $\frac{R_1 - R_2}{2L}$ ② $\frac{R_1 + R_2}{2L}$

③ $\frac{L}{R_1 - R_2}$ ④ $\frac{L}{R_1 + R_2}$

해설 ㉠ RL 회로의 시정수 : $\tau = \frac{L}{R}$[sec]

㉡ RC 회로의 시정수 : $\tau = \frac{1}{RC}$[sec]

답 ④

14. $R = 9[\Omega]$, $X_L = 10[\Omega]$, $X_C = 5[\Omega]$인 직렬부하회로에 220[V]의 정현파 전압을 인가시켰을 때의 유효 전력은 약 몇 [kW]인가?

① 1.98　　② 2.41
③ 2.77　　④ 4.1

해설
㉠ 합성 임피던스
: $Z = R + j(X_L - X_C)$
$= 9 + j(10-5) = 9 + j5$
$= \sqrt{9^2+5^2} = 10.3[\Omega]$
㉡ 부하전류
: $I = \dfrac{V}{Z} = \dfrac{220}{10.3} = 21.36[\mathrm{A}]$
∴ 유효전력 : $P = I^2R = 21.36^2 \times 9$
$= 4106[\mathrm{W}] = 4.1[\mathrm{kW}]$

답 ④

15. 100[Ω]인 저항 3개를 같은 전원에 △결선으로 접속할 때와 Y결선으로 접속할 때, 선전류의 크기의 비는?

① 3　　② $\dfrac{1}{3}$
③ $\sqrt{3}$　　④ $\dfrac{1}{\sqrt{3}}$

해설 △결선된 부하를 Y결선으로 바꾸면
㉠ 부하전류 : $I_Y = \dfrac{1}{3}I_\triangle$
㉡ 소비전력 : $P_Y = \dfrac{1}{3}P_\triangle$
∴ $I_\triangle$는 I_Y 전류의 3배가 된다.

답 ①

16. $i = 50\sin wt$인 교류전류의 평균값은 약 몇 [A]인가?

① 25　　② 31.8
③ 35.9　　④ 50

해설
평균값 $I_a = \dfrac{2I_m}{\pi} = 0.637\,I_m$
$= 0.637 \times 50 = 31.8[\mathrm{V}]$
여기서, I_m : 전류의 최대값

답 ②

17. 단상 변압기 3대를 △결선하여 부하에 전력을 공급하고 있는데, 변압기 1대의 고장으로 V결선을 한 경우 고장 전의 몇 [%] 출력을 낼 수 있는가?

① 51.6　　② 53.6
③ 55.7　　④ 57.7

해설 V결선의 특징
㉠ V결선 출력 : $P_V = \sqrt{3}\,P_1[\mathrm{kVA}]$
㉡ 이용률 : $\%U = \dfrac{P_V}{P_2} = \dfrac{\sqrt{3}\,P_1}{2P_1}$
$= 0.866$
㉢ 출력비 : $\%P = \dfrac{P_V}{P_\triangle} = \dfrac{\sqrt{3}\,P_1}{3P_1}$
$= 0.577$
단, P_1 : 단상 변압기 용량[kVA]

답 ④

18. 전원과 부하가 다같이 △ 결선된 3상 평형회로가 있다. 전원전압이 200[V], 부하 1상의 임피던스가 $4+j3[\Omega]$인 경우 선전류는 몇 [A]인가?

① $\frac{40}{\sqrt{3}}$　② $\frac{40}{3}$

③ 40　④ $40\sqrt{3}$

해설 ㉠ △결선의 특징

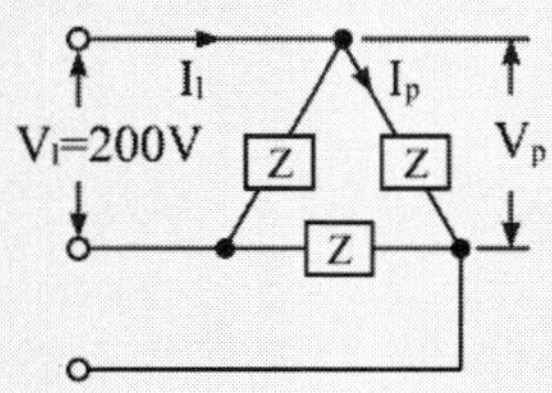

– 선간전압 : $V_l = V_p$
(단, V_p : 상전압)

– 선전류 : $I_l = \sqrt{3}\,I_p$
(단, I_p : 상전류)

㉡ 부하 임피던스 : $Z=\sqrt{4^2+3^2}=5[\Omega]$

㉢ 상전류 : $I_p=\frac{V_p}{Z}=\frac{200}{5}=40[A]$

∴ 선전류 : $I_l=\sqrt{3}\,I_p=40\sqrt{3}\,[A]$

답 ④

19. 4단자 정수가 $A=\frac{5}{3}$, $B=800$, $C=\frac{1}{450}$, $D=\frac{5}{3}$일 때 영상 임피던스 Z_{01}과 Z_{02}는 각각 몇 [Ω] 인가?

① $Z_{01}=300,\ Z_{02}=300$

② $Z_{01}=600,\ Z_{02}=600$

③ $Z_{01}=800,\ Z_{02}=800$

④ $Z_{01}=1000,\ Z_{02}=1000$

해설

㉠ $Z_{01}=\sqrt{\frac{AB}{CD}}=\sqrt{\frac{\frac{5}{3}\times 800}{\frac{1}{450}\times\frac{5}{3}}}$
$=600[\Omega]$

㉡ $Z_{02}=\sqrt{\frac{BD}{AC}}=\sqrt{\frac{800\times\frac{5}{3}}{\frac{5}{3}\times\frac{1}{450}}}$
$=600[\Omega]$

답 ②

20. $V=141\sin 377t\,[V]$인 정현파 전압의 주파수는 몇 [Hz]인가?

① 50　② 55

③ 60　④ 65

해설 순시값 $v(t)=V_m\sin\omega t$
$=141\sin 377t[V]$

여기서, V_m : 전압의 최대값
$\omega=2\pi f$: 각주파수

∴ 주파수 : $f=\frac{\omega}{2\pi}=\frac{377}{2\pi}=60[Hz]$

답 ③

21. 그림과 같은 정류회로에서 부하 R에 흐르는 직류전류의 크기는 약 몇 [A]인가? (단, $V = 200$[V], $R = 20\sqrt{2}$[Ω]이며, 이상적인 다이오드이다.)

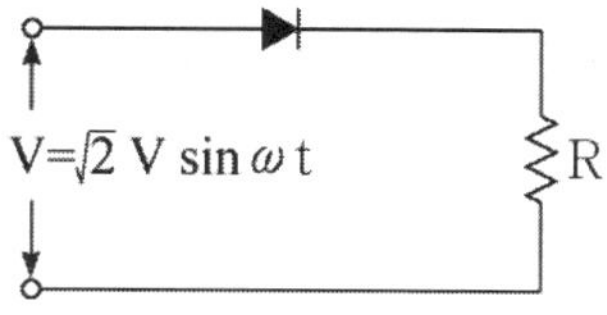

① 3.2 ② 3.8
③ 4.4 ④ 5.2

해설 ㉠ 다이오드를 거치면 정현반파가 되므로 정류회로(다이오드 회로)의 출력 직류전압은 정현반파의 평균값이 된다.

㉡ 평균값 : $V_d = \dfrac{V_m}{\pi} = \dfrac{\sqrt{2}\,V}{\pi} = 0.45\,V$

$= 0.45 \times 200 = 90$[V]

∴ 직류전류 : $I_d = \dfrac{V_d}{R} = \dfrac{90}{20\sqrt{2}}$

$= 3.18$[A]

답 ①

22. 정현파 전압의 평균값과 최댓값의 관계식 중 옳은 것은?

① $V_{av} = 0.707\,V_m$
② $V_{av} = 0.840\,V_m$
③ $V_{av} = 0.637\,V_m$
④ $V_{av} = 0.956\,V_m$

해설 정현전파의 평균값

: $V_{av} = \dfrac{2V_m}{\pi} = 0.637\,V_m = 0.9\,V$[V]

여기서, V : 전압의 실효값

($V_m = \sqrt{2}\,V$)

답 ③

23. 그림과 같은 교류브리지의 평형조건으로 옳은 것은?

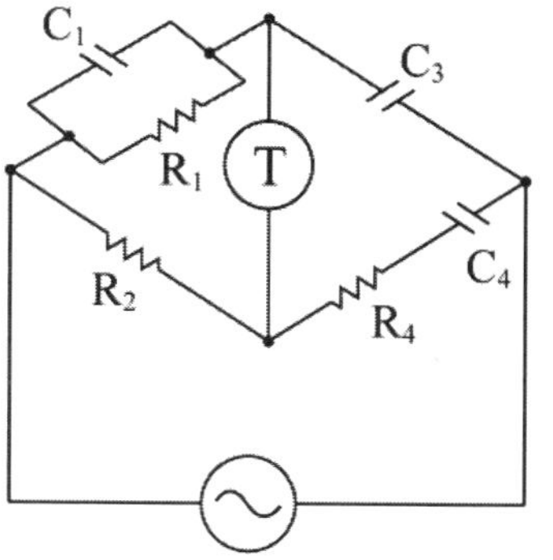

① $R_2C_4 = R_1C_3$, $R_2C_1 = R_4C_3$
② $R_1C_1 = R_4C_4$, $R_2C_3 = R_1C_1$
③ $R_2C_4 = R_4C_3$, $R_1C_3 = R_2C_1$
④ $R_1C_1 = R_4C_4$, $R_2C_3 = R_1C_4$

해설 ㉠ 브릿지 평형조건

$$\frac{\dfrac{R_1}{j\omega C_1}}{R_1 + \dfrac{1}{j\omega C_1}} \times \left(R_4 + \frac{1}{j\omega C_4}\right)$$

$$= R_2 \times \frac{1}{j\omega C_3}$$

㉡ 위 식을 정리하면 다음과 같다.

$$\frac{R_1}{j\omega C_1 R_1 + 1} \times \left(R_4 + \frac{1}{j\omega C_4}\right) = \frac{R_2}{j\omega C_3}$$

$$R_4 + \frac{1}{j\omega C_4} = \frac{R_2(1 + j\omega C_1 R_1)}{j\omega C_3 R_1}$$

$$R_4 - j\frac{1}{\omega C_4} = -j\frac{R_2}{\omega C_3 R_1} + \frac{R_2 C_1}{C_3}$$

㉢ 브릿지 평형조건의 실수부

: $R_2C_1 = R_4C_3$

㉣ 브릿지 평형조건의 허수부

: $R_2C_4 = R_1C_3$

답 ①

24. $R-L-C$ 회전의 전압과 전류 파형의 위상차에 대한 설명으로 틀린 것은?

① $R-L$ 병렬 회로
: 전압과 전류는 동상이다.
② $R-L$ 직렬 회로
: 전압이 전류보다 θ만큼 앞선다.
③ $R-C$ 병렬 회로
: 전류가 전압보다 θ만큼 앞선다.
④ $R-C$ 직렬회로
: 전류가 전압보다 θ 만큼 앞선다.

해설 회로에 L성분이 포함되면(직렬 회로나 병렬 회로나 상관없이) 전류는 전압보다 위상이 늦어지고(지상 전류), C성분이 포함되면 전류는 전압보다 앞서게 된다. (진상 전류)

답 ①

25. 저항 R_1, R_2와 인덕턴스 L의 직렬회로가 있다. 이 회로의 시정수는?

① $-\dfrac{R_1+R_2}{L}$ ② $\dfrac{R_1+R_2}{L}$

③ $-\dfrac{L}{R_1+R_2}$ ④ $\dfrac{L}{R_1+R_2}$

해설 RL 회로의 시정수

: $\tau=\dfrac{L}{R}=\dfrac{L}{R_1+R_2}$

답 ④

26. 정현파교류의 최대값이 100[V]인 경우 평균값은 몇 [V]인가?

① 45.04 ② 50.64
③ 63.69 ④ 69.34

해설 평균값 $V_a=\dfrac{2V_m}{\pi}=0.637\,V_m$

$=0.637\times100=63.7$[V]

답 ③

27. 정현파 교류회로에서 최댓값은 V_m, 평균값은 V_{av}일 때 실효값[V]은?

① $\dfrac{\pi}{\sqrt{2}}V_m$ ② $\dfrac{\pi}{2\sqrt{2}}V_{av}$

③ $\dfrac{\pi}{2\sqrt{2}}V_m$ ④ $\dfrac{1}{\pi}V_m$

해설 평균값 $V_{av}=\dfrac{2V_m}{\pi}$ 에서 $V_m=\dfrac{\pi V_{av}}{2}$ 이 된다.

따라서 실효값 V는 다음과 같다.

$\therefore\ V=\dfrac{V_m}{\sqrt{2}}=\dfrac{\pi}{2\sqrt{2}}V_m$

답 ②

28. 화재 시 온도상승으로 인해 저항값이 감소하는 반도체 소자는?

① 서미스터(NTC)
② 서미스터(PTC)
③ 서미스터(CTR)
④ 바리스터

해설 서미스터는 온도변화에 저항값이 민감하게 변하는 저항기로써 온도상승에 저항값이 떨어지는 NTC 서미스터는 온도감지기에 사용되고, 반대로 온도가 올라가면 저항값이 올라가는 PTC 서미스터는 자기가열 때문에 발열체 또는 스위칭 용도로 사용된다.

답 ①

29. 다음과 같은 결합회로의 합성인덕턴스로 옳은 것은?

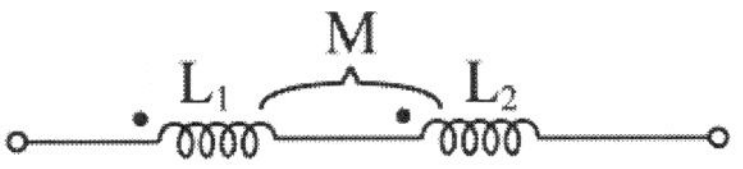

① L_1+L_2+2M
② L_1+L_2-2M
③ L_1+L_2-M
④ L_1+L_2+M

해설 인덕턴스의 직렬접속

㉠ 가동결합 : $L_a = L_1+L_2+2M$

㉡ 차동결합 : $L_b = L_1+L_2-2M$

㉢ 상호 인덕턴스 : $M = \dfrac{L_a-L_b}{4}$

답 ①

30. 그림과 같은 회로에서 a, b단자에 흐르는 전류 I가 인가전압 E와 동위상이 되었다. 이때 L 값은?

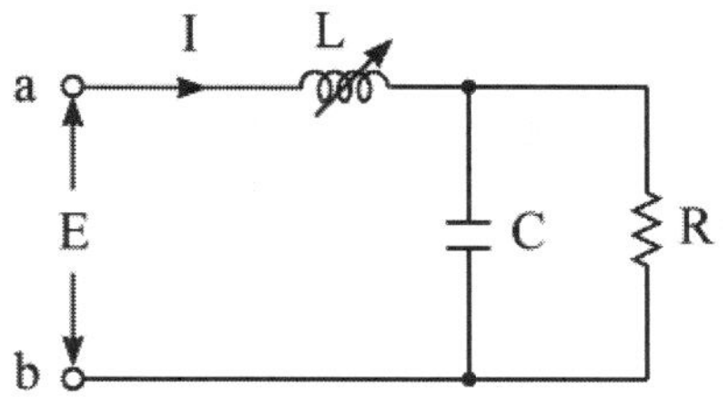

① $\dfrac{R}{1+\omega CR}$　② $\dfrac{R^2}{1+(\omega CR)^2}$

③ $\dfrac{CR^2}{1+\omega CR}$　④ $\dfrac{CR^2}{1+(\omega CR)^2}$

해설 ㉠ 회로의 합성 임피던스

$$Z = j\omega L + \frac{R\times\dfrac{1}{j\omega C}}{R+\dfrac{1}{j\omega C}}$$

$$= j\omega L + \frac{R}{1+j\omega CR}$$

$$= j\omega L + \frac{R(1-j\omega CR)}{1+(\omega CR)^2}$$

$$= \frac{R}{1+(\omega CR)^2} + j\left(\omega L - \frac{\omega CR}{1+(\omega CR)^2}\right)$$

㉡ 합성 임피던스의 허수부가 0일 때 전압과 전류가 동위상이 된다.
따라서 L은

$$\therefore\ L = \frac{CR}{1+(\omega CR)^2}$$

답 ④

31. 그림과 같은 회로에 전압 $v = \sqrt{2}\sin\omega t$ [V]를 인가하였을 때 옳은 것은?

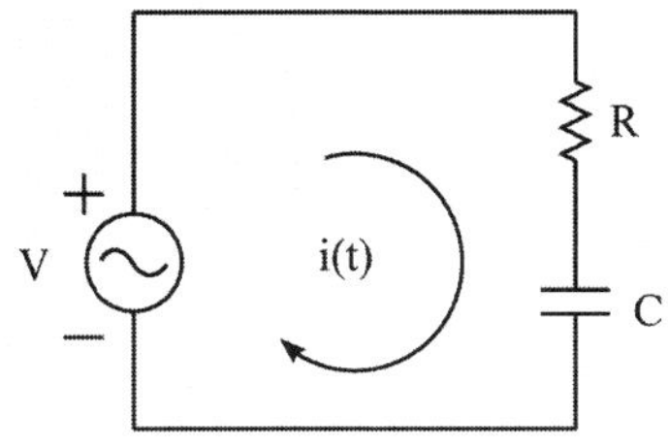

① 역률 : $\cos\theta = \dfrac{R}{\sqrt{R^2 + \omega C^2}}$

② i의 실효값 : $i = \dfrac{V}{\sqrt{R^2 + \omega C^2}}$

③ 전압과 전류의 위상차

: $\theta = \tan^{-1}\dfrac{R}{\omega C}$

④ 전압평형방정식

: $Ri(t) + \dfrac{1}{C}\int i(t)\,dt = \sqrt{2}V\sin\omega t$

해설 ㉠ 회로의 임피던스의 크기

: $Z = R - jX_C = R - j\dfrac{1}{\omega C}$

$= \sqrt{R^2 + \left(\dfrac{1}{\omega C}\right)^2}$ [Ω]

㉡ 위상차 : $\theta = \tan^{-1}\dfrac{X_C}{R}$

$= \tan^{-1}\dfrac{1}{\omega CR}$

㉢ 역률 : $\cos\theta = \dfrac{R}{Z} = \dfrac{R}{\sqrt{R^2 + \left(\dfrac{1}{\omega C}\right)^2}}$

$= \dfrac{\omega CR}{\sqrt{1 + (\omega CR)^2}}$

답 ④

32. $Y-\triangle$ 기동방식으로 운전하는 3상 농형 유도전동기의 Y결선의 기동전류 I_Y와 $\triangle$결선의 기동전류 $I_\triangle$의 관계로 옳은 것은?

① $I_Y = \dfrac{1}{3}I_\triangle$

② $I_Y = \sqrt{3}\,I_\triangle$

③ $I_Y = \dfrac{1}{\sqrt{3}}I_\triangle$

④ $I_Y = \dfrac{\sqrt{3}}{2}I_\triangle$

해설 △결선된 부하를 Y결선으로 바꾸면

㉠ 부하전류 : $I_Y = \dfrac{1}{3}I_\triangle$

㉡ 소비전력 : $P_Y = \dfrac{1}{3}P_\triangle$

∴ 부하전류와 소비전력 모두 $\dfrac{1}{3}$ 배로 감소한다.

답 ①

33. 공진작용과 관계가 없는 것은?

① C급 증폭회로

② 발진회로

③ LC 병렬회로

④ 변조회로

해설

답 ④

34. 그림과 같은 회로에서 단자 a, b 사이에 주파수 $f[\text{Hz}]$의 정현파 전압을 가했을 때 전류계 A_1, A_2의 값이 같았다. 이 경우 f, L, C 사이의 관계로 옳은 것은?

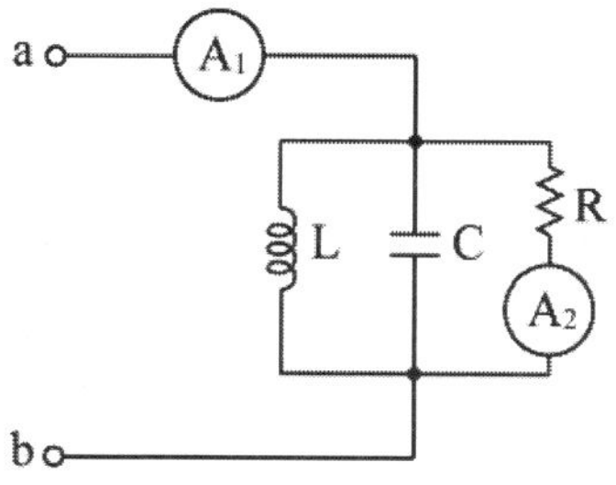

① $f = \dfrac{1}{2\pi^2 LC}$

② $f = \dfrac{1}{4\pi\sqrt{LC}}$

③ $f = \dfrac{1}{\sqrt{2\pi^2 LC}}$

④ $f = \dfrac{1}{2\pi\sqrt{LC}}$

해설 L과 C가 병렬 공진이 발생하면 $L-C$의 임피던스는 무한대가 된다. 따라서 회로의 전류는 R측으로만 흐르게 되어 A_1과 A_2의 크기가 같게 된다.

∴ 공진 주파수 : $f = \dfrac{1}{2\pi\sqrt{LC}}$

답 ④

35. 저항이 R, 유도리액턴스가 X_L, 용량리액턴스가 X_C인 $R-L-C$ 직렬회로에서의 Z와 $|Z|$ 값으로 옳은 것은?

① $Z = R + j(X_L - X_C)$
$|Z| = \sqrt{R^2 + (X_L - X_C)^2}$

② $Z = R + j(X_L - X_C)$
$|Z| = \sqrt{R^2 + (X_L + X_C)^2}$

③ $Z = R + j(X_C - X_L)$
$|Z| = \sqrt{R^2 + (X_C - X_L)^2}$

④ $Z = R + j(X_C + X_L)$
$|Z| = \sqrt{R^2 + (X_C + X_L)^2}$

해설

답 ①

36. RLC 직렬공진회로에서 제n고조파의 공진주파수(f_n)는?

① $\dfrac{1}{2\pi n\sqrt{LC}}$ ② $\dfrac{1}{\pi n\sqrt{LC}}$

③ $\dfrac{1}{2\pi\sqrt{nLC}}$ ④ $\dfrac{n}{2\pi\sqrt{LC}}$

해설 제 n고조파 공진조건 $n\omega L = \dfrac{1}{n\omega C}$에서 $\omega^2 = \dfrac{1}{n^2 LC}$이고, 각주파수 $\omega = 2\pi f$이므로

∴ 공진 주파수 : $f_n = \dfrac{1}{2\pi n\sqrt{LC}}$

답 ①

37. 대칭 3상 Y부하에서 각 상의 임피던스는 $20[\Omega]$이고, 부하 전류가 $8[A]$일 때 부하의 선간전압은 약 몇 $[V]$인가?

① 160　　② 226
③ 277　　④ 480

해설
㉠ 부하에 흐르는 전류는 상전류 I_p 이므로
∴ 상전압 $V_p = I_p \times Z$
$= 8 \times 20 = 160[V]$
㉡ Y결선은 선간전압은 상전압의 $\sqrt{3}$ 배이므로
∴ 선간전압 $V_\ell = \sqrt{3}\ V_p = 160\sqrt{3}$
$= 277.12[V]$

답 ③

38. $R = 10[\Omega]$, $\omega L = 20[\Omega]$ 인 직렬회로에 $220[V]$의 전압을 가하는 경우 전류와 전류의 위상각은 각각 어떻게 되는가?

① $24.5[A]$, $26.5°$
② $9.8[A]$, $63.4°$
③ $12.2[A]$, $13.2°$
④ $73.6[A]$, $79.6°$

해설
㉠ 직렬회로 시 부하 임피던스 :
$Z = R + j\omega L = 10 + j20$
$= \sqrt{10^2 + 20^2} \quad \tan^{-1}\frac{20}{10}°$
$= 22.36 \quad 63.43°$
㉡ 부하 전류 :
$I = \frac{V}{Z} = \frac{220}{22.36 \quad 63.43°} = 9.8 \quad -63.43°$
∴ 전류 : $9.8[A]$, 위상각 : $63.43°$

답 ②

39. 교류에서 파형의 개략적인 모습을 알기 위해 사용하는 파고율과 파형율에 대한 설명으로 옳은 것은?

① 파고율 $= \frac{실효값}{평균값}$, 파형률 $= \frac{평균값}{실효값}$
② 파고율 $= \frac{최대값}{실효값}$, 파형률 $= \frac{실효값}{평균값}$
③ 파고율 $= \frac{실효값}{최대값}$, 파형률 $= \frac{평균값}{실효값}$
④ 파고율 $= \frac{최대값}{평균값}$, 파형률 $= \frac{평균값}{실효값}$

해설

답 ②

40. 그림과 같은 브리지 회로의 평형조건은?

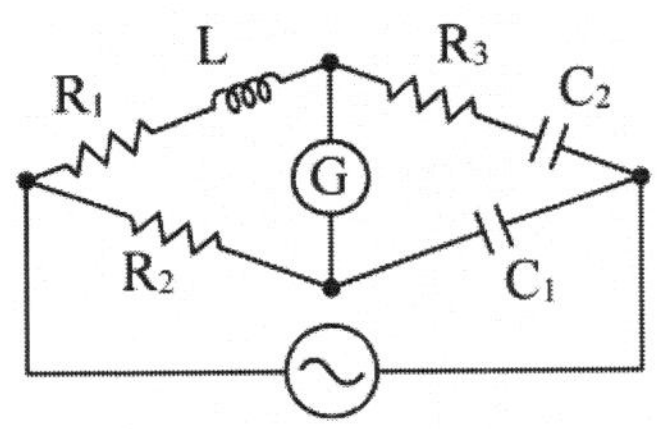

① $R_1 C_1 = R_2 C_2,\ R_2 R_3 = C_1 L$
② $R_1 C_1 = R_2 C_2,\ R_2 R_3 = C_1 = L$
③ $R_1 C_2 = R_2 C_1,\ R_2 R_3 = C_1 L$
④ $R_1 C_2 = R_2 C_1,\ L = R_2 R_3 C_1$

해설
㉠ 브리지 회로의 평형조건
$(R_1 + j\omega L)\frac{1}{j\omega C_1} = (R_3 + \frac{1}{j\omega C_2})R_2$
㉡ ㉠식을 정리하면 다음과 같다.
$-j\frac{R_1}{\omega C_1} + \frac{L}{C_1} = R_2 R_3 - j\frac{R_2}{\omega C_2}$
㉢ 평형이 되기 위해서는 실수와 허수부가 모두 같아야 하므로
– 실수부 : $L = R_2 R_3 C_1$
– 허수부 : $R_1 C_2 = R_2 C_1$

답 ④

41. $R-C$ 직렬 회로에서 저항 R을 고정시키고 X_C를 0에서 ∞까지 변화시킬 때 어드미턴스 궤적은?

① 1사분면 내의 반원이다.
② 1사분면 내의 직선이다.
③ 4사분면 내의 반원이다.
④ 4사분면 내의 직선이다.

해설 ㉠ RL 직렬 회로에서 어드미턴스 및 전류 궤적 : 4사분면 내의 반원
㉡ RC 직렬 회로에서 어드미턴스 및 전류 궤적 : 1사분면 내의 반원

답 ①

42. 1개의 용량이 25[W]인 객석 유도등 10개가 연결되어 있다. 이 회로에 흐르는 전류는 약 몇 [A]인가? (단, 전원전압은 220[V]이고 기타 선로손실 등은 무시한다.)

① 0.88[A] ② 1.14[A]
③ 1.25[A] ④ 1.36[A]

해설 부하전류 : $I=\dfrac{P}{V}=\dfrac{25\times10}{220}=1.36[\mathrm{A}]$

답 ②

43. 삼각파의 파형률 및 파고율은?

① 1.0, 1.0 ② 1.04, 1.226
③ 1.11, 1.414 ④ 1.155, 1.732

해설 ㉠ 삼각파 실효값 : $V=\dfrac{V_m}{\sqrt{3}}$

㉡ 삼각파 평균값 : $V_a=\dfrac{V_m}{2}$

㉢ 삼각파 파고율 $=\dfrac{\text{최대값}}{\text{실효값}}=\sqrt{3}$
$=1.732$

㉣ 삼각파 파형율 $=\dfrac{\text{실효값}}{\text{평균값}}=\dfrac{\sqrt{3}}{2}$
$=1.11$

답 ④

44. $R-L$ 직렬 회로의 설명으로 옳은 것은?

① v, i는 각 다른 주파수를 가지는 정현파이다.
② v는 i보다 위상이
$\theta=\tan^{-1}\left(\dfrac{\omega L}{R}\right)$만큼 앞선다.
③ v와 i의 최대값과 실효값의 비는
$\sqrt{R^2+\left(\dfrac{1}{X_L}\right)^2}$ 이다.
④ 용량성 회로이다.

해설 ① 전압과 전류의 주파수는 동일하다.
③ 전압 또는 전류의 실효값 $I=\dfrac{I_m}{\sqrt{2}}$
이다. 즉 최대값과 실효값의 비는
$\dfrac{1}{\sqrt{2}}$ 이다.
④ L은 유도성 회로이다.

답 ②

45. 한 상의 임피던스가 $Z = 16 + j12[\Omega]$인 Y결선 부하에 대칭 3상 선간전압 $380[V]$를 가할 때 유효전력은 약 몇 $[kW]$인가?

① 5.8　② 7.2
③ 17.3　④ 21.6

해설 ㉠ 한 상의 임피던스

$Z = \sqrt{16^2 + 12^2} = 20[\Omega]$

㉡ 상전류 $I_p = \frac{V_p}{Z} = \frac{V_\ell / \sqrt{3}}{Z}$

$= \frac{380/\sqrt{3}}{20} = \frac{220}{20} = 11[A]$

㉢ 유효전력 $P = 3I_p^2R = 3 \times 11^2 \times 16$

$= 5808[W] = 5.8[kW]$

답 ①

46. 저항 $6[\Omega]$과 유도리액턴스 $8[\Omega]$이 직렬로 접속된 회로에 $100[V]$의 교류전압을 가할 때 흐르는 전류의 크기는 몇 $[A]$인가?

① 10　② 20
③ 50　④ 80

해설 직렬접속 시 임피던스의 크기는 다음과 같다.

$Z = \sqrt{R^2 + X_L^2} = \sqrt{6^2 + 8^2} = 10[\Omega]$

∴ 전류 $I = \frac{V}{Z} = \frac{100}{10} = 10[A]$

답 ①

47. $L - C$ 직렬 회로에서 직류전압 E를 $t = 0$에서 인가할 때 흐르는 전류는?

① $\frac{E}{\sqrt{\frac{L}{C}}} \cos \frac{1}{\sqrt{LC}} t$

② $\frac{E}{\sqrt{\frac{L}{C}}} \sin \frac{1}{\sqrt{LC}} t$

③ $\frac{E}{\sqrt{\frac{C}{L}}} \cos \frac{1}{\sqrt{LC}} t$

④ $\frac{E}{\sqrt{\frac{C}{L}}} \sin \frac{1}{\sqrt{LC}} t$

해설 ㉠ 특성 임피던스 : $Z = \sqrt{\frac{L}{C}}[\Omega]$

㉡ 공진 주파수 : $f = \frac{1}{2\pi\sqrt{LC}}[Hz]$

∴ 전류 : $i = I_m \sin \omega t = \frac{V}{Z} \sin 2\pi f t$

$= \frac{V}{\sqrt{\frac{L}{C}}} \sin \frac{1}{\sqrt{LC}} t$

답 ②

48. 정현파 전압의 평균값이 $150[V]$이면 최대값은 약 몇 $[V]$인가?

① 235.6　② 212.1
③ 106.1　④ 95.5

해설 평균값 $V_a = \frac{2V_m}{\pi} = 0.637V_m$에서

최대값은

∴ $V_m = \frac{V_a}{0.637} = \frac{150}{0.637} = 235.5[V]$

답 ①

49. 어떤 코일의 임피던스를 측정하고자 직류 전압 $30[V]$를 가했더니 $300[W]$가 소비되고, 교류전압 $100[V]$를 가했더니 $1200[W]$가 소비되었다. 이 코일의 리액턴스는 몇 $[\Omega]$인가? (단, 역률은 0.6이다.)

① 2 ② 4 ③ 6 ④ 8

해설 ㉠ 직류전원에서 코일은 저항만의 회로가 되므로 소비전력 $P=VI=I^2R=\dfrac{V^2}{R}$[W]이 된다. 따라서,

$R=\dfrac{V^2}{P}=\dfrac{30^2}{300}=3[\Omega]$ 이 된다.

㉡ 역률 0.6, 유효전력 1200[W]에서 피상전력은 $P_a=\dfrac{P}{\cos\theta}=\dfrac{1200}{0.6}=2000$[VA]이 된다.

㉢ 교류전원에서 코일은 저항과 리액턴스가 직렬로 접속된 회로이므로 회로 임피던스는 $Z=\dfrac{V^2}{P}=\dfrac{100^2}{2000}=5[\Omega]$ 이 된다.

(여기서, $P_a=VI=I^2Z=\dfrac{V^2}{Z}$[VA])

㉣ 임피던스의 크기 $Z=\sqrt{R^2+X_L^2}$ 에서 유도리액턴스를 구하면 다음과 같다.

$\therefore X_L=\sqrt{Z^2-X_L^2}$

$=\sqrt{5^2-3^2}=4[\Omega]$

답 ②

50. 각 전류의 대칭분 I_0, I_1, I_2가 모두 같게 되는 고장의 종류는?

① 1선 지락 ② 2선 지락
③ 2선 단락 ④ 3선 단락

해설 ㉠ 1선 지락 : $I_0=I_1=I_2$
㉡ 2선 지락 : $V_0=V_1=V_2$
㉢ 2선 단락 : 3선 단락전류의 86.6%
㉣ 3선 단락 : $I_a=I_b=I_c$

답 ①

51. 그림의 회로에서 공진상태의 임피던스는 몇 $[\Omega]$인가?

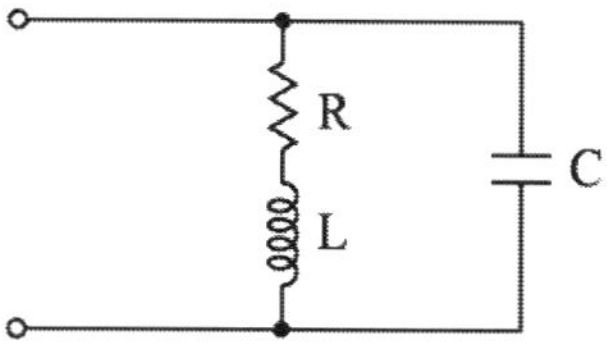

① $\dfrac{R}{CL}$ ② $\dfrac{L}{CR}$
③ $\dfrac{1}{LR}$ ④ $\dfrac{1}{RC}$

해설 ㉠ 합성 어드미턴스

$Y=\dfrac{1}{R+j\omega L}+j\omega C$

$=\dfrac{R-j\omega L}{R^2+(\omega L)^2}+j\omega C$

$=\dfrac{R}{R^2+(\omega L)^2}+j\left(\omega C-\dfrac{\omega L}{R^2+(\omega L)^2}\right)$

㉡ 병렬 공진 조건은 어드미턴스의 허수부가 0이 되는 것이므로

$\omega C=\dfrac{\omega L}{R^2+(\omega L)^2}$ 에서

$R^2+(\omega L)^2=\dfrac{L}{C}$ 이 된다.

㉢ 공진상태의 임피던스

$Z=\dfrac{1}{Y}=\dfrac{R^2+(\omega L)^2}{R}=\dfrac{L}{RC}$

답 ②

52. $10[\mu F]$인 콘덴서를 $60[Hz]$전원에 사용할 때 용량 리액턴스는 약 몇 $[\Omega]$인가?

① 250.5 ② 265.3
③ 350.5 ④ 465.3

해설 $X_c=\dfrac{1}{2\pi fC}=\dfrac{1}{2\times\pi\times60\times10\times10^{-6}}$

$=265.3[\Omega]$

답 ②

제4장

자동제어 운용

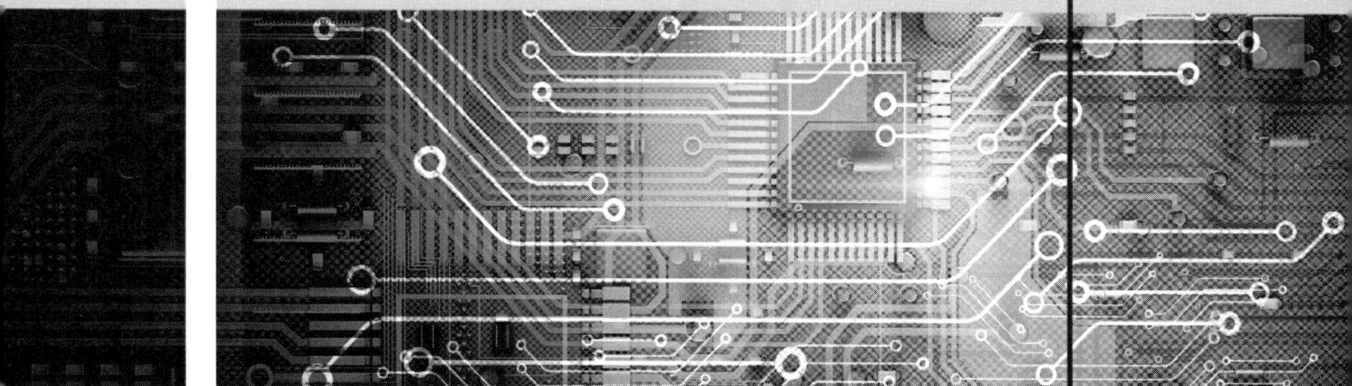

제4장

자동제어 운용

4-1 자동제어계의 구성

1. 자동제어의 개요

(1) 플랜트나 기계 장치 등을 사람이 직접 조작하는 것을 수동제어(manual control)라 하고 사람에 개입 없이 제어장치(control device)에 의해 동작하는 것을 자동제어라 한다.

(2) 제어계(control system)는 입출력 비교장치가 있느냐 없느냐로 다음의 개루프 제어계와 폐루프 제어계(closed loop system)으로 나뉜다.

2. 개루프 제어계(open loop system)

(1) 개루프 제어계는 시퀀스 제어(sequence control)라고도 한다. 미리 정해놓은 순서 또는 일정한 논리에 의해서 정해진 순서에 따라 제어의 각 단계를 차례로 진행하는 순차제어를 말한다. 다음 그림은 개루프 제어계를 정리한 것이다.

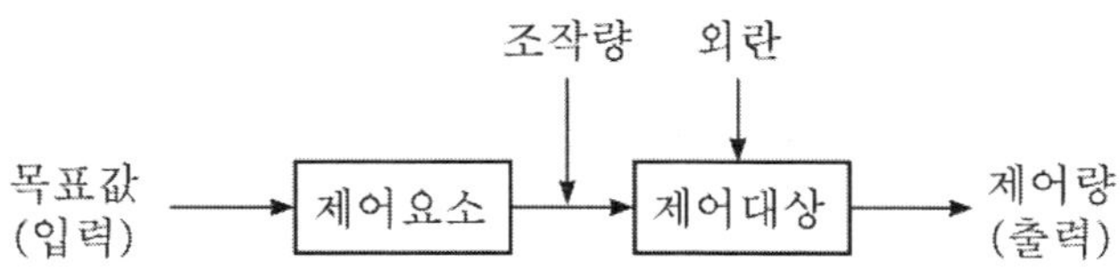

【그림 4-1】 개루프 제어계

(2) 제어대상에 가하는 값을 조작량(manipulated variable), 그 결과로 나오는 값을 제어량(controlled variable)이라 한다. 개루프 제어는 장치가 비교적 간단하고 설치비가 저렴하지만 외란(disturbance)에 의해 제어량이 영향을 받을 수 있다. 입력과 출력을 비교하는 검출부가 없으므로 외란에 대처할 수 없고 출력에 오차

가 발생하더라도 이를 보정할 수 없다. 따라서 개루프 시스템은 외란의 영향을 받지 않는 승강기, 커피 자판기, 신호등, 컨베이어 등에 쓰인다.

3. 폐루프 제어계

(1) 폐루프 제어계는 피드백 제어계(feedback control) 또는 궤환 제어계라고도 한다. 개루프 제어계에 입력과 출력을 비교할 수 있는 검출부를 추가하여 외란에 대비한 제어계이다.

폐루프 제어계의 구성과 순서는 다음 그림과 같다.

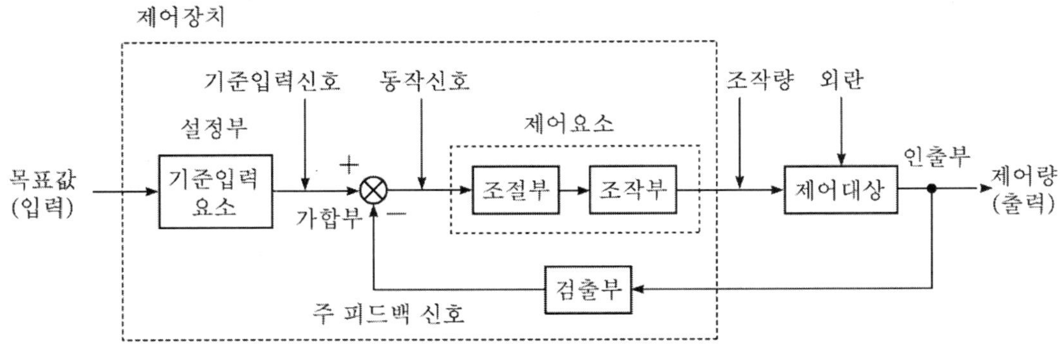

【그림 4-2】 폐루프 제어계의 구성

(2) 용어 정리

① 목표값(desired value, command)

사용자가 제어장치에 가하는 입력신호로 목표값이 변하지 않고 일정한 값을 가지며 설정값(set point)이라고도 한다.

② 기준입력요소 또는 설정부(reference iput element)

목표값을 제어할 수 있는 기준입력신호로 변환하는 장치를 말한다.

③ 기준입력신호(reference input signal)

자동 제어계를 동작시키는 기준입력으로 목표값에 비례한다.

④ 검출부(detecting means)

제어량을 목표값과 비교하여 오차를 계산하는 장치를 말한다.

⑤ 주 피드백 신호(main feedback signal)

검출부에서 계산된 신호를 기준입력신호에 가합하는 신호로, 기준입력신호와 같은 종류의 물리량을 보낸다.

⑥ 동작신호(actuating signal)

기준입력신호와 주 피드백 신호의 차로서 제어계를 동작시키는 신호로, 제어편차(error)라고도 한다.

⑦ 제어요소(control element)

동작신호에 따라 제어대상을 제어하기 위한 조작량을 만들어 내는 장치로서, 조절부와 조작부로 구성된다.

⑧ 조절부(controlling means)

검출부에서 나온 검출량을 목표값과 비교하여, 제어계가 필요로 하는 신호로 만들어 조작부로 보내준다.

⑨ 조작부(final control element)

조절부로부터 받은 신호를 조작량으로 바꾸어 제어대상에 보내준다.

(3) 페루프 제어계의 특징은 다음과 같다.

① 외란에 대한 영향을 줄일 수 있다.
② 제어기기의 부품성능이 저하되어도 안정적인 출력을 보낼 수 있다.
③ 제어계의 특성을 향상시킬 수 있다.
④ 비선형 왜곡이 감소한다.
⑤ 대역폭이 증가한다.
⑥ 계의 특성 변환에 대한 입력 대 출력비의 감도가 감소한다.
⑦ 구조가 복잡하고 설치비가 많이 든다.
⑧ 발진을 일으키거나 불안정한 상태로 변할 위험이 있다.

예제 1

궤환 제어계에서 제어 요소에 관한 설명 중 가장 알맞는 것은?

① 검출부와 조작부로 구성되어 있다.
② 오차신호를 제어장치에서 제어대상에 가해지는 신호로 변환시키는 요소이다.
③ 목표 값에 비례하는 신호를 발생시키는 요소이다.
④ 입력과 출력을 비교하는 요소이다.

해설 | 제어요소는 동작신호(오차신호)를 제어대상의 제어신호인 조작량으로 변환시키는 요소이고, 조절부와 조작부로 구성되어 있다. **답** ②

예제 2

전기로의 온도를 900[℃]로 일정하게 유지시키기 위하여, 열전 온도계의 지시값을 보면서 전압조정기로 전기로에 연가전압을 조절하는 장치가 있다. 이 경우 열전 온도계는 어느 용어에 해당하는가?

① 검출부 ② 조작량 ③ 조작부 ④ 제어량

해설 | ㉠ 온도 : 제어량 ㉡ 900[℃] : 목표값
㉢ 열전 온도계 : 검출부 ㉣ 전압조정기 : 제어장치
㉤ 연가전압 : 제어량 ㉥ 일정하게 유지시키기 위하여 : 정치제어

답 ③

4-2 제어계의 분류

1. 제어량에 의한 분류

(1) 서보기구(servo mechanism)제어

① 물체의 위치, 방위, 자세, 거리, 각도 등의 기계적 변위를 제어량으로 목표 값의 임의의 변화에 추종하도록 구성된 제어계를 말한다.

② 공작기계, 로켓, 비행기나 선박의 방향 제어계, 추적용 레이더, 미사일 발사대의 자동 위치 제어계, 자동 평형 기록계 등이 이에 속한다.

(2) 프로세스기구(process control)제어

① 온도, 유량, 압력, 액위, 농도, 습도, 비중, 레벨(level) 등의 공업공정의 상태량을 제어하는 제어계를 말한다.

② 프로세스 제어는 목표값이 일정한 정치제어인 경우가 많다.

(3) 자동조정기구(automatic regulation)제어

① 전압, 전류, 주파수, 역률, 회전력, 속도, 토크, 장력 등 기계적 또는 전기적인 량을 제어하는 제어계를 말한다.

② 자동조정은 목표값이 일정한 정치제어이다.

2. 목표값에 의한 분류

(1) 정치 제어(constant value control)

① 목표값이 시간적 변화에 따라 항상 일정한 제어를 말하며

② 프로세스 제어와 자동조정이 정치제어에 속한다.

(2) 추치 제어(variable value control)

① 목표값이 시간적 변화에 따라 변화는 제어를 말하며, 목표값의 변화가 미리 정해져 있는 경우를 프로그램 제어, 그 변화가 임의인 경우를 추종제어라 한다.

② 추종 제어(follow up control)

가) 출력의 변동을 조정하는 동시에 목표값에 정확히 추종하도록 하는 것을 목적으로 하는 제어를 말한다.

나) 서보기구가 대표되는 추종제어이며 추적 레이더(radar), 어군탐지기 등이 이에 속한다.

③ 프로그램 제어(program control)

가) 미리 정해진 프로그램에 따라 제어량을 변화시키는 것을 목적으로 하는 제어를 말한다.

나) 엘리베이터, 무인열차운전, 무인자판기, 열치리 노의 온도제어 등이 이에 속한다.

④ 비율 제어(ratio control)

가) 2개 이상의 양 사이에 어떤 비율을 유지하도록 제어하는 것을 말한다.

나) 예를 들면 보일러 자동 연소 제어와 암모니아 합성 장치에서 수소와 질소의 혼합 비율을 일정하게 하는 제어를 들 수 있다.

예제 3

물체의 위치, 각도, 자세, 방향 등을 제어량으로 하고 목표값의 임의의 변화에 추종하는 것과 같이 구성된 제어장치를 무엇이라 하는가?

① 프로세서 제어 ② 프로그램 제어 ③ 자동조정 제어 ④ 서보제어

해설 | 제어량에 의한 분류

답 ④

㉠ 서보기구 : 위치, 방위, 자세, 거리, 각도 등의 기계적 변위를 제어

㉡ 프로세서기구 : 온도, 유량, 압력, 액위, 농도, 습도, 비중 등 공업공정의 상태량을 제어

㉢ 자동조정기구 : 전압, 주파수, 역률, 회전력, 속도, 토크 등 기계적 또는 전기적인 량을 제어

예제 4

자동제어의 추치제어 3종이 아닌 것은 어느 것인가?

① 프로세서 제어　　② 프로그램 제어　　③ 비율 제어　　④ 추종제어

해설 | 프로세서 제어는 제어량에 의한 분류 중의 하나이다. **답** ①

예제 5

다음 중 제어량을 어떤 일정한 목표값으로 유지하는 것을 목적으로 하는 제어법은?

① 추종 제어　　② 비율 제어　　③ 프로그램 제어　　④ 정치제어

해설 | 목표값에 의한 분류 **답** ④

㉠ 정치제어 : 시간에 관계없이 일정한 제어(연속식 압연기 등)

㉡ 추치제어 : 시간에 따라 변화하는 제어

a. 추종제어 : 임의로 변화(어군탐지기, 대공포 미사일, 추적 레이다 등)

b. 프로그램 제어 : 미리 정해진 신호에 따라 동작
(무인열차, 엘리베이터, 무인 자판기 등)

c. 비율제어 : 2개 이상의 양 사이에 어떤 비율을 유지하도록 제어하는 것

4-3 제어요소 및 제어동작

1. 불연속 동작

(1) 【그림 4-3】은 밸브를 열고 닫으면서 공간의 온도를 일정하게 유지하는 방식을 나타낸다. 이를 불연속 동작 또는 on-off 제어라 한다. 동작과 구조가 간단하고 저렴하고 off-set이 발생하지 않아 항온 탱크, 전기로 등 산업현장에 많이 쓰인다.

(2) 다만, 밸브 투입 시 오버슈트(overshoot)나 헌팅(hunting) 현상이 발생하여 밸브 등의 기기 수명이 단축되는 단점이 있다.

(3) 헌팅 현상이란 목표값에 도달한 이후에 발생한 편차 때문에 on/off가 계속 반복되는 현상을 말한다.

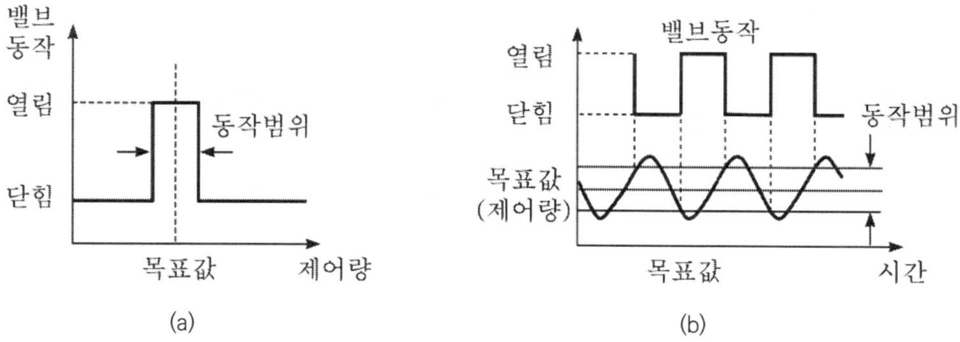

【그림 4-3】 불연속 제어 (on-off 제어)

2. 연속 동작

1) 개요

(1) 연속 동작이란 제어동작이 여러 번, 연달아 나타나는 제어로 조절부 동작 방식에 따라 P, PI, PD, PID 제어로 나누어진다.

(2) 좋은 제어계란 입력과 출력의 관계가 명확하고 응답이 빠르며 결과값과 목표값의 차이가 거의 없어야 함을 기억하고 다음 내용을 살펴보자. 아래의 내용에서 $z(t)$ 는 동작 신호를, $y(t)$ 는 조작량을 나타낸다.

2) 비례 제어(P 제어, proportional action)

(1) 어떤 제어계가 있고 그 제어계가 동작하여 어떤 입력과 출력을 만들었다고 치자. 결과값이 목표값보다 한참 미치지 못하면 다음 동작은 이전보다 더 크고 강해야 목표값에 가까워질 것이다. 다시 말해, 결과값과 목표값의 차이가 크다면 그 연속되는 다음 동작은 더 큰 값으로 변화를 주어야 한다. 반대로 결과값이 잘 나와서 목표값과 차이가 거의 없다면 이어지는 다음 동작은 아주 세밀한 변화만 일으킬 정도로 작은 값이어야 한다.

(2) 이처럼 제어량과의 차의 크기에 따라 조작량에 변화를 주는 제어를 비례 제어라 하며 연속동작에서 가장 기본적인 구조이다.

조작량 : $y(t) = K_P\, z(t)$ ································ (式 4-1)

여기서, K_P : 비례이득 또는 비례감도, $1/K_P[\%]$: 비례대

(3) 비례 제어는 다음과 같은 장단점이 있다.

① 장점 : 오버슈트와 헌팅이 줄어든다.
② 단점 : 안정화까지 시간이 걸리고, 잔류편차(off-set)가 발생한다.

3) 비례 적분 제어(PI 제어, proportional integral action)

(1) 비례 제어만으로는 제어량을 목표값에 맞추기가 매우 어렵다. 아주 작은 편차를 없애기 위해 제어 동작을 반복할 수는 없지만 이 편차를 계속 누적시켜서 일정량이 되었을 때 제어동작을 한다면 미세한 편차를 잡아낼 수 있을 것이다.

(2) 이렇게 편차를 누적시키고 누적된 데이터를 바탕으로 동작하는 제어를 적분 제어라고 하며 앞선 비례 제어와 같이 쓰이므로 이를 비례 적분 제어(PI제어)라 한다.

조작량 : $y(t) = K_P\left[z(t) + \frac{1}{T_I}\int_0^t z(t)\ dt\right]$ ………………………………… (式 4-2)

여기서, T_I : 적분시간 [min]

(3) 비례 적분 제어는 다음과 같은 장단점이 있다.

① 장점 : 잔류편차(off-set)을 제거한다.
② 단점 : 비례 제어보다 안정화에 시간이 더 걸린다.

4) 비례 미분 제어(PD 제어, proportional derivative action)

(1) 안정적인 시스템이라도 외부 요인에 의하여 값이 순간적으로 변동될 수 있다. 미분동작은 갑작스러운 변화를 검출하여 그에 비례하여 출력을 내는 조절부 동작이며 이 동작은 단독으로는 사용하지 않고 비례 제어와 함께 사용한다.

조작량 : $y(t) = K_P\left[z(t) + T_D\frac{dz(t)}{dt}\right]$ ………………………………………… (式 4-3)

여기서, T_D : 미분시간 [min]

(2) 비례 미분 제어의 특징은 다음과 같다.

① 제어오차가 검출될 때 오차가 변화하는 속도에 비례하여 조작량을 가감하도록 하는 동작으로 오차가 커지는 것을 방지한다.

② 즉 미분제어를 부가하여 응답 속응성을 개선하기 위해 사용된다.

5) 비례 적분 미분 제어(PID 제어)

(1) 앞선 비례, 적분, 미분 제어를 모두 조합한 것으로 적분 제어로 잔류편차(정상편차)를 제거하고, 미분 제어로 속응성을 개선한 가장 최적의 제어시스템을 말한다.

(2) 조절 효과가 좋고 속도가 빠르나 다른 조절기에 비해 가격이 비싸다.

$$\text{조작량} : y(t) = K_P\left[z(t) + \frac{1}{T_I}\int_0^t z(t)\ dt + T_D\frac{dz(t)}{dt}\right] \quad \cdots\cdots\cdots\cdots (\text{式 } 4\text{-}4)$$

6) 제어동작의 특징

【표 4-1】 전하밀도의 종류

구분	특징	정상편차	속응도
on-off 제어	헌팅이 있음	있음	
P 제어	헌팅을 방지	있음	늦음
I 제어		없음	늦음
PI 제어	지상 보상기와 특성이 같음	없음	늦음
D 제어	단독으로 사용하지 않음		빠름
PD 제어	진상 보상기와 특성이 같음	있음	빠름
PID 제어	진지상 보상기와 특성이 같음	최적	최적

예제 6

PD제어 동작은 공정 제어계의 무엇을 개선하기 위하여 쓰이고 있는가?

① 정밀성 ② 속응성 ③ 안정성 ④ 이득성

해설 | 속응성은 목표값의 변동에 신속히 응답하는 성질을 말하며, 속응성이 클수록 과도시간을 짧아진다. 여기서 PD제어는 속응성을 향상(개선)시키기 위해 사용한다.

답 ②

4-4 블록선도

1. 블록선도

(1) 블록선도 표시법

제어계의 블록선도는 한쪽 방향으로만 동작하는 블록들로 구성되며, 그 블록 안에는 입력과 출력관계를 나타내는 전달함수를 표시한다. 신호가 흐르는 방향은 화살표로 나타낸다.

(2) 블록선도의 구성

【표 4-2】 블록선도의 구성

신호		화살표 방향으로 신호가 전달된다.
전달요소	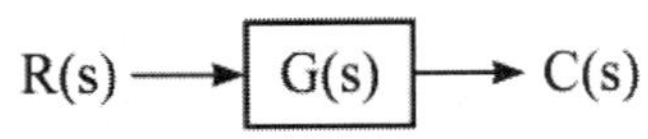	$C(s) = G(s)R(s)$
가합점 (summing point)	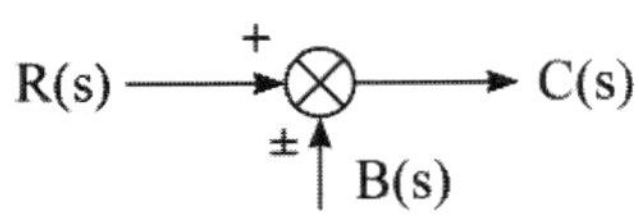	$C(s) = R(s) \pm B(s)$
인출점 (branch point)	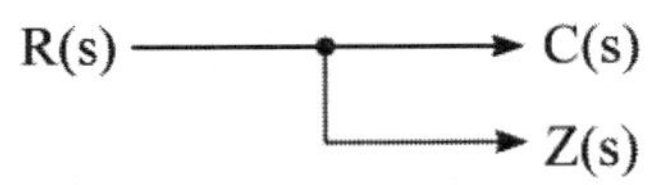	$C(s) = Z(s) = R(s)$

2. 블록선도의 등가변환

(1) 복잡한 궤환 제어계(feedback control system)의 종합 전달함수를 구하는 것은 어려운 작업이다. 전달함수를 간단히 구하기 위해서는 블록선도를 간략화할 필요가 있으며 이를 등가변환이라고도 한다. 대표적인 예시들을 【표 4-3】에 나타내었다.

(2) 블록선도의 구성

【표 4-3】 블록선도의 등가변환

구분	블록선도	블록선도 등가변환
교환	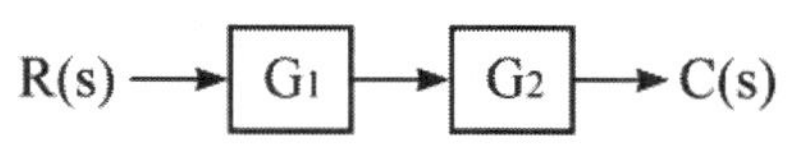	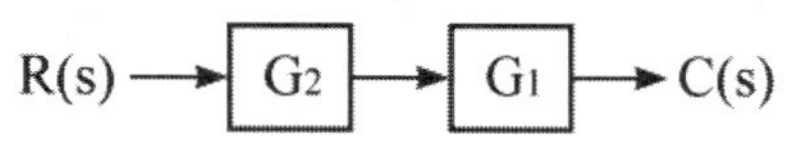
직렬 결합	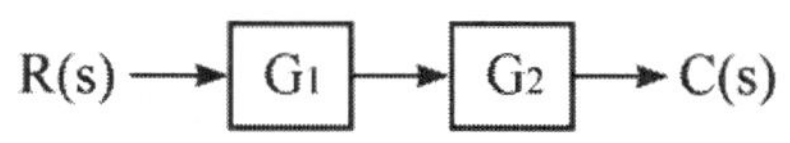	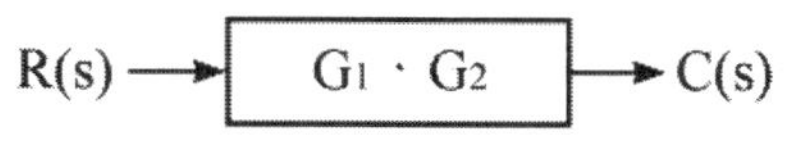
병렬 결합	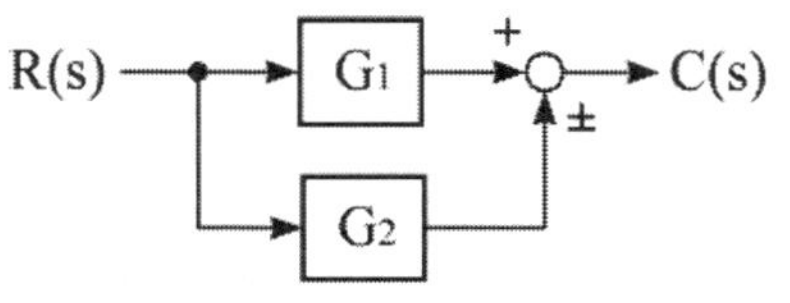	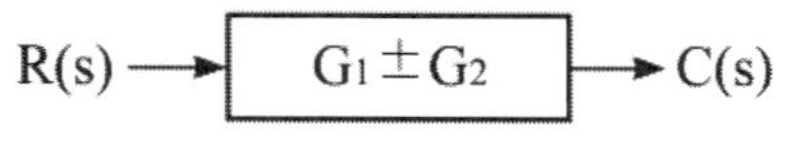
가합점의 앞으로 이동	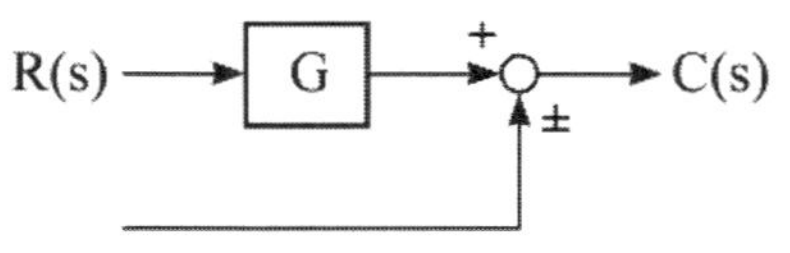	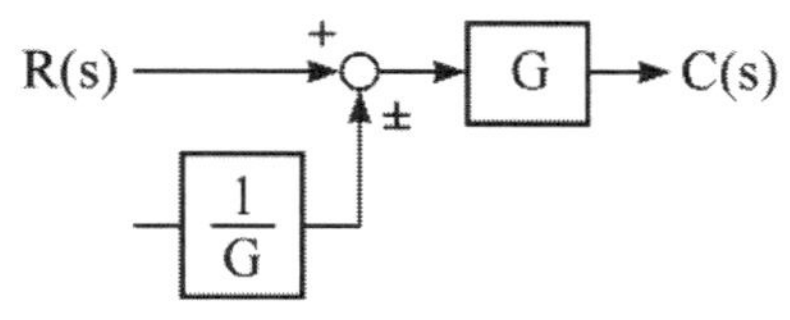
가합점의 뒤로 이동	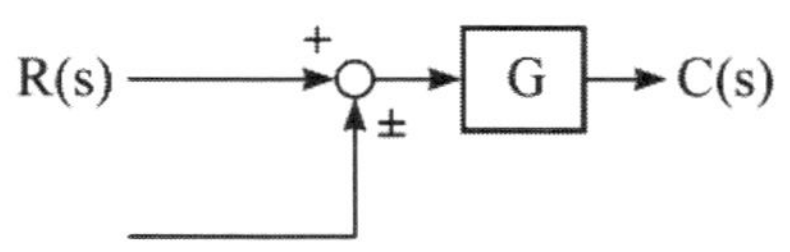	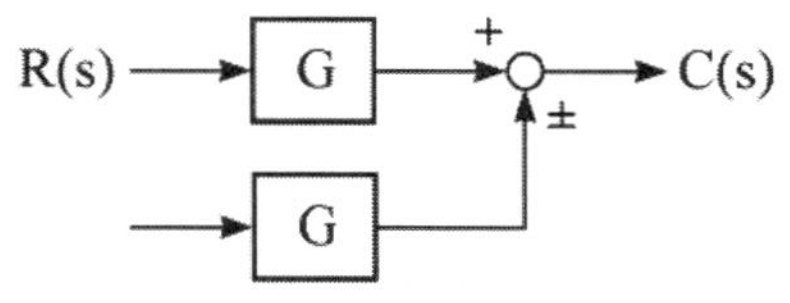
인출점의 앞으로 이동	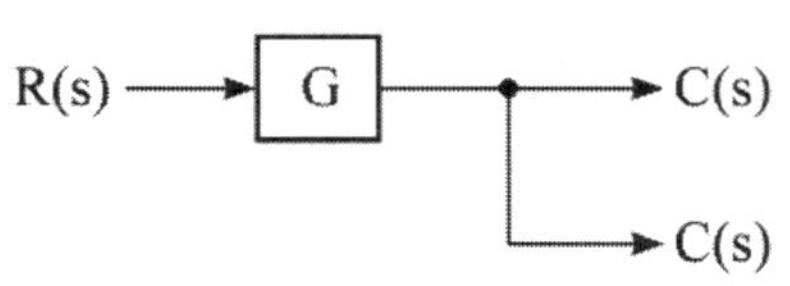	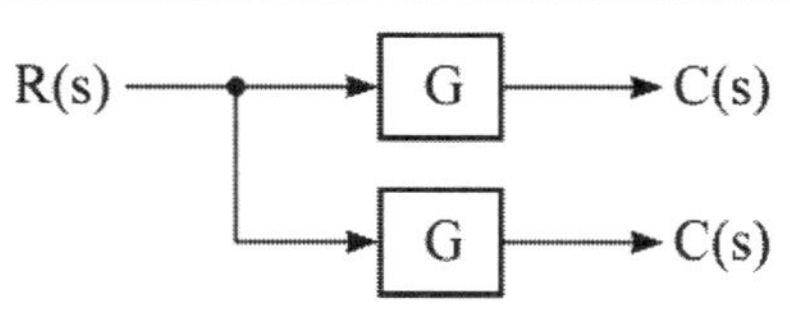
인출점의 뒤로 이동	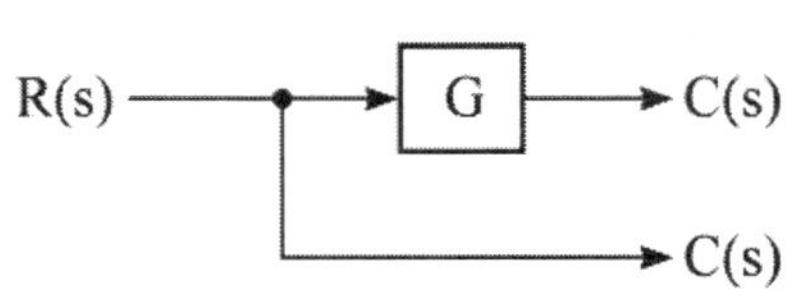	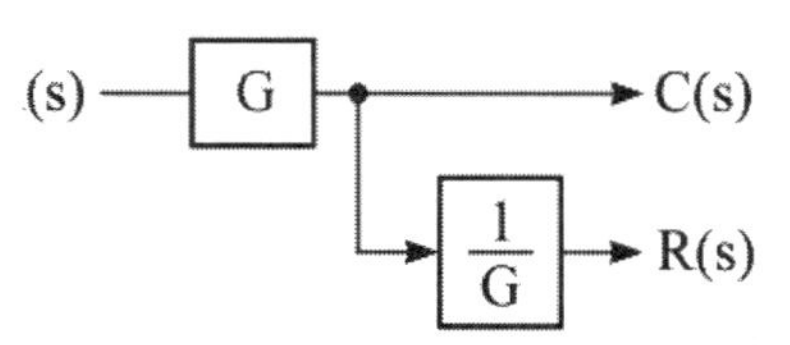
되먹임 결합	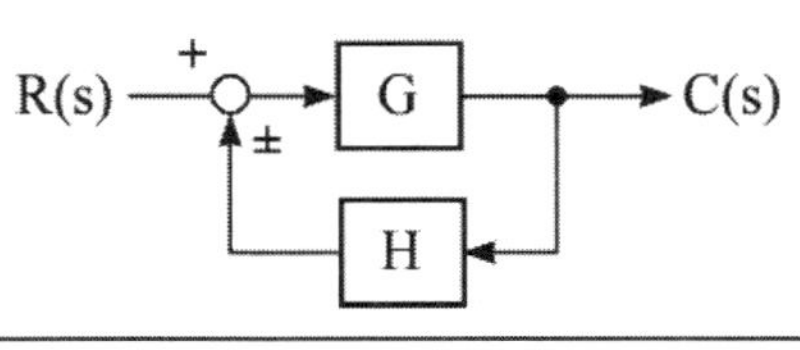	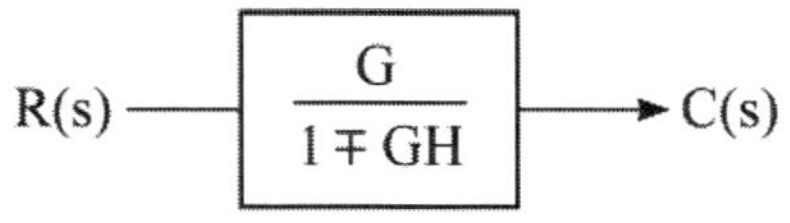

(3) 종합 전달함수(되먹임 결합)

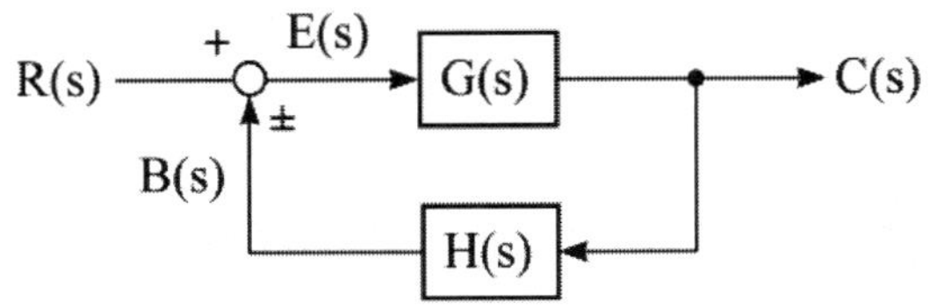

【그림 4-4】 궤환 제어계

① 편차 : $E(s)= R(s)\pm B(s)$

$= R(s)\pm C(s)H(s)$ ·· (式 4-5)

② 출력 : $C(s)= E(s)\cdot G(s)$

$= [R(s)\pm C(s)H(s)]\,G(s)$

$= R(s)G(s)\pm C(s)G(s)H(s)$ ································ (式 4-6)

③ (式 4-6)을 정리하여 종합 전달함수를 구할 수 있다.

$C(s)\mp C(s)G(s)H(s)= R(s)G(s)$

$C(s)[1\mp G(s)H(s)] = R(s)G(s)$

∴ 종합 전달함수 : $M(s)= \dfrac{C(s)}{R(s)}= \dfrac{G(s)}{1\mp G(s)H(s)}$ ············· (式 4-7)

(4) 용어 정리

① $G(s)= \dfrac{C(s)}{E(s)}$: 순방향 전달함수(feedforward transfer function)

② $M(s)= \dfrac{C(s)}{R(s)}$: 폐루프 전달함수(closed loop transfer function)

③ $G(s)H(s)$: 개루프 전달함수(open loop transfer function)

④ $H(s)$: 되먹임 전달함수(feedback transfer function)

⑤ $H(s)= 1$ 인 경우를 단위 궤환 제어계(unit feedback control system) 또는 직렬 궤환 제어계라 한다.

예제 7

다음과 같은 블록선도의 등가 합성 전달함수는?

① $\dfrac{1}{1 \pm G(s)H(s)}$

② $\dfrac{G(s)}{1 \pm G(s)H(s)}$

③ $\dfrac{G(s)}{1 \pm H(s)}$

④ $\dfrac{1}{1 \pm H(s)}$

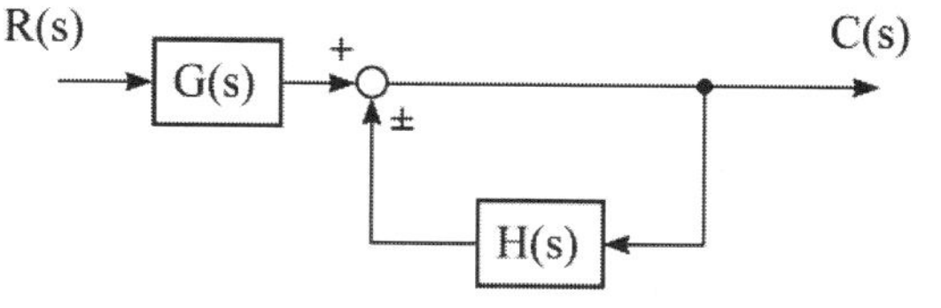

해설 | 종합 전달함수 (메이슨의 간이화 공식)

답 ③

$$M(s) = \frac{C(s)}{R(s)} = \frac{\sum 전향\ 경로\ 이득}{1 - \sum 폐루프\ 이득} = \frac{G(s)}{1 - [\mp H(s)]} = \frac{G(s)}{1 \pm H(s)}$$

예제 8

다음과 같은 블록선도에서 등가 합성 전달함수 $\dfrac{C}{R}$ 는?

① $\dfrac{H_1 + H_2}{1 + G}$

② $\dfrac{G}{1 - H_3 G - H_2 G}$

③ $\dfrac{H_1}{1 + H_1 H_2 G}$

④ $\dfrac{G}{1 + H_1 G + H_2 G}$

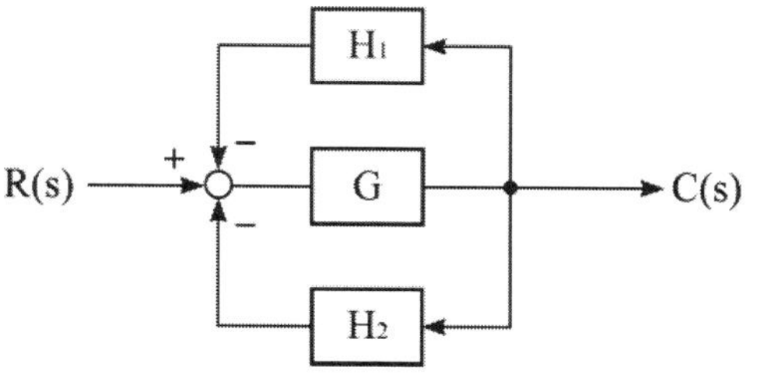

해설 | 종합 전달함수 (메이슨의 간이화 공식)

답 ④

$$M(s) = \frac{\sum 전향\ 경로\ 이득}{1 - \sum 폐루프\ 이득} = \frac{G}{1 - (-GH_1 - GH_2)} = \frac{G}{1 + H_1 G + H_2 G}$$

예제 9

다음과 같은 피드백 회로의 종합 전달함수는?

① $\dfrac{G_1 G_2}{1+G_1 G_2+G_3 G_4}$

② $\dfrac{G_1+G_2}{1+G_1 G_3 G_4+G_2 G_3 G_4}$

③ $\dfrac{G_1+G_2}{1+G_1 G_2 G_3 G_4+G_2 G_3 G_4}$

④ $\dfrac{G_1 G_2}{1+G_4 G_2+G_3 G_4}$

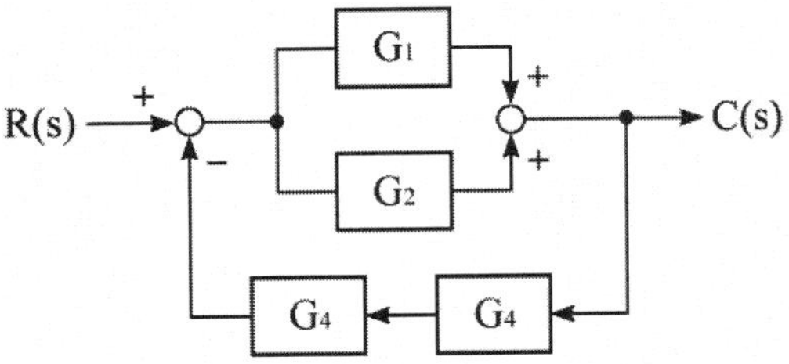

해설 | 종합 전달함수 (메이슨의 간이화 공식)

$$M(s)=\frac{\sum \text{전향 경로 이득}}{1-\sum \text{폐루프 이득}}=\frac{G_1+G_2}{1-[-(G_1+G_2)G_3G_4]}$$

$$=\frac{G_1+G_2}{1+(G_1+G_2)G_3G_4}$$

답 ②

4-5 시퀀스 제어

1. 시퀀스 회로의 정의

(1) 시퀀스 제어는 기계나 장치의 기동, 운전상태의 변경 등 제어계에서 얻고자 하는 목표값 등을 미리 정해진 순서에 따라서 제어의 각 단계를 순차적으로 진행해 나가는 것으로 개루프 제어라고 한다.

(2) 시퀀스 제어는 인터폰, 화재 방지 설비, 가로등 자동 점멸, 아파트 복도의 자동 조명 시설, 에스컬레이터, 엘리베이터, 교통신호기, 전동기 제어 등에 사용된다.

(3) 시퀀스 제어에는 계전기(relay)를 이용한 유접점 시퀀스와 반도체 소자를 이용한 무접점 시퀀스 회로 등이 있다.

(4) 시퀀스 용어 정리

【표 4-4】 시퀀스 용어 정리

용어	의미
개로(開路, Open, Off)	스위치 및 계전기의 접점이 열려있는 상태
폐로(閉路, Close, On)	스위치 및 계전기의 접점이 닫혀있는 상태
기동(起動, Starting)	기기 또는 장치를 정지상태에서 운전상태로 변화하는 것
정지(停止, Stop)	기기 또는 장치를 운전상태에서 정지상태로 변화하는 것
동작(動作, Actuation)	어떤 원인 주어서 소정의 작용하는 것
복귀(復歸, Restting)	동작 이전의 상태로 되돌리는 것
여자(勵磁), 부세(付勢)	코일에 전류를 흘려 전자력을 갖게 되는 것
소자(逍磁), 소세(逍勢)	코일에 전류를 차단시켜 전자력을 잃게하는 것
촌동(寸動, Inching, JOG)	기계의 순간동작을 얻기 위해서 미소시간의 조작을 1회 또는 반복해서 행하는 것
쇄정(鎖錠, Inter locking)	복수의 동작을 관련시키는 것으로 어떤 조건이 갖추기까지 타 동작을 저지시키는 것
연동(連動)	복수의 동작을 관련시키는 것으로 어떤 조건이 갖추어 졌을 때 동작을 진행하는 것
트리핑(Tripping)	유지 기구를 분리시키는 것
순시(瞬時)동작	시간에 고려하지 않고 즉시 동작함
한시(限時)동작	타이머가 여자(부세)되면 설정시간 경과 후에 동작함

2. 제어회로의 접점

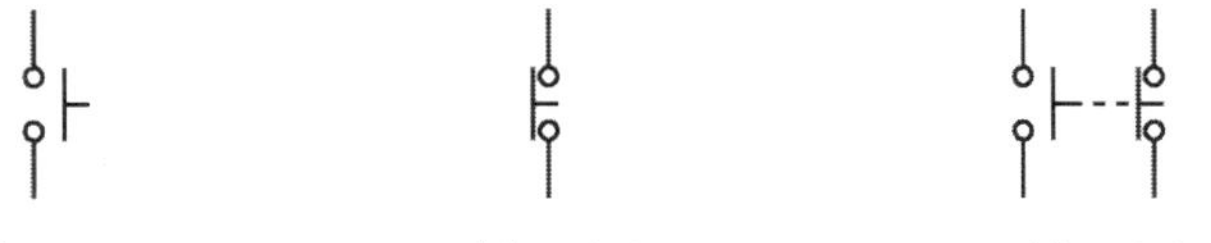

(a) a접점 (b) b접점 (c) c접점

【그림 4-5】 접점의 기호

(1) a접점(Normal Open) : arbeit contact의 약어로 “일하는 접점”이라는 의미이다. 평상시에는 접점이 떨어져 전기가 흐르지 못하고, 스위치를 조작하는 동안만 접점이 붙어 전기가 흐를 수 있게 된다.

(2) b접점(Normal Close) : break contact의 약어로 “끊어지는 접점”이라는 의미이다. 평상시에는 접점이 붙어 있어 전기가 흐를 수 있고, 스위치를 조작하는 동안만

접점이 떨어져 전기가 흐르지 못하게 된다.

(3) c접점 : change-over contact의 약어로 "a접점과 b접점의 연동"이라는 의미이다. a, b접점을 세트로 묶은 것으로 필요에 따라서 a접점과 b접점을 선택하여 사용할 수 있다.

【표 4-5】 접점 사용 규칙

접점의 명칭		a접점		b접점		비고
		횡서	종서	횡서	종서	
수동조작	수동조작 자동복귀접점	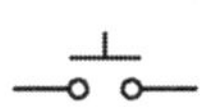	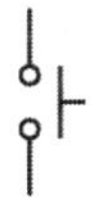		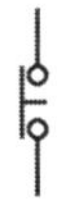	손을 떼면 복귀하는 접점이며, 버튼 스위치 등의 접점에 쓰인다.
	수동조작 수동복귀접점	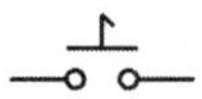		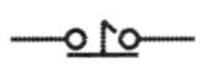	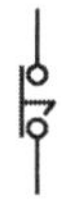	조작 스위치 잔류 접점
순시동작	순시동작 순시복귀접점	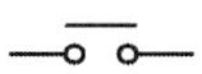				릴레이 접점
	순시동작 수동복귀접점	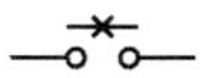				열동계전기 접점
시한동작	한시동작 순시복귀접점	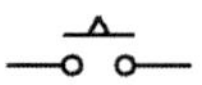	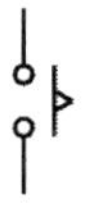			ON-Delay Timer
	순시동작 한시복귀접점	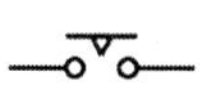		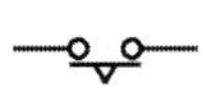	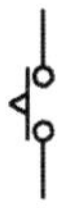	OFF-Delay Timer

3. 논리회로(Logic)

(1) AND 회로(논리적 또는 논리곱 회로)

입력 A, B 모두 동시에 신호가 들어올 때만 출력이 나오고, 한 단자라도 신호가 없으면 출력이 없는 회로이다.

【표 4-6】 AND 회로의 표현법

<table>
<tr><th>유접점 회로</th><th>무접점 회로</th></tr>
<tr><td>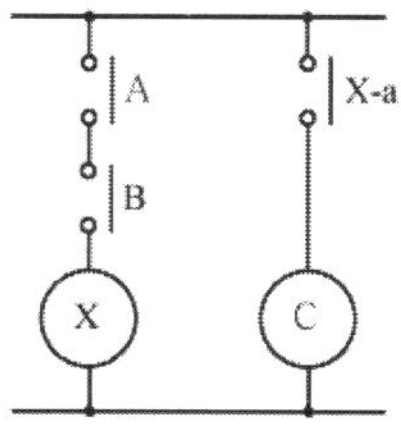
</td><td>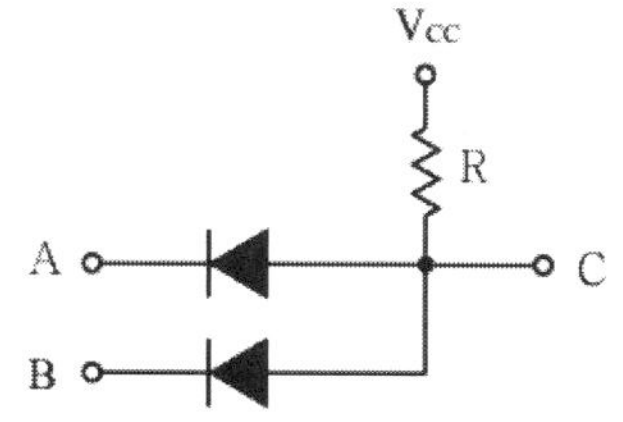
</td></tr>
<tr><th>논리기호 및 논리식</th><th>진리표(진가표)</th></tr>
<tr><td>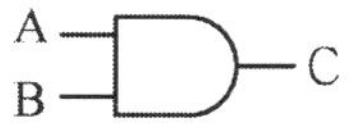

C = A • B</td><td>
<table>
<tr><th colspan="2">입력</th><th>출력</th></tr>
<tr><th>A</th><th>B</th><th>C</th></tr>
<tr><td>0</td><td>0</td><td>0</td></tr>
<tr><td>0</td><td>1</td><td>0</td></tr>
<tr><td>1</td><td>0</td><td>0</td></tr>
<tr><td>1</td><td>1</td><td>1</td></tr>
</table>
</td></tr>
</table>

(2) OR 회로(논리합 회로)

입력 A, B 중 어느 하나라도 신호가 들어오면 출력이 나오고, 모든 입력 신호가 없어져야 출력이 나오지 않는 회로이다.

【표 4-7】 OR 회로의 표현법

<table>
<tr><th>유접점 회로</th><th>무접점 회로</th></tr>
<tr><td>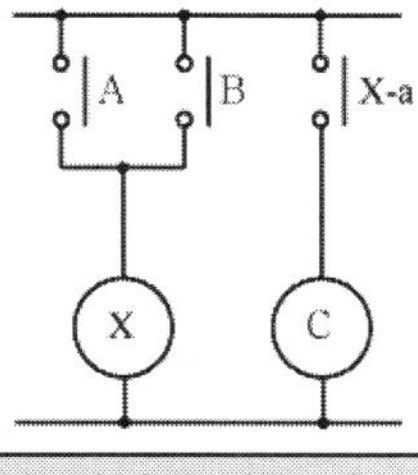
</td><td>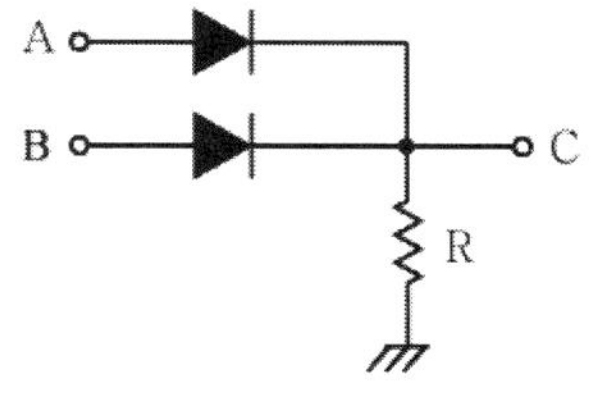
</td></tr>
<tr><th>논리기호 및 논리식</th><th>진리표(진가표)</th></tr>
<tr><td>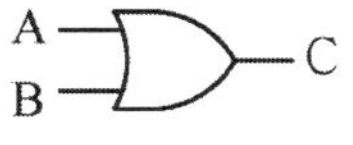

C = A + B</td><td>
<table>
<tr><th colspan="2">입력</th><th>출력</th></tr>
<tr><th>A</th><th>B</th><th>C</th></tr>
<tr><td>0</td><td>0</td><td>0</td></tr>
<tr><td>0</td><td>1</td><td>1</td></tr>
<tr><td>1</td><td>0</td><td>1</td></tr>
<tr><td>1</td><td>1</td><td>1</td></tr>
</table>
</td></tr>
</table>

(3) NOT 회로(부정회로, 반전회로)

단일입력이 회로로써 입력 신호가 있으면 출력이 나오지 않고 입력 신호가 없으면 출력이 나오는 회로이다.

【표 4-8】 AOT 회로의 표현법

유접점 회로

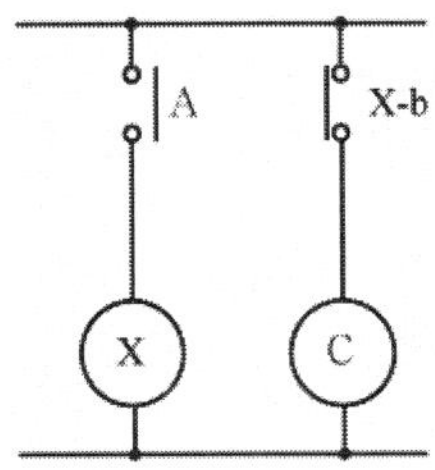

무접점 회로

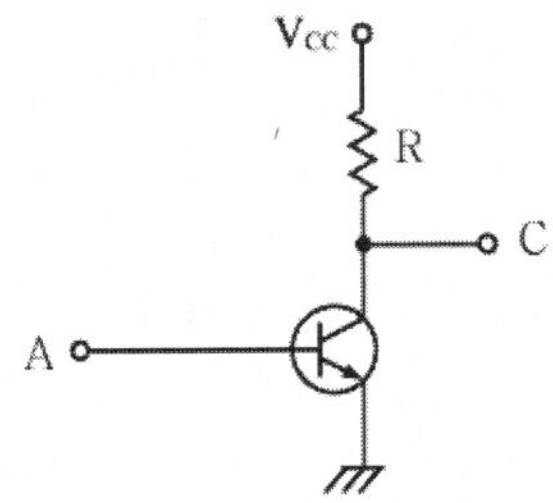

논리기호 및 논리식

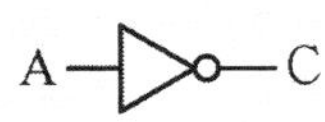

$C = \overline{A}$

진리표(진가표)

입력	출력
A	C
0	1
1	0

(4) NAND 회로(논리적 부정회로)

입력 A, B 모두 신호가 있어야 출력이 사라지고 어느 하나라도 입력 신호가 없으면 출력이 나오는 회로를 말한다.

【표 4-9】 AOT 회로의 표현법

유접점 회로

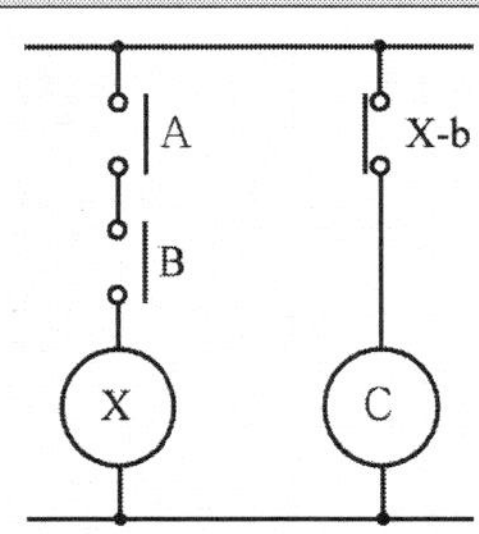

무접점 회로

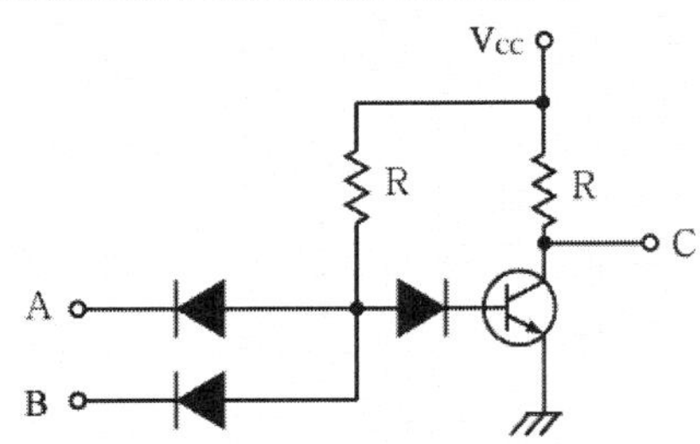

논리기호 및 논리식

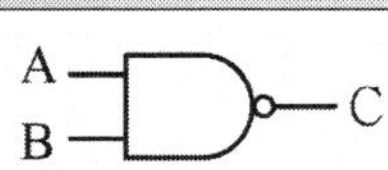

$\overline{C} = A \cdot B$

$\overline{\overline{C}} = \overline{A \cdot B}$

$C = \overline{A \cdot B} = \overline{A} + \overline{B}$

진리표(진가표)

입력		출력
A	B	C
0	0	1
0	1	1
1	0	1
1	1	0

(5) NAND 회로(논리적 부정회로)

입력 A, B 모두 신호가 있어야 출력이 사라지고 어느 하나라도 입력 신호가 없으면 출력이 나오는 회로를 말한다.

【표 4-10】 NOR 회로의 표현법

<table>
<tr><th>유접점 회로</th><th>무접점 회로</th></tr>
<tr><td>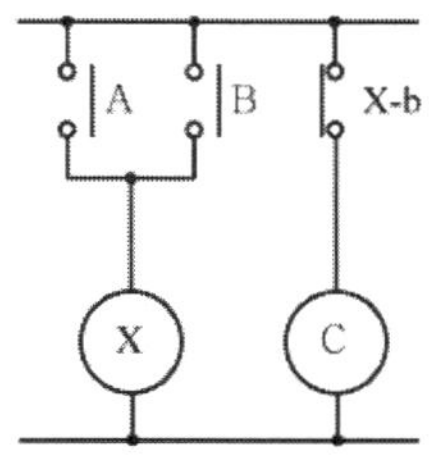
</td><td>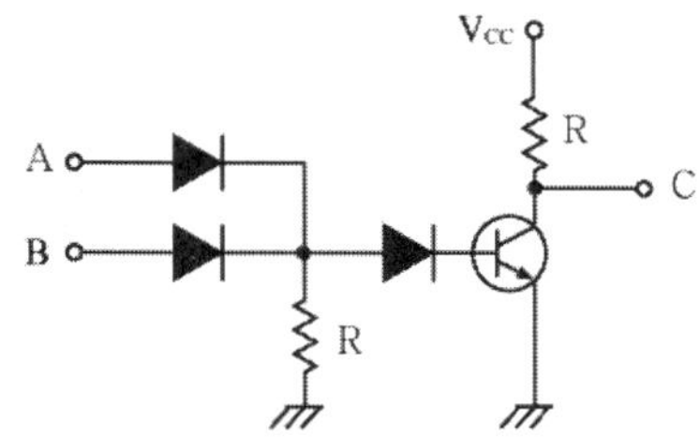
</td></tr>
<tr><th>논리기호 및 논리식</th><th>진리표(진가표)</th></tr>
<tr><td>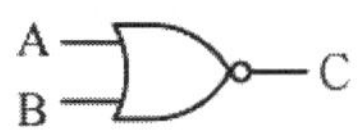

$\overline{C} = A+B$

$\overline{\overline{C}} = \overline{A+B}$

$C = \overline{A+B} = \overline{A} \cdot \overline{B}$</td><td><table>
<tr><th colspan="2">입력</th><th>출력</th></tr>
<tr><th>A</th><th>B</th><th>C</th></tr>
<tr><td>0</td><td>0</td><td>1</td></tr>
<tr><td>0</td><td>1</td><td>0</td></tr>
<tr><td>1</td><td>0</td><td>0</td></tr>
<tr><td>1</td><td>1</td><td>0</td></tr>
</table></td></tr>
</table>

(6) Exclusive OR(배타적인 논리회로)

A, B 두 개의 입력 중 어느 하나만 입력할 때 출력이 ON 상태가 나오는 회로를 Exclusive OR 회로라 한다.

【표 4-11】 XOR 회로의 표현법

<table>
<tr><th>유접점 회로</th><th>무접점 회로</th></tr>
<tr><td>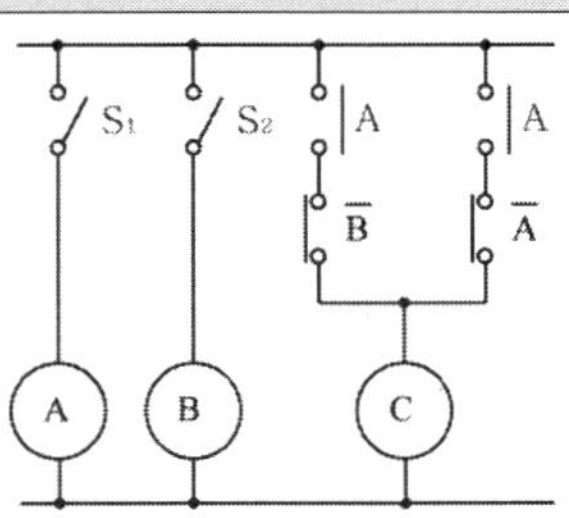
</td><td><table>
<tr><th colspan="2">입력</th><th>출력</th></tr>
<tr><th>A</th><th>B</th><th>C</th></tr>
<tr><td>0</td><td>0</td><td>0</td></tr>
<tr><td>0</td><td>1</td><td>1</td></tr>
<tr><td>1</td><td>0</td><td>1</td></tr>
<tr><td>1</td><td>1</td><td>0</td></tr>
</table></td></tr>
<tr><th>논리기호 및 논리식</th><th>간이화 식</th></tr>
<tr><td>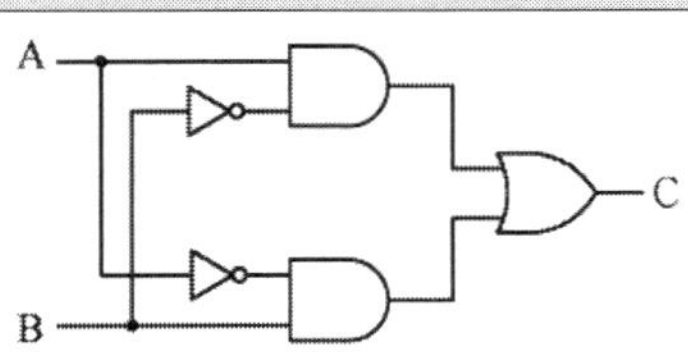

$C = \overline{A}B + A\overline{B}$</td><td>

$C = A \oplus B$</td></tr>
</table>

4. 불 대수와 연산

1) 불 대수의 표현

(1) 불 대수(Boolean Algebra)란 1과 0으로 논리를 다루는 체계이다. 일반 대수학에서 개념을 차용하여 만들었지만 부울 대수는 일반 대수학과는 체계가 다름을 기억하고 접근해야 한다.

(2) 부울 대수에서 사용되는 모든 변수(Variable)는 1과 0 두 가지뿐이며, 이러한 논리체계를 2진 변수(binary variable)라고 한다. 1과 0 두 가지의 상태를 참(True) 또는 거짓(False)이라 하고도 취급하며 관련된 표현은 아래 표와 같다.

【표 4-12】 불 대수의 변수

구분	1	0
신호	있다	없다
부하	동작	정지
개폐기	폐로(ON)	개방(OFF)
계전기	여자	소자
접점	a접점	b접점

【표 4-13】 논리기호의 표현

구분	기호		비고
논리곱(AND)	•	∩	직렬 접속
논리합(OR)	+	∪	병렬 접속
부정	$\overline{A}$	A′	쌍대 관계

2) 불 대수의 공리(公理, postulate)

(1) 불 대수에서 사용되는 모든 변수는 2개의 값 “0”또는 “1”중 하나만 가질 수 있다.

> ① A = 1 이 아니면 A = 0 : 회로 접점이 폐로 아니면 개로 상태
> ② A = 0 이 아니면 A = 1 : 회로 접점이 개로 아니면 폐로 상태

(2) 부정의 동작은 “ ‾ ”로 표시하고, 다음과 같이 정의된다.

> ① “1”의 부정은 “0”이고, “0”의 부정은 “1”이 된다.
> ② “AND”의 부정은 “OR”이고, “OR”의 부정은 “AND”가 된다.

(3) “AND"의 논리기호는 • 으로 나타내고, 다음과 같이 정의된다.

> ① 1 • 1 = 1 : 두 개의 입력 신호를 동시에 주므로 출력이 있다.
> ② 1 • 0 = 0 : 두 개의 입력 신호를 동시에 안주므로 출력이 없다.

(4) "OR"의 논리기호는 +으로 나타내고, 다음과 같이 정의된다.

> ① 1+1=1 : 두 개의 입력 신호를 동시에 주므로 출력이 있다.
> ② 1+0=1 : 한 개의 입력 신호만으로도 출력이 있다.

(5) 불 대수의 정리

【표 4-14】 불 대수의 정리

법칙	논리식
교환 법칙	A+B=B+A 또는 A • B=B • A
결합 법칙	(A+B)+C=A+(B+C)또는 (A • B) • C=A • (B • C)
분배 법칙	A • (B+C)=(A • B)+(A • C)또는 A+(B • C)=(A+B) • (A+C)

5. 드 모르간의 정리

(1) 모든 "AND"연산은 "OR"로 "OR"연산은 "AND"연산으로 바꾼다.
(2) 모든 신호 "1"은 "0"으로 신호 "0"은 "1"로 바꾼다.
(3) 모든 변수는 그의 보수로 나타낸다.

【표 4-15】 불 대수의 논리식과 등가 접점 회로

논리식	등가 접점 회로
A • A=A	
A • $\overline{A}$=0	
A • 1=A	
A • 0=0	

논리식	등가 접점 회로
$A+A=A$	
$A+\overline{A}=1$	
$A+1=1$	
$A+0=A$	

예제 10

다음 식 중 De Morgan의 정리를 나타낸 식은?

① $A+B=B+A$　　② $A \cdot (B \cdot C)=(A \cdot B) \cdot C$

③ $\overline{A \cdot B}=\overline{A} \cdot \overline{B}$　　④ $\overline{A \cdot B}=\overline{A}+\overline{B}$

해설 | ㉠ $A \cdot A=A$　㉡ $A \cdot \overline{A}=0$　㉢ $A \cdot 1=A$　㉣ $A \cdot 0=0$　**답** ④

㉤ $A+A=A$　㉥ $A+\overline{A}=1$　㉦ $A+1=1$　㉧ $A+0=A$

예제 11

다음 논리식 중 다른 값을 나타내는 논리식은?

① $XY+X\overline{Y}$　　② $(X+Y)(X+\overline{Y})$

③ $X(X+Y)$　　④ $X(\overline{X}+Y)$

해설 | ① $XY+X\overline{Y}=X(Y+\overline{Y})=X \cdot 1=X$　**답** ④

② $(X+Y)(X+\overline{Y})=XX+X\overline{Y}+XY+Y\overline{Y}=X+X\overline{Y}+XY+0$

$=X(1+\overline{Y}+Y)=X \cdot 1=X$

③ $X(X+Y)=XX+XY=X+XY=X(1+Y)=X \cdot 1=X$

④ $X(\overline{X}+Y)=X\overline{X}+XY=0+XY=XY$

연습문제

01. 논리식 $\overline{X}+XY$를 간략화한 것은?

① $\overline{X}+Y$ ② $X+\overline{Y}$
③ $\overline{X}Y$ ④ $X\overline{Y}$

해설 $\overline{X}+XY=(\overline{X}+X)\cdot(\overline{X}+Y)$
$=(1)\cdot(\overline{X}+Y)=\overline{X}+Y$

답 ①

02. 진동이 발생되는 장치의 진동을 억제시키는데 가장 효과적인 제어동작은?

① 온.오프동작 ② 미분동작
③ 적분동작 ④ 비례동작

해설 조절부의 동작에 의분 분류
㉠ 비례제어(P동작) : 잔류편차(off-set) 발생
㉡ 미분제어(D동작) : 오차가 커지는 것을 미연에 방지, 진동 억제
㉢ 적분제어(I동작) : 잔류편차(off-set) 제거
㉣ 비례미분제어(PD 동작) : 오버슈트(overshoot) 감소, 응답속도(속응성) 개선
㉤ 비례적분제어(PI 동작) : 잔류편차를 제거하여 정상특성 개선, 간헐현상 발생
㉥ 비례적분미분제어(PID 동작) : PI+PD로 가장 최적의 제어동작

답 ②

03. 그림과 같은 논리회로의 출력 L을 간략화한 것은?

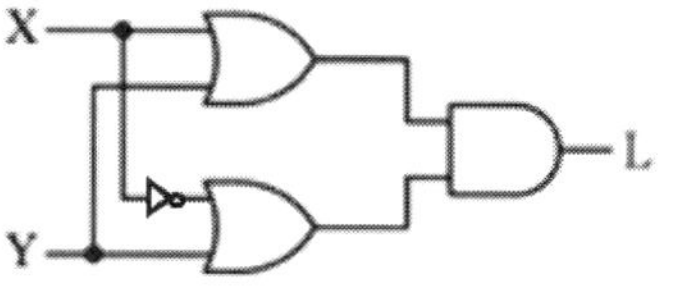

① L = X ② L = Y
③ L = X′ ④ L = Y′

해설 $L=(X+Y)\cdot(\overline{X}+Y)=X\overline{X}+XY+Y\overline{X}+$
$=XY+Y\overline{X}+Y=Y(X+\overline{X}+1)$
$=Y\cdot1=Y$

답 ②

04. 제어량이 온도, 압력, 유량 및 액면 등과 같은 일반 공업량일 때의 제어방식은?

① 추종제어 ② 공정제어
③ 프로그램제어 ④ 시퀀스제어

해설 제어량에 의한 분류
㉠ 서보기구 제어 : 위치, 방위, 자세, 거리, 각도 등의 기계적 변위를 제어
㉡ 프로세서기구 제어 : 온도, 유량, 압력, 액위, 농도, 습도, 비중 등 공업 공정의 상태량을 제어
㉢ 자동조정기구 제어 : 전압, 주파수, 역률, 회전력, 토크 등 기계적 또는 전기적인 량을 제어

답 ②

05. 그림과 같은 논리회로의 출력 Y를 간략화한 것은?

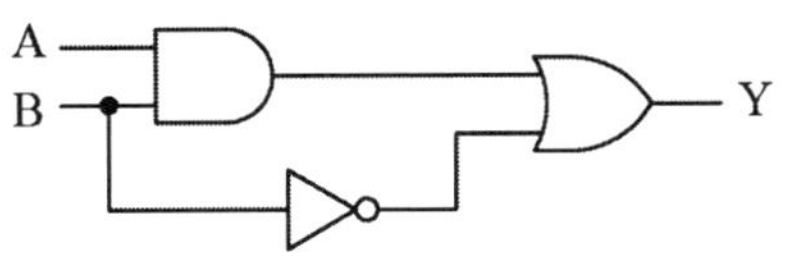

① $\overline{A}B$　　② $A \cdot B + \overline{B}$
③ $A \cdot B + B$　　④ $\overline{A + B} \cdot B$

해설 논리소자

AND 회로	OR 회로	NOT 회로
A, B → C	A, B → C	A → C
$C = A \cdot B$	$C = A + B$	$C = \overline{A}$

답 ②

06. 논리식 $(A \cdot A)'$를 간략화한 것은?

① A'　　② A
③ 0　　④ ϕ

해설 $(A \cdot A)' = (A)' = A'$

답 ①

07. 다음 중 피드백 제어계에서 반드시 필요한 장치는?

① 증폭도를 향상시키는 장치
② 응답속도를 개선시키는 장치
③ 기어장치
④ 입력과 출력을 비교하는 장치

해설 피드백 제어계에는 주궤환 요소에 제어량(출력)을 검출하는 검출부가 있으며 이 값과 목표값을 가합부에서 비교하여 제어계에 공급한다.
즉, 궤환 제어계는 입력과 출력을 비교하는 검출부가 반드시 필요하다.

답 ④

08. 개루프 제어계를 동작시키는 기준으로 직접제어계에 가해지는 신호는?

① 기준입력신호　　② 피드백신호
③ 제어편차신호　　④ 동작신호

해설 폐루프 제어계에서 검출부가 없으면 개루프 제어계가 되며 직접제어계에 가해지는 신호를 기준입력신호라 한다.

답 ①

참고 폐루프 제어계의 구성

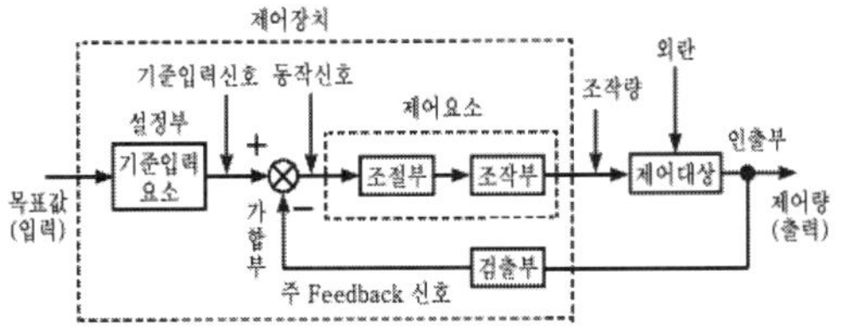

09. 온도, 유량, 압력 등의 공업프로세스 상태량을 제어량으로 하는 제어계로서 외란의 억제를 주된 목적으로 하는 제어방식은?

① 서보기구　　② 자동제어
③ 정치제어　　④ 프로세스제어

해설 해설 5번 참고

답 ④

10. 서보 기구에서 제어량은?

① 유량　　② 위치
③ 주파수　　④ 전압

해설 제어량에 의한 분류
㉠ 서보기구 제어 : 위치, 방위, 자세, 거리, 각도 등의 기계적 변위를 제어
㉡ 프로세서기구 제어 : 온도, 유량, 압력, 액위, 농도, 습도, 비중 등 공업 공정의 상태량을 제어
㉢ 자동조정기구 제어 : 전압, 주파수, 역률, 회전력, 토크 등 기계적 또는 전기적인 량을 제어

답 ②

11. 그림과 같은 게이트의 명칭은?

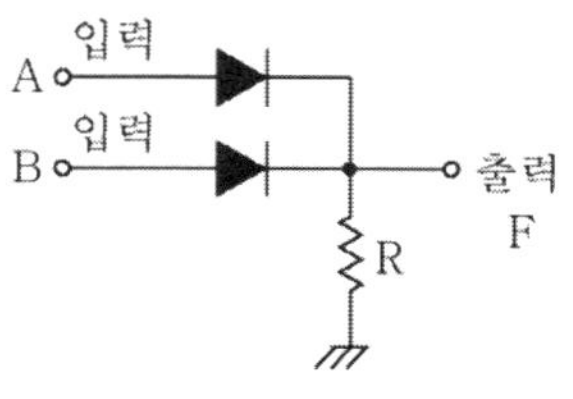

① AND　　② OR
③ NOR　　④ NAND

해설 ㉠ AND 회로

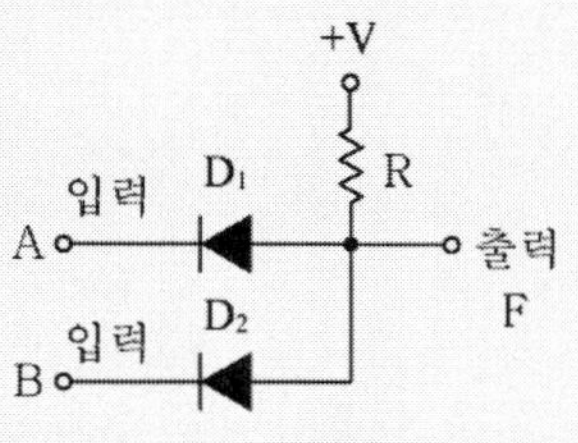

㉡ OR 회로

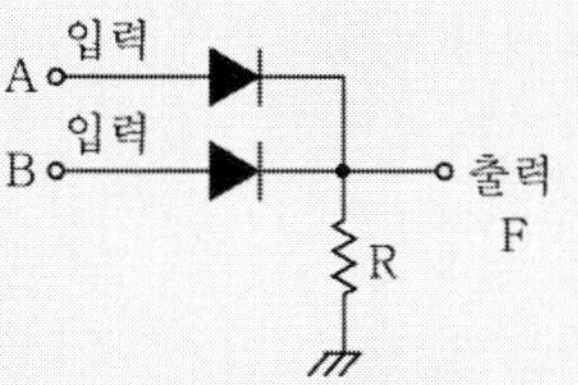

답 ②

12. 피드백제어계의 일반적인 특성으로 옳은 것은?

① 계의 정확성이 떨어진다.
② 계의 특성변화에 대한 입력 대 출력비의 감도가 감소된다.
③ 비선형과 왜형에 대한 효과가 증대된다.
④ 대역폭이 감소된다.

해설 폐루프 제어계(feedback control)의 특징
㉠ 외란에 대한 영향을 줄일 수 있다.
㉡ 제어기기의 부품성능이 저하되어도 안정적인 출력을 보낼 수 있다.
㉢ 제어계의 특성을 향상시킬 수 있다.
㉣ 비선형 왜곡이 감소한다.
㉤ 대역폭이 증가한다.
㉥ 계의 특성 변화에 대한 입력 대 출력비의 감도가 감소한다.
㉦ 구조가 복잡하고 설치비가 고가이다.
㉧ 발진을 일으키고 불안정한 상태로 되어가는 경향성이 있다.

답 ②

13. 제어요소의 구성으로 옳은 것은?

① 검출부와 비교부
② 조작부와 검출부
③ 검출부와 조절부
④ 조작부와 조절부

해설 제어요소에는 조작부와 조절부로 구성되어 있다.

답 ④

14. 조작량(manipulated varible)은 제어요소에서 무엇에 인가되는 양인가?

① 조작대상　　② 제어대상
③ 측정대상　　④ 입력대상

해설

답 ②

15. 제어량에 따라 분류되어 자동제어로 옳은 것은?

① 정치(fixed value)제어
② 비율(ration)제어
③ 프로세스(process)제어
④ 시퀀스(sequence)제어

해설 제어량에 의한 분류
㉠ 서보기구 제어 : 위치, 방위, 자세, 거리, 각도 등의 기계적 변위를 제어
㉡ 프로세서기구 제어 : 온도, 유량, 압력, 액위, 농도, 습도, 비중 등 공업 공정의 상태량을 제어
㉢ 자동조정기구 제어 : 전압, 주파수, 역률, 회전력, 토크 등 기계적 또는 전기적인 량을 제어

답 ③

16. 다음 그림을 논리식으로 표현한 것은?

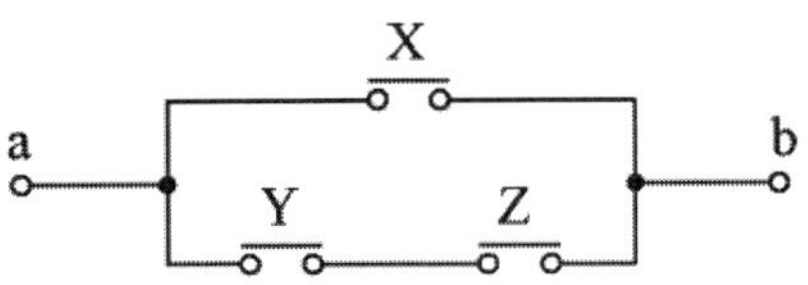

① X(Y+Z)
② XYZ
③ XY+ZY
④ (X+Y)(X+Z)

해설 그림을 논리식으로 바꾸면 X+(Y·Z)이 되고 드모르간의 법칙을 통해 정리하면 다음과 같다.

$$\overline{\overline{X+(Y\cdot Z)}} = \overline{\overline{X}\cdot(\overline{Y}+\overline{Z})} = \overline{\overline{X}\cdot\overline{Y}+\overline{X}\cdot\overline{Z}}$$
$$= (X+Y)\cdot(X+Z)$$

답 ④

17. 작동 신호를 조작량으로 변환하는 요소이며, 조절부와 조작부로 이루어진 것은?

① 제어요소 ② 제어대상
③ 피드백요소 ④ 기준입력요소

해설 제어요소에는 조절부와 조작부로 구성

답 ①

18. 어떤 측정계기의 참값을 T, 지시값을 M이라 할 때 보정률과 오차율이 옳은 것은?

① 보정률 $= \dfrac{T-M}{T}$, 오차율 $= \dfrac{M-T}{M}$
② 보정률 $= \dfrac{M-T}{M}$, 오차율 $= \dfrac{T-M}{T}$
③ 보정률 $= \dfrac{T-M}{M}$, 오차율 $= \dfrac{M-T}{T}$
④ 보정률 $= \dfrac{M-T}{T}$, 오차율 $= \dfrac{T-M}{M}$

해설

답 ③

19. 논리식을 간략화한 것 중 그 값이 다른 것은?

① $AB+A\overline{B}$

② $A(\overline{A}+B)$

③ $A(A+B)$

④ $(A+B)(A+\overline{B})$

해설 ① $A(B+\overline{B})=A\cdot 1=A$

② $A\overline{A}+AB=0+AB=AB$

③ $AA+AB=A+AB=A(1+B)$

$=A\cdot 1=A$

④ $A+(B\cdot \overline{B})=A+0=A$

답 ②

20. 다음과 같은 블록선도의 전달 함수는?

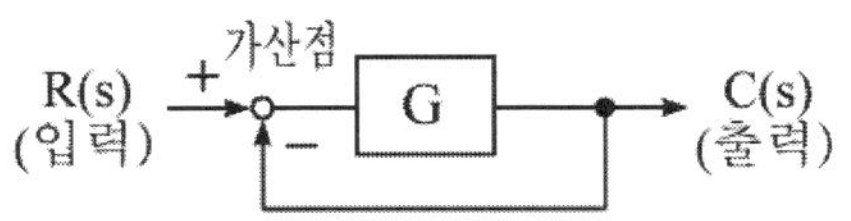

① $\dfrac{G}{1+G}$　② $\dfrac{G}{1-G}$

③ $1+G$　④ $1-G$

해설 종합 전달함수(메이슨 공식)

$$M(s)=\frac{\sum \text{전향경로이득}}{1-\sum \text{폐루프이득}}$$

$$=\frac{G}{1-(-G)}=\frac{G}{1+G}$$

답 ①

21. 미지의 임의 시간적 변화를 목표값에 제어량을 추종시키는 것을 목적으로 하는 제어는?

① 추종제어　② 정치제어

③ 비율제어　④ 프로그램 제어

해설 ② 정치 제어 : 목표값이 시간적 변화에 따라 항상 일정한 제어

③ 비율 제어 : 2개 이상의 양 사이에 어떤 비율을 유지하는 것을 목적으로 하는 제어

④ 프로그램밍 제어 : 미리 정해진 프로그램에 따라 제어량을 변화시키는 제어

답 ①

22. 제어계가 부정확하고 신뢰성은 없으나 출력과 입력이 서로 독립인 제어계는?

① 자동 제어계

② 개회로 제어계

③ 폐회로 제어계

④ 피드백 제어계

해설 개회로(개루프) 제어계는 입력과 출력을 비교할 수 있는 검출부하 없어 외란에 대처할 수 없어 출력에 오차가 발생하고 이를 보정할 수 없다는 단점을 가지고 있으나 입력과 출력이 서로 독립되어 있어 회로가 간단하다.

답 ②

23. 제어량을 어떤 일정한 목표값으로 유지하는 것을 목적으로 하는 제어방식은?

① 정치 제어　② 추종 제어
③ 비율 제어　④ 프로그램 제어

해설 ② 추종 제어 : 목표값에 정확히 추종하도록 하는 것을 목적으로 하는 제어
③ 비율 제어 : 2개 이상의 양 사이에 어떤 비율을 유지하는 것을 목적으로 하는 제어
④ 프로그램 제어 : 미리 정해진 프로그램에 따라 제어량을 변화시키는 제어

답 ①

24. 논리식 $X \cdot (X+Y)$를 간략화 하면?

① X　② Y
③ X + Y　④ X · Y

해설 $X \cdot (X+Y) = XX + XY = X + XY$
$= X(1+Y) = X \cdot 1 = X$

답 ①

25. 제어량을 조절하기 위하여 제어 대상에 주어지는 양으로 제어부의 출력이 되는 것은?

① 제어량　② 주 피드백신호
③ 기준입력　④ 조작량

해설 제어 대상에 주어지는 신호를 조작량이라 한다.

답 ④

참고 페루프 제어계의 구성

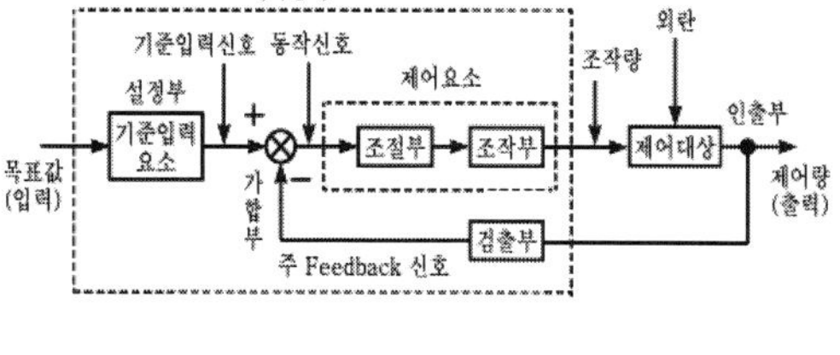

26. 그림과 같은 계전기 접점회로를 논리식으로 나타내면?

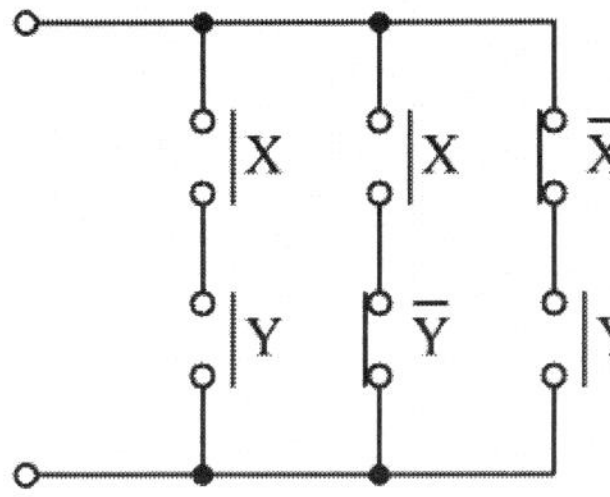

① $XY + X\overline{Y} + \overline{X}Y$
② $(XY) + (X\overline{Y}) \cdot (\overline{X}Y)$
③ $(X+Y) + (X\overline{Y}) \cdot (\overline{X}Y)$
④ $(X+Y) + (X+\overline{Y}) + (\overline{X}+Y)$

해설 ㉠ AND 회로 : 직렬 접속
(논리 식 : X·Y)
㉡ OR 회로 : 병렬 접속
(논리 식 : X+Y)
㉢ NOT 회로 : 반전 (논리 식 : $\overline{X}$)

답 ①

27. 그림과 같은 다이오드 논리회로의 명칭은?

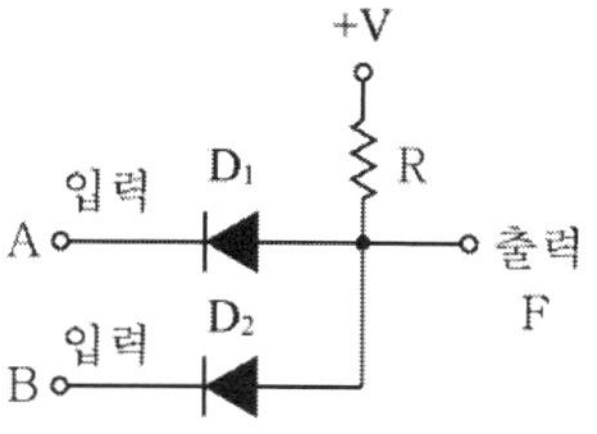

① NOT 회로 ② AND 회로
③ OR 회로 ④ NAND 회로

해설 ㉠ AND 회로

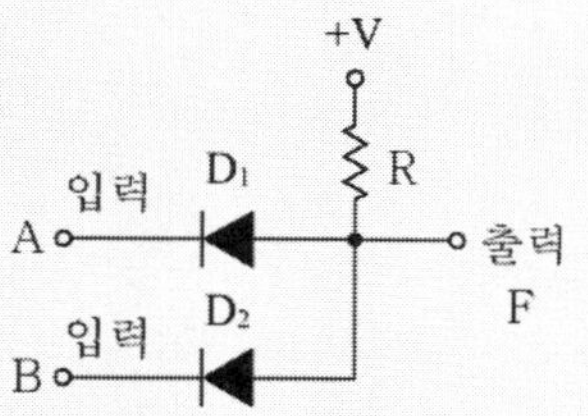

㉡ OR 회로

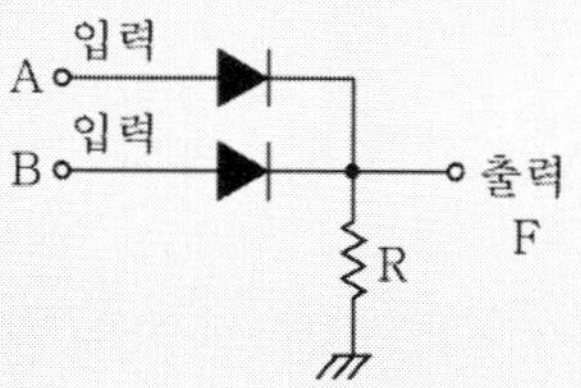

답 ②

28. 자동제어계를 제어목적에 의해 분류한 경우를 설명한 것 중 틀린 것은?

① 정치제어 : 제어량을 주어진 일정목표로 유지시키기 위한 제어
② 추종제어 : 목표치가 시간에 따라 일정한 변화를 하는 제어
③ 프로그램제어 : 목표치가 프로그램대로 변하는 제어
④ 서보제어 : 선박의 방향제어계인 서보제어는 정치제어와 같은 성질

해설 서보제어는 위치, 방위, 자세, 거리, 각도 등의 기계적 변위 제어를 나타내고 추종제어와 같은 성질이다.

답 ④

29. 그림과 같은 무접점회로는 어떤 논리회로인가?

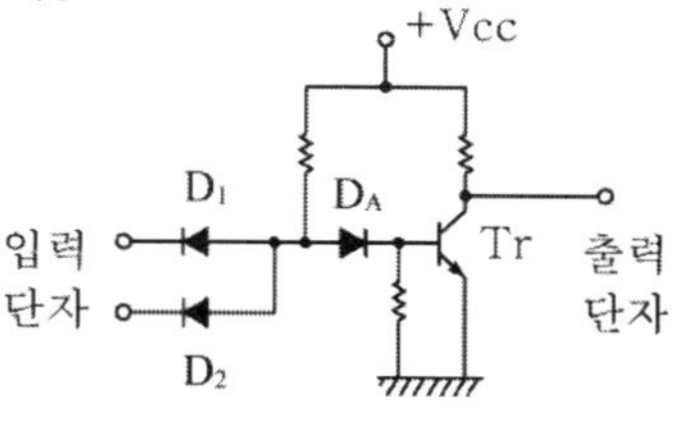

① NOR ② OR
③ NAND ④ AND

해설

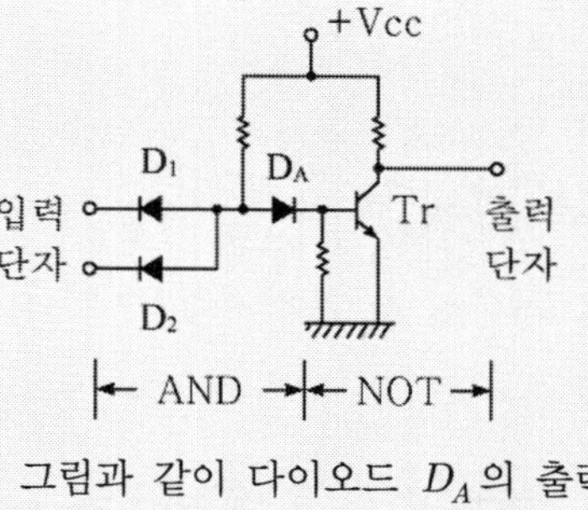

위 그림과 같이 다이오드 D_A의 출력단자는 AND 회로가 되고, 트랜지스터 Tr을 거치면 반전(NOT)이 된다.
∴ 따라서 출력단자는 NAND 회로가 된다.

답 ③

30. 그림과 같은 유접점 회로의 논리식은?

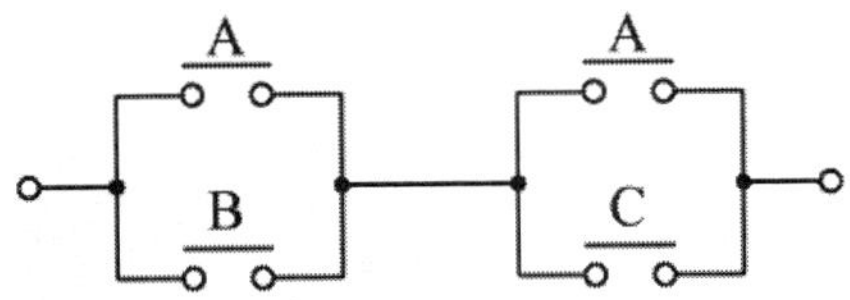

① A+BC ② AB+C
③ B+AC ④ AB+BC

해설 $(A+B)\cdot(A+C) = AA+AC+AB+BC$
$= A+AC+AB+BC$
$= A(1+C+B)+BC$
$= A+BC$

답 ①

31. 피드백제어계에서 제어요소에 대한 설명 중 옳은 것은?

① 조작부와 검출부로 구성되어 있다.
② 조절부와 변환부로 구성되어 있다.
③ 동작신호를 조작량으로 변화시키는 요소이다.
④ 목표값에 비례하는 신호를 발생하는 요소이다.

해설 제어요소는 조절부와 조작부로 구성되어 동작신호를 조작량으로 변환시키는 요소이다.

답 ③

참고 페루프 제어계의 구성

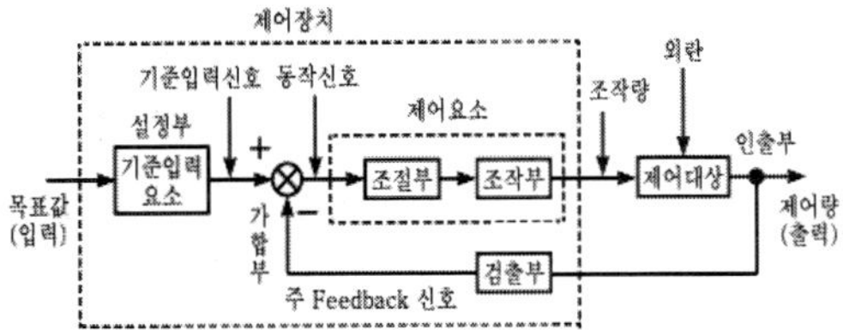

32. 빛이 닿으면 전류가 흐르는 다이오드로 광량의 변화를 전류값으로 대치하므로 광센서에 주로 사용하는 다이오드는?

① 제너다이오드 ② 터널다이오드
③ 발광다이오드 ④ 포토다이오드

해설 ① 제너 다이오드 : 정전압 출력용
② 터널 다이오드 : 전압을 높이면 저항이 증가하여 전류가 떨어지는 부성저항의 원리를 이용해 만든 다이오드
③ 발광 다이오드(LED) : 전류를 가하면 빛을 발하는 다이오드
④ 포토 다이오드 : 광신호를 전기 신호로 변화하는 다이오드 (광검출기)

답 ④

33. 다음은 논리식 중 틀린 것은?

① $(\overline{A}+B)\cdot(A+B) = B$
② $(A+B)\cdot\overline{B} = A\overline{B}$
③ $\overline{AB+AC}+\overline{A} = \overline{A}+\overline{B}\,\overline{C}$
④ $(\overline{A}+B)+CD = A\overline{B}(C+D)$

해설 ① $(\overline{A}+B)\cdot(A+B) = A\cdot\overline{A}+B\cdot B = B$
② $(A+B)\cdot\overline{B} = A\cdot\overline{B}+B\cdot\overline{B} = A\cdot\overline{B}$
③ $\overline{AB+AC}+\overline{A} = (\overline{A}+\overline{B})\cdot(\overline{A}+\overline{C})+\overline{A}$
$= \overline{A}\cdot\overline{A}+\overline{A}\cdot\overline{C}+\overline{A}\cdot\overline{B}+\overline{B}\cdot\overline{C}+\overline{A}$
$= \overline{A}+\overline{A}\cdot\overline{C}+\overline{A}\cdot\overline{B}+\overline{B}\cdot\overline{C}+\overline{A}$
$= \overline{A}(1+\overline{C}+\overline{B}+1)+\overline{B}\cdot\overline{C} = \overline{A}+\overline{B}\cdot\overline{C}$
④ $(\overline{A}+B)+CD$: 더 이상 정리 안됨

답 ④

34. PD(비례 미분) 제어 동작의 특징으로 옳은 것은?

① 잔류편차 제거
② 간헐현상 제거
③ 불연속 제어
④ 응답 속응성 개선

해설 조절부의 동작에 의븐 분류
㉠ 비례제어(P동작) : 잔류편차(off-set) 발생
㉡ 미분제어(D동작) : 오차가 커지는 것을 미연에 방지, 진동 억제
㉢ 적분제어(I동작) : 잔류편차(off-set) 제거
㉣ 비례미분제어(PD 동작) : 오버슈트(overshoot) 감소, 응답속도(속응성) 개선
㉤ 비례적분제어(PI 동작) : 잔류편차를 제거하여 정상특성 개선, 간헐현상 발생
㉥ 비례적분미분제어(PID 동작) : PI+PD로 가장 최적의 제어동작

답 ④

35. 그림은 개루프 제어계의 신호전달 계통도이다. 다음 ( )안에 알맞은 제어계의 동작요소는?

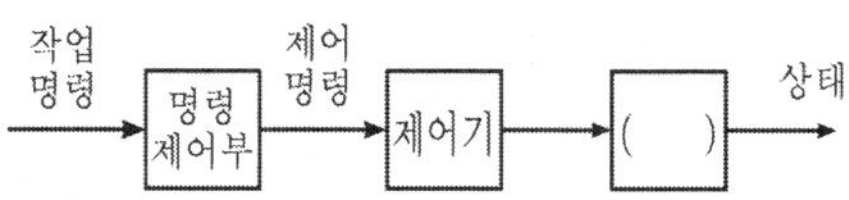

① 제어량　　② 제어대상
③ 제어장치　　④ 제어요소

해설

답 ②

36. 2차계에서 무제동으로 무한 진동이 일어나는 감쇠율 (damping ration) δ는 어떤 경우인가?

① $\delta = 0$　　② $\delta > 1$
③ $\delta = 1$　　④ $0 < \delta < 1$

해설 2차 지연요소의 인디셜 응답의 구분
㉠ $0<\delta<1$: 부족제동 (감쇠진동)
㉡ $\delta=1$: 임계제동 (임계상태)
㉢ $\delta>1$: 과제동 (비진동)
㉣ $\delta=0$: 무제동 (무한진동, 완전진동)
㉤ $\delta<0$: 발산 (부의 제동)

답 ①

37. 자동제어 중 플랜트나 생산 공정 중의 상태량을 제어량으로 하는 제어방법은?

① 정치제어　　② 추종제어
③ 비율제어　　④ 프로세스제어

해설 온도, 유량, 압력, 액위, 농도, 습도, 비중 등 공업공정의 상태량을 제어하는 것을 프로세서 제어라 한다.

답 ④

38. 다음 무접점회로의 논리식(X)은?

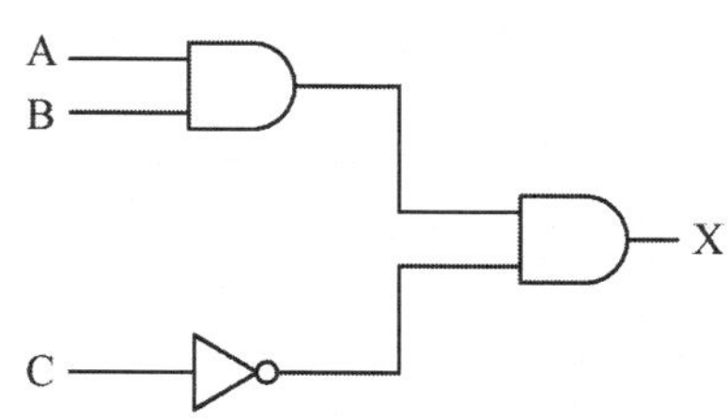

① $A \cdot B + \overline{C}$　　② $A + B + \overline{C}$
③ $(A + B) \cdot \overline{C}$　　④ $A \cdot B \cdot \overline{C}$

해설

답 ④

39. 다음 그림과 같은 논리회로로 옳은 것은?

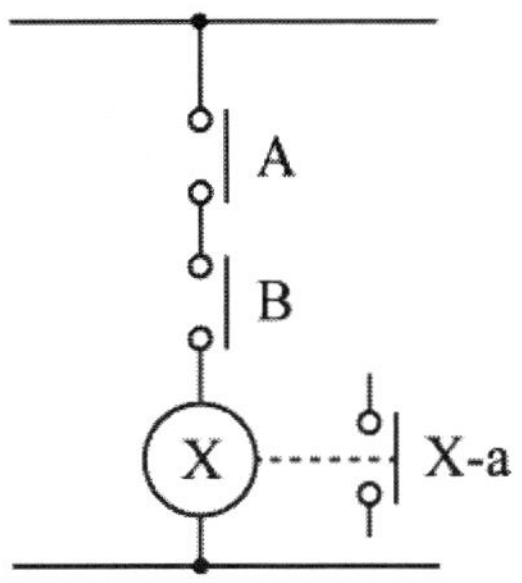

① OR회로　　② AND회로
③ NOT 회로　　④ NOR 회로

해설 ㉠ AND 회로 : 직렬 접속 회로
㉡ OR 회로 : 병렬 접속 회로
㉢ NOT 회로 : 출력이 반전된 회로
(X-b 접점 사용하여 출력을 반전 시킴)
㉣ NOR 회로 : OR 회로의 반전

답 ②

40. 논리식 $X = \overline{A \cdot B}$ 와 같은 것은?

① $X = \overline{A} + \overline{B}$　　② $X = A + B$
③ $X = \overline{A} \cdot \overline{B}$　　④ $X = A \cdot B$

해설 드모르간(De Morgan's theorem) 정리
㉠ 모든 "AND" 연산은 "OR" 로 "OR" 연산은 "AND" 연산으로 바꾼다.
㉡ 모든 신호 "1" 은 "0" 으로 "0" 은 "1" 로 바꾼다.
㉢ 모든 변수는 그의 보수로 나타낸다.
㉣ $\overline{A+B} = \overline{A} \cdot \overline{B}$ 또는 $\overline{A \cdot B} = \overline{A} + \overline{B}$ 가 된다.

답 ①

41. 제어 목표에 의한 분류 중 미지의 임의 시간적 변화를 하는 목표값에 제어량을 추종시키는 것을 목적으로 하는 제어법은?

① 정치 제어　　② 비율 제어
③ 추종 제어　　④ 프로그램 제어

해설 ㉠ 정치 제어 : 목표값이 시간에 따라 일정한 제어
㉡ 추치 제어 : 목표값이 시간에 따라 임의로 변하는 제어

답 ③

42. 조작기기는 직접 제어대상에 작용하는 장치이고 빠른 응답이 요구된다. 다음 중 전기식 조작기기가 아닌 것은?

① 서보 전동기
② 전동 밸브
③ 다이어프램 밸브
④ 전자 밸브

해설 답 ③

43. 추종제어에 대한 설명으로 가장 옳은 것은?

① 제어량의 종류에 의하여 분류한 자동제어의 일종
② 목표값이 시간에 따라 임의로 변하는 제어
③ 제어량이 공업 프로세스의 상태량일 경우의 제어
④ 정치제어의 일종으로 주로 유량, 위치, 주파수, 전압 등을 제어

해설 ㉠ 정치 제어 : 목표값이 시간에 따라 일정한 제어
㉡ 추치 제어 : 목표값이 시간에 따라 임의로 변하는 제어

답 ②

44. 제어동작에 따른 제어계의 분류에 대한 설명 중 틀린 것은?

① 미분동작 : D동작 또는 rate동작이라고 부르며, 동작신호의 기울기에 비례한 조작신호를 만든다.
② 적분동작 : I동작 또는 리셋동작이라고 부르며, 적분값의 크기에 비례하여 조절신호를 만든다.
③ 2위치제어 : on/off 동작이라고도 하며, 제어량이 목표값 보다 작은지 큰지에 따라 조작량으로 on 또는 off의 두가지 값의 조절 신호를 발생한다.
④ 비례동작 : P동작이라고도 부르며, 제어동작신호에 반비례하는 조절신호를 만드는 제어동작이다.

해설 비례동작 : P동작이라고도 부르며, 제어동작신호에 비례하는 조절신호를 만드는 제어동작이다.

답 ④

45. 불대수의 기본정리에 관한 설명으로 틀린 것은?

① $A+A=A$　② $A+1=1$
③ $A\cdot 0=1$　④ $A+0=A$

해설
㉠ $A\cdot 1=A$　㉡ $A\cdot 0=0$
㉢ $A\cdot A=A$　㉣ $A\cdot \overline{A}=0$
㉤ $A+1=1$　㉥ $A+0=A$
㉦ $A+A=A$　㉧ $A+\overline{A}=1$

답 ③

46. PB–on 스위치와 병렬로 접속된 보조접점 X–a의 역할은?

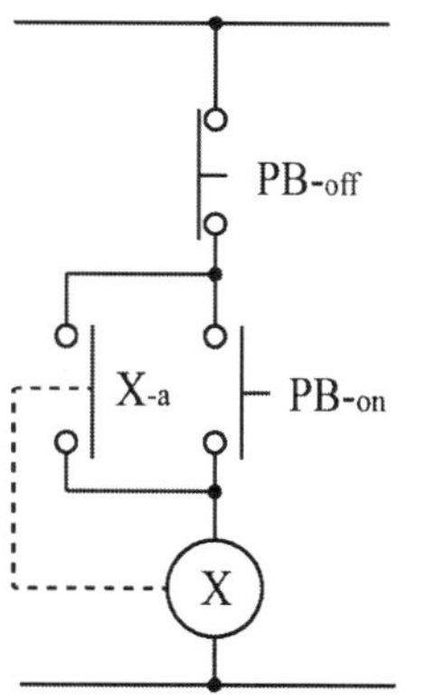

① 인터록 회로　② 자기유지회로
③ 전원차단회로　④ 램프점등회로

해설 ㉠ 입력 스위치(PB–on)를 ON 조작하면 그 후 손을 떼어도 릴레이(X)는 여자상태를 유지한다. 이러한 회로를 자기유지회로라 한다.
㉡ 이러한 자기유지회로는 릴레이의 a접점(X–a)을 입력 스위치(PB–on)와 병렬로 접속하여 구성할 수 있다.

답 ②

47. 다음 그림과 같은 계통의 전달함수는?

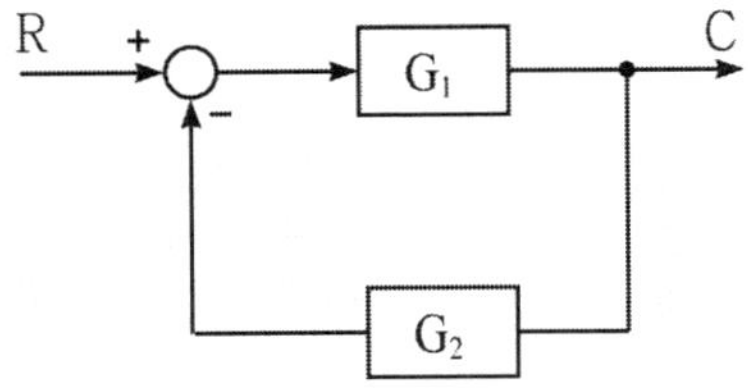

① $\dfrac{G_1}{1+G_2}$　　② $\dfrac{G_2}{1+G_1}$

③ $\dfrac{G_2}{1+G_1G_2}$　　④ $\dfrac{G_1}{1+G_1G_2}$

해설 종합 전달함수(메이슨 공식)

$$M(s)=\frac{\sum 전향경로이득}{1-\sum 폐루프이득}$$

$$=\frac{G_1}{1-(-G_1G_2)}=\frac{G_1}{1+G_1G_2}$$

답 ④

48. 그림과 같은 게이트의 명칭은?

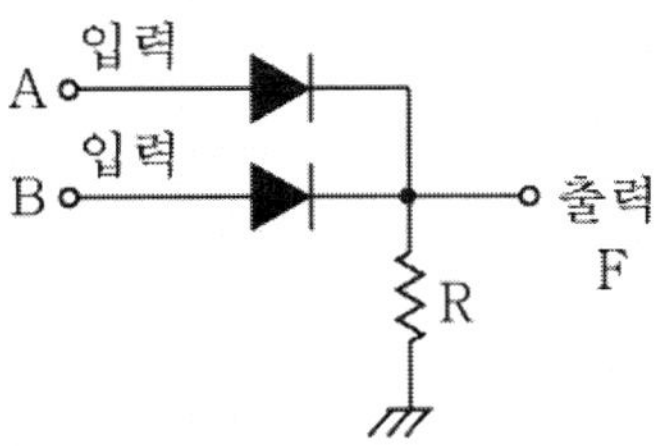

① AND　　② OR

③ NOR　　④ NAND

해설 AND 회로는 다음과 같다.

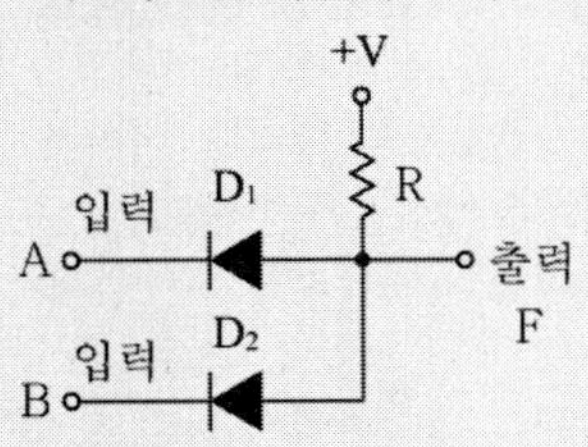

답 ②

49. 논리식 $X=AB\overline{C}+\overline{A}BC+\overline{A}B\overline{C}$ 를 가장 간소화 하면?

① $B(\overline{A}+\overline{C})$　　② $B(\overline{A}+A\overline{C})$

③ $B(\overline{A}C+\overline{C})$　　④ $B(A+C)$

해설

$X=AB\overline{C}+\overline{A}BC+\overline{A}B\overline{C}$

$=AB\overline{C}+\overline{A}BC+\overline{A}B\overline{C}+\overline{A}B\overline{C}$

$=B\overline{C}(A+\overline{A})+\overline{A}B(C+\overline{C})$

$=B\overline{C}+\overline{A}B=B(\overline{A}+\overline{C})$

여기서, $A+A=A$, $A+\overline{A}=1$

답 ①

50. 어떤 계를 표시하는 미분 방정식이 아래와 같을 때, $x(t)$는 입력신호, $y(t)$는 출력신호라고 하면 이 계의 전달 함수는?

$$5\frac{d^2}{dt^2}y(t)+3\frac{d}{dt}y(t)-2y(t)=x(t)$$

① $\dfrac{1}{(s+1)(s-5)}$

② $\dfrac{1}{(s-1)(s+5)}$

③ $\dfrac{1}{(5s-2)(s+1)}$

④ $\dfrac{1}{(5s+1)(s-2)}$

해설 ㉠ 미분 방정식을 라플라스 변환하면

$5s^2Y(s)+3sY(s)-2Y(s)=X(s)$

㉡ 위 식을 $Y(s)$로 정리하면

$(5s^2+3s-2)Y(s)=X(s)$

$\therefore$ 전달함수 $G(s)=\dfrac{Y(s)}{X(s)}$

$=\dfrac{1}{5s^2+3s-2}$

$=\dfrac{1}{(5s-2)(s+1)}$

답 ③

51. 피드백 제어계에 대한 설명 중 틀린 것은?

① 감대역 폭이 증가한다.
② 정확성이 있다.
③ 비선형에 대한 효과가 증대된다.
④ 발진을 일으키는 경향이 있다.

해설 페루프 제어계(feedback control)의 특징
㉠ 외란에 대한 영향을 줄일 수 있다.
㉡ 제어기기의 부품성능이 저하되어도 안정적인 출력을 보낼 수 있다.
㉢ 제어계의 특성을 향상시킬 수 있다.
㉣ 비선형 왜곡이 감소한다.
㉤ 대역폭이 증가한다.
㉥ 계의 특성 변화에 대한 입력 대 출력 비의 감도가 감소한다.
㉦ 구조가 복잡하고 설치비가 고가이다.
㉧ 발진을 일으키고 불안정한 상태로 되어가는 경향성이 있다.

답 ③

52. 그림과 같은 다이오드 게이트 회로에서 출력전압은? (단, 다이오드 내의 전압강하는 무시한다.)

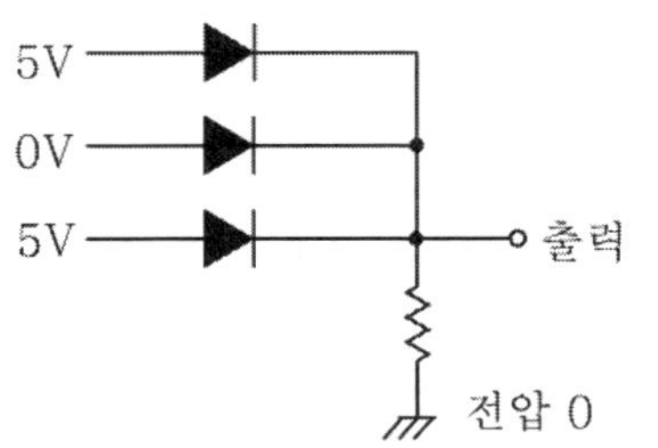

① 10[V] ② 5[V]
③ 1[V] ④ 0[V]

해설 문제의 그림은 OR GATE가 되므로 입력단자 3개 중 어느 하나의 신호만 들어와도 출력이 나간다.

답 ②

53. 변위를 압력으로 변환하는 소자로 옳은 것은?

① 다이어프램 ② 가변 저항기
③ 벨로우즈 ④ 노즐 플래퍼

해설 ① 다이어프램 : 압력 → 변위
② 가변 저항기 : 변위 → 임피던스
③ 벨로우즈 : 압력 → 변위
④ 노즐 플래퍼 : 변위 → 압력

답 ④

54. $X = A\overline{B}C + \overline{A}BC + \overline{AB}C + \overline{ABC} +$ …를 가장 간소화한 것은?

① $\overline{A}BC + \overline{B}$ ② $B + \overline{A}C$
③ $\overline{B} + \overline{A}C$ ④ $\overline{AB}C + B$

해설 카르노 맵을 활용하면 쉽게 구할 수 있다.
㉠ 아래 묶음을 정리하면 : $\overline{B}$

A \ BC	00	01	11	10
0	1	1	1	0
1	1	1	0	0

㉡ 아래 묶음을 정리하면 : $\overline{A}C$

A \ BC	00	01	11	10
0	1	1	1	0
1	1	1	0	0

$\therefore X = \overline{B} + \overline{A}C$

답 ③

55. 입력 $r(t)$, 출력 $c(t)$인 제어시스템에서 전달함수 $G(s)$는? (단, 초기값은 0이다.)

$$\frac{d^2c(t)}{dt^2}+3\frac{dc(t)}{dt}+2c(t) = \frac{dr(t)}{dt}+3r(t)$$

① $\dfrac{3s+1}{2s^2+3s+1}$　② $\dfrac{s^2+3s+2}{s+3}$

③ $\dfrac{s+1}{s^2+3s+2}$　④ $\dfrac{s+3}{s^2+3s+2}$

해설 ㉠ 미분 방정식을 라플라스 변환하면
$s^2C(s)+3sC(s)+2C(s)=sR(s)+3$.
㉡ 위 식을 $C(s)$, $R(s)$로 정리하면
$(s^2+3s+2)C(s)=(s+3)R(s)$
∴ 전달함수
$$G(s)=\frac{C(s)}{R(s)}=\frac{s+3}{s^2+3s+2}$$

답 ④

56. 그림과 같은 계전기 접점회로의 논리식은?

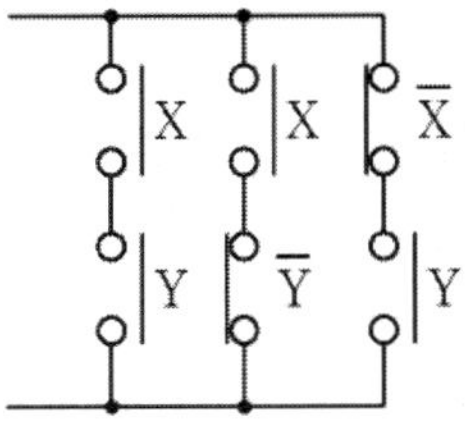

① $(X+Y)(X+\overline{Y})(\overline{X}+Y)$

② $(X+Y)+(X+\overline{Y})+(\overline{X}+Y)$

③ $(XY)+(X\overline{Y})+(\overline{X}Y)$

④ $(XY)(X\overline{Y})(\overline{X}Y)$

해설 ㉠ AND 회로 : 직렬 접속
(논리 식 : $X \cdot Y$)
㉡ OR 회로 : 병렬 접속
(논리 식 : $X+Y$)
㉢ NOT 회로 : 반전(논리 식 : $\overline{X}$)

답 ③

제5장

전기기기

제5장
전기기기

5-1 직류 발전기

1. 구성 요소

1) 계자 (Field magnet)

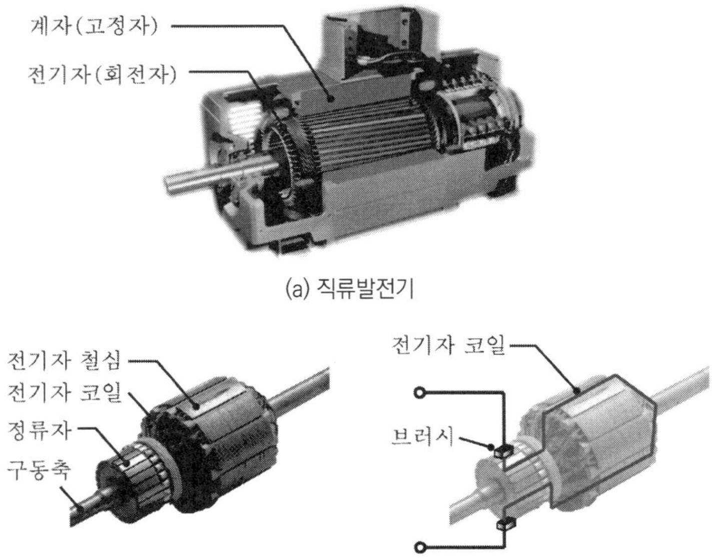

(a) 직류발전기

(b) 전기자

(c) 브러시와 출력단자

【그림 5-1】 구성 요소

(1) 직류기에서 N극과 S극을 만드는 부분이다. 직류기는 계자가 움직이지 않도록 고정되어있기 때문에 고정자라고도 한다. 자석의 힘을 만들기 위해 영구자석이나 철심(코일)을 사용할 수 있지만 일반적으로는 철심이 쓰인다.

(2) 철심에 전선을 감고 여기에 직류전류가 흐르면 자속이 생기는데 이를 활용하는 것이다. 이때 계자에 감겨있는 권선을 계자권선이라고 하며 계자권선에 흐르는

직류전류를 계자전류(I_f)라고 한다. 고정자를 간단히 극(자극)이라도 한다.

(3) 계자에서 자속을 만드는 과정에서 손실이 발생하는데 이를 철손한다. 철손은 주로 히스테리시스손과 와류손으로 이루어져있고 각각에 대한 설명은 아래와 같다.

① 히스테리시스손 ($P_h \propto f B_m^2$) : 철심의 자화 과정에서 발생하는 열로 인한 에너지 손실

② 와류손 ($P_e \propto t^2 f^2 B_m{}^2$) : 자화되어 발생되는 자속에 의해 철심의 면에 맴도는 전류로 인해 소비되는 손실

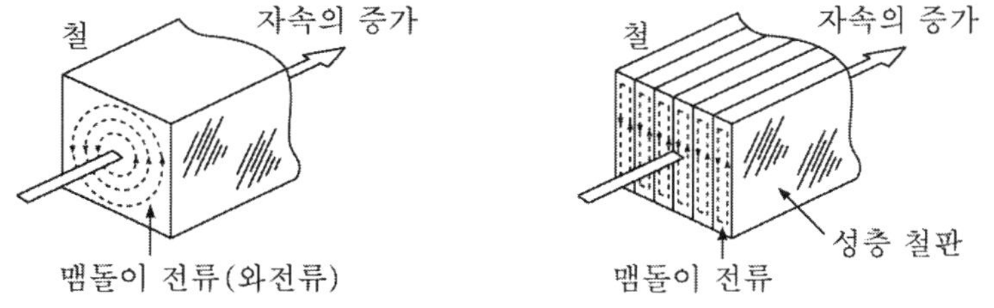

(a) 와류손 발생　　(b) 와류손 대책

【그림 5-2】 와전류와 와류손

2) 전기자 (Armature)

(1) 자극 사이에서 회전하는 원통형 부분을 일반적으로 회전자라고 하며, 직류기에는 이 회전자에 감긴 권선에 전류가 흐르기 때문에 특별히 전기자라고 부른다.

(2) 이 전기자에 감긴 권선을 전기자 권선이라 하며 이 전기자 권선에 흐르는 전류를 전기자 전류(I_a)라고 한다.

3) 정류자와 브러시(Commutator and Brush)

(1) 브러시와 정류자편은 발생된 교류전력를 직류전력으로 정류해준다.

(2) 정류자편은 회전자권선의 끝에 설치된 원형고리 부분이며, 브러시는 부하측에 설치된 부분으로 회전부분과 고정부분을 전기적으로 연결한다.

2. 전기자 권선법

1) 전기자 권선

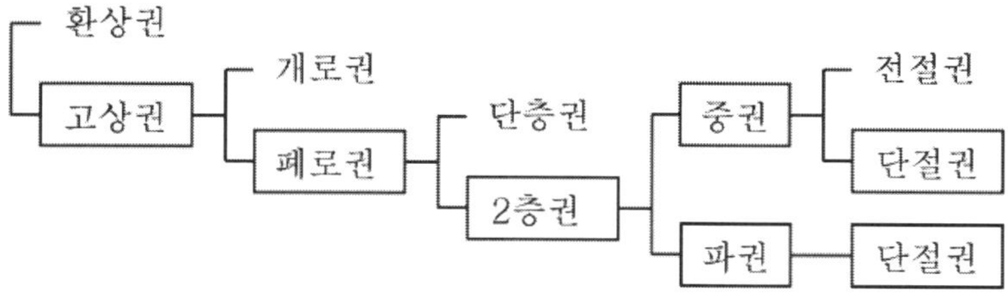

(1) 환상권 : 환상 철심에 도선을 환상으로 감은 것

(2) 고상권 : 원통형 철심의 표면에만 권선을 감은 것으로 절연이 양호하고 제작이 용이하며, 리액턴스가 적어 정류시 효율이 좋다.

(3) 단층권 : 1개의 슬롯(slot)내에 1개의 코일변(전기자 도체)을 삽입하는 권선법

(4) 2층권 : 1개의 슬롯(slot)내에 2개의 코일변(전기자 도체)을 삽입하는 권선법

2) 중권과 파권

(1) 회전자의 슬롯에 전기자 권선을 설치하고 정류자편과 연결시켜야 한다. 전기자권선은 정류자편과의 결선 방법에 따라 중권과 파권으로 구분할 수 있다.

(2) 중권과 파권의 비교

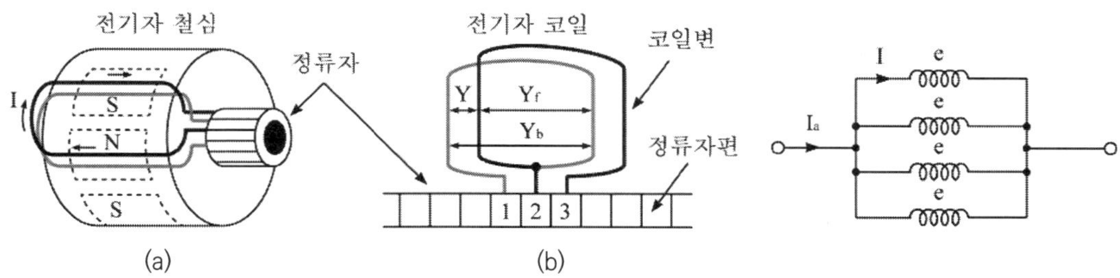

【그림 5-3】 중권

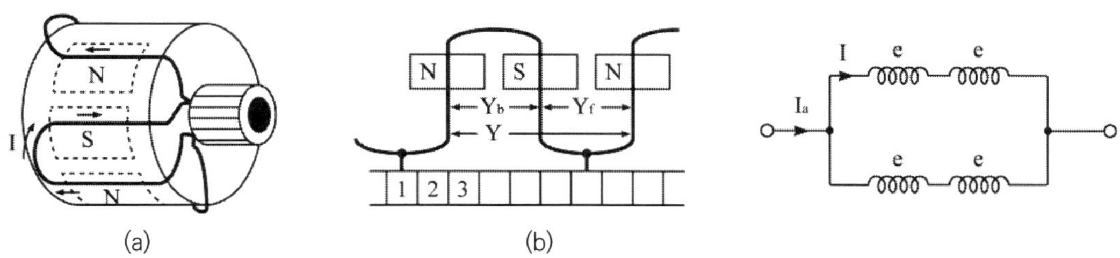

【그림 5-4】 파권

① 중권 : 저전압, 대전류에 적당하며 전기자의 병렬 회로수 a와 브러시 수 b는 극수 P와 같다.

② 파권 : 파권은 코일의 연결 모양이 파도 모양으로 고전압, 소전류 시스템에 적당하며 전기자의 병렬 회로수 a와 브러시 수 b는 항상 2이다.

【표 5-1】 중권과 파권의 비교

구분	중권(병렬권)	파권(직렬권)
병렬회로 수(a)	극수와 같다. ($a=P$)	극수와 관계없이 2임 ($a=2$)
브러시의 수(b)	극수와 같다. ($b=P$)	2개
균압환	○	×
용도	저전압, 대전류용 ($I=\frac{I_a}{2}$)	고전압, 소전류용 ($I=\frac{I_a}{a}$)

$$\text{정류자 편수} = \frac{\text{총 도체수}}{2} = \frac{\text{슬롯수} \times \text{슬롯내 도체수}}{2} \quad \cdots\cdots\cdots (\text{式 } 5\text{-}1)$$

3. 유도기전력

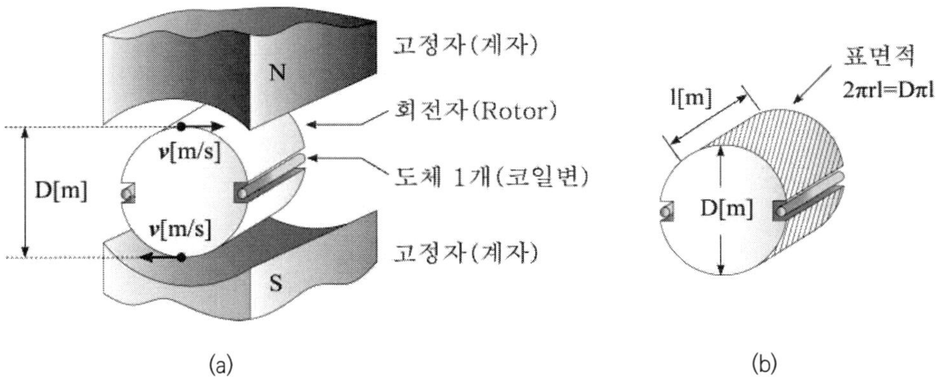

【그림 5-5】 단극 발전기

(1) 【그림 5-5】와 같이 회전자가 운동하면 플레밍 오른손 법칙에 의해 각 도체에는 기전력이 유도(유기)된다. 이때 도체 1개의 유도기전력은 다음과 같다.

① 도체 1개의 유도기전력 $e = B\ell v \sin\theta$[V] ································ (式 5-2)

② 회전자 주변속도 $v = \omega r = 2\pi n r = D\pi n = \dfrac{2\pi r N}{60}$[m/s] ············ (式 5-3)

③ 자속밀도 $B = \dfrac{\text{전체자속}}{\text{원통표면적}} = \dfrac{P\phi}{2\pi r\ell}$ ·· (式 5-4)

④ 도체 1개의 최대 유도기전력

$e = B\ell v = \dfrac{P\phi}{2\pi r\ell} \times \ell \times \dfrac{2\pi r N}{60} = \dfrac{P\phi N}{60}$[V] ································ (式 5-5)

여기서, r : 회전자 반경[m], D : 회전자 직경, P : 극수
n : 초당 회전수[rps], N : 분당 회전수[rpm]

(2) 실제의 기기에서 전기자의 출력 단자전압은 병렬회로의 도체 수 a와 각 도체의 전압을 곱한 값과 같다. 전체 유도기전력은 다음과 같다.

① 직렬 접속 도체 수 $= \dfrac{Z}{a}$ ·· (式 5-6)

② 전체 유도기전력 $E = e \times \dfrac{Z}{a} = \dfrac{PZ\phi N}{60a} = K\phi N$[V] ················· (式 5-7)

여기서, Z : 전기자 총 도체 수, a : 병렬 회로 수 (중권 : $a = P$, 파권 : $a = 2$)
K : 기계적 상수 ($K = \dfrac{PZ}{60a}$)

(3) 유도기전력(유기기전력)은 자속 ϕ와 회전수 N에 비례하고, 유도기전력이 일정할 때 자속과 회전수는 반비례 관계를 갖는다.

4. 전기자 반작용

1) 개요

(1) 다음 사항을 확인하고 넘어가자. 발전기는 자기장으로 전압을 만드는 장치이다. 즉, 자기장 내의 도체가 운동하면 도체에는 기전력이 유도되고, 이때 발전기에 부하가 접속되어 있다면 도체에 전류가 흘러 주변에 자기장을 만들어낸다. 그럼 계자에서 발생되는 자기장과 전기자가 만들어내는 자기장이 결합되면 어떤 현상이 발생될까?

(2) 계자(고정자)가 자기장(자기력선)을 만들어서 전기자에서 전류가 만들어지면 이

전류는 의도하지 않은 또 다른 자기장(자기력선)을 만들어낸다. 두 종류의 자기장(자기력선)은 서로에게 좋든 나쁘든 영향을 미칠 것이다. 이를 전기자 반작용이라고 하며, 직류 발전기와 직류 전동기 모두에서 발생되는 이상현상이다.

(3) 이러한 전기자 반작용은 전기자 전류에 의한 자기력선이 계자(고정자)에 의한 자기력선(주자속)에 영향을 주는 현상을 의미한다.

2) 전기자 반작용의 문제점

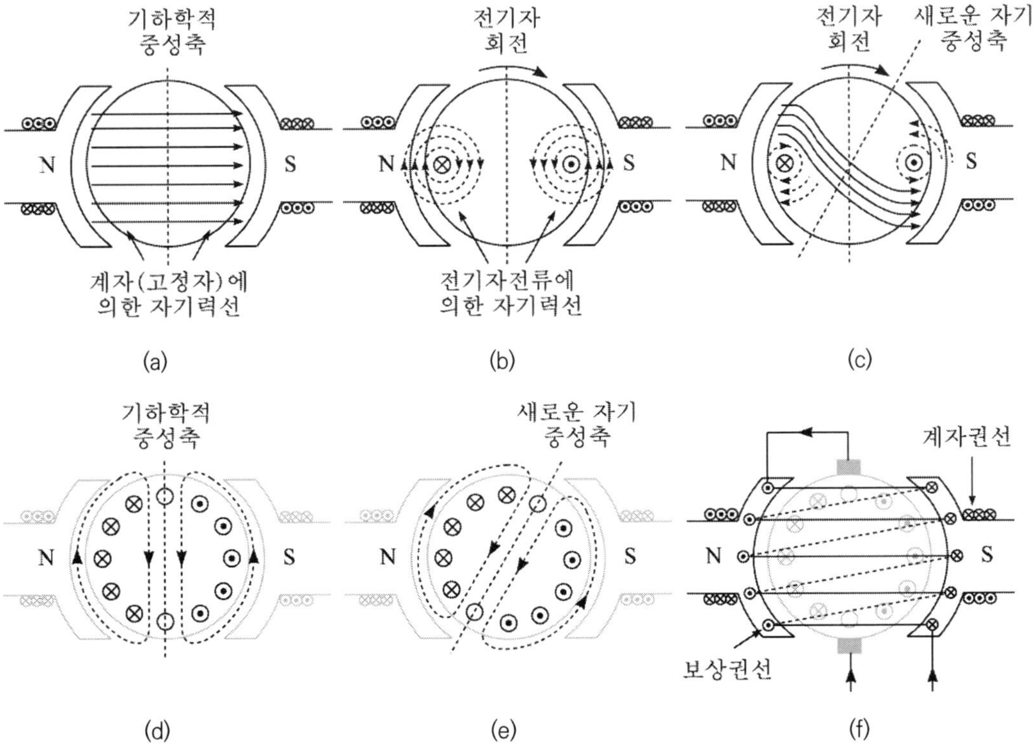

【그림 5-6】 전기자 반작용과 대책

(1) 편자작용으로 전기적 중성축이 이동된다.
   ① 발전기 : 발전기 회전방향으로 중성축이 이동
   ② 전동기 : 전동기 회전에 반대방향으로 중성축이 이동

(2) 주자속의 감소(감자작용)으로 인하여 유도기전력이 감소한다.

(3) 자기적 중성축의 이동으로 인한 브러시에 기전력이 발생하여 정류자 편간에 전압이 불균일하게 되어 브러시에서 불꽃 및 섬락이 발생한다. 즉, 원활하게 정류가 되지 않는다. (정류불량의 원인)

3) 전기자 반작용 방지 대책

(1) 중성축 이동 : 로커를 이용하여 브러시를 기기의 회전방향과 같은 방향으로 이동시킨다. 이때, 직류 발전기는 회전방향으로 이동시키고, 직류 전동기는 회전반대 방향으로 이동시킨다.

(2) 보극 설치 : 공극에서의 자속밀도를 균일하게 만든다.

(3) 보상권선 설치 : 계자극 표면에 보상권선을 설치하여 전기자 전류와 반대방향으로 전류를 흘리면 전기자 전류에 의한 자기장을 줄일 수 있다.

5. 직류 발전기의 종류

1) 여자방식에 따른 분류

(1) 타여자 발전기 : 발전기의 외부의 다른 직류 전원을 공급받아 계자 자속을 만드는 발전기이다.

(2) 자여자 발전기 : 계자 자속을 만들기 위한 전원을 외부에서 끌어오는 것이 아니라 전기자에서 만들어진 기전력을 그대로 이용하는 발전기이다. 이때 계자권선과 전기자 권선의 연결 방법에 따라 직권 발전기, 분권 발전기, 복권 발전기로 나누어 진다. 자여자 발전기는 역회전시 잔류자기가 소멸하여 발전이 안되므로 역회전이 되지 않도록 주의해야 한다.

① 직권 발전기 : 계자 권선과 전기자 권선을 직렬로 접속한 발전기

② 분권 발전기 : 계자 권선과 전기자 권선을 병렬로 접속한 발전기

③ 복권 발전기 : 직렬 계자 권선과 병렬 계자 권선을 동시에 사용하는 것으로 내분권과 외분권 복권 발전기로 구성되어 있다.

2) 타여자 발전기의 특징

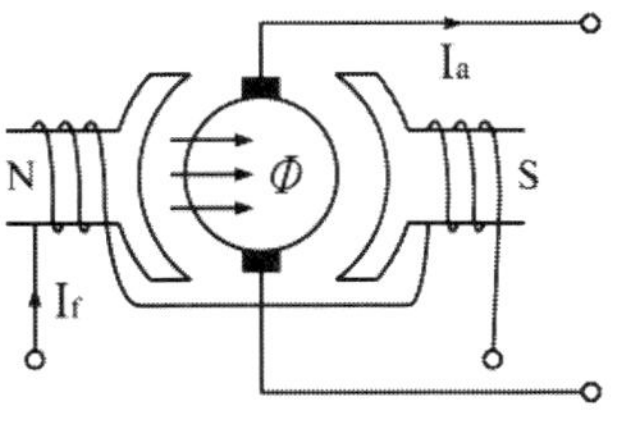

(a)

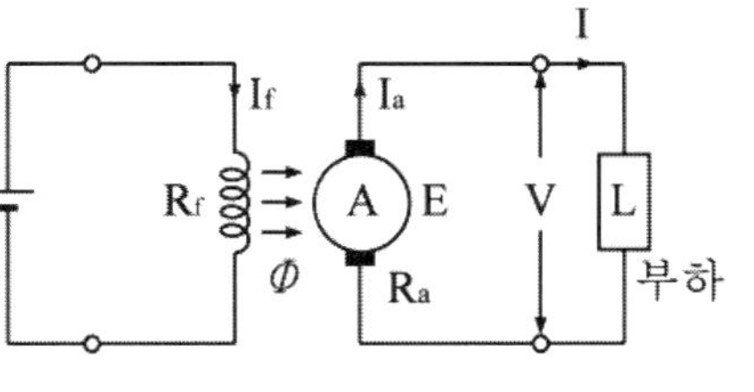

【그림 5-7】 타여자 발전기

(1) 타여자 발전기는 독립된 외부전원을 이용하여 계자전류를 흘리는 발전기이다. 도립된 외부전원으로 주 자속이 공급되기 때문에 전기자 전류가 주 자속의 크기에 영향을 미치지 않는다. 따라서 발전기를 영구자석 발전기라고도 부른다.

(2) 정상상태

① 전기자 전류 $I_a = I$[A] ······ (式 5-8)

② 유도기전력 $E = V + I_a R_a$ [V] ······ (式 5-9)

여기서, I : 부하 전류[A], V : 부하 단자 전압[V], R_a : 전기자 저항[Ω]

(3) 무부하상태

① 전기자 전류 $I_a = I = 0$ ······ (式 5-10)

② 유도기전력 $E = V_0$ ······ (式 5-11)

여기서, V_0 : 무부하 단자 전압[V]

(4) 발전기 운용 시 전압 변화가 작기 때문에 안정된 운전이 가능하므로 화학공장의 전원 및 실험실 전원으로 사용된다.

3) 직권 발전기의 특징

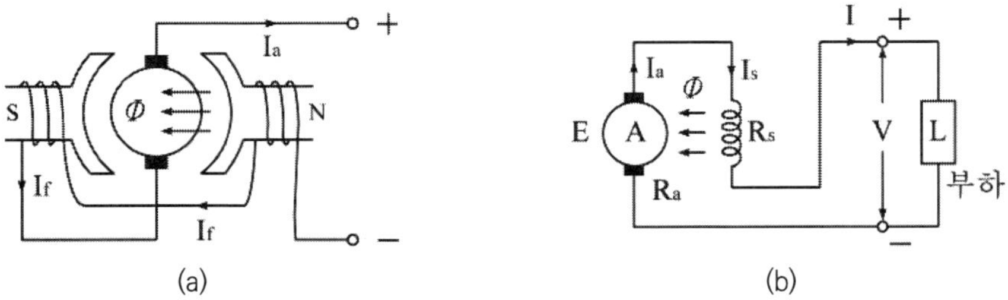

【그림 5-8】 직류 직권 발전기

(1) 직권 발전기는 계자권선이 전기자와 직렬로 연결된 발전기이다. 전기자에 흐르는 전류가 분권 발전기의 분권계자에 흐르는 전류보다 훨씬 많기 때문에 이 발전기의 직권계자에는 권선수가 적고 사용하는 전선도 분권계자에 비해서 훨씬 굵은 전선을 사용한다.

(2) 정상상태

① 전기자 전류 $I_a = I_s = I$[A] ······ (式 5-12)

② 유도기전력 $E = V + I_a R_a + I_s R_s$ [V] ······ (式 5-13)

③ 부하 단자 전압 $V = E - I_a(R_a + R_s)$[V] ······ (式 5-14)

여기서, I_s : 계자 전류[A], R_a : 전기자 저항[Ω], R_s : 계자 저항[Ω]

(3) 무부하상태 : 회로가 개방되어 전류가 흐르지 않기 때문에($I_a = I_s = I = 0$) 전압 확립이 되지 않는다. 즉 무부하상태에서는 발전하지 못한다.

(4) 부하에 따른 전압변동이 커서 직류전원으로 사용하기 어렵기 때문에 선로의 전압 강하 보상용의 승압기로 사용된다.

4) 분권 발전기의 특징

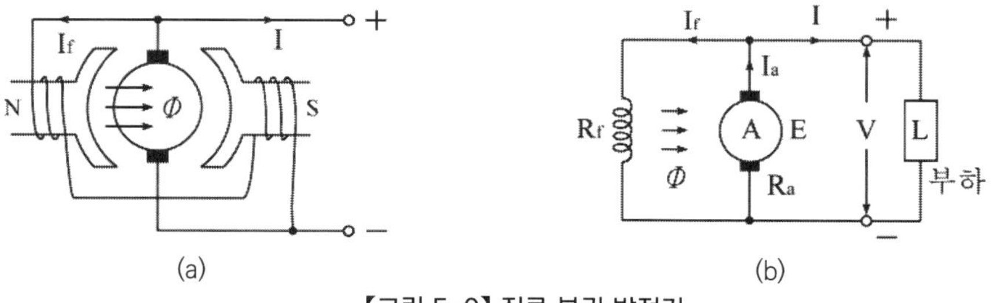

【그림 5-9】 직류 분권 발전기

(1) 분권 발전기는 발전기의 단자에 병렬로 연결된 계자를 이용하여 스스로 계자전류를 흘리는 발전기이다. 즉, 원동기를 통해 발전된 유도기전력 E에 의하여 계자 전류 I_f가 결정된다.

(2) 계자권선의 잔류자기를 이용하여 발전하므로 전기자의 회전방향을 반대로 할 경우 잔류자기가 소멸하여 발전기 안될수 있다.

(3) 정상상태

① 전기자 전류 $I_a = I + I_f$ [A] ······ (式 5-15)

② 유도기전력 $E = V + I_a R_a$[V] ······ (式 5-16)

③ 부하 단자 전압 $V = I_f R_f$[V] ······ (式 5-17)

여기서, I_f : 계자 전류[A], R_a : 전기자 저항[Ω], R_f : 계자 저항[Ω]

(4) 무부하상태 : 회로가 개방되면 부하전류가 0이 되므로($I=0$) 전기자 전류 I_a가 전부 계자전류 I_f가 되어 계자 권선이 소손될 우려가 있다. 따라서 직류 분권 발전기는 무부하 운전을 금지하고 있다.

(5) 타여자 발전기와 같이 전압변동률이 적고, 다른 여자 전원이 필요없고, 계자 저항기 R_f로 전압 조정이 가능하므로 화학용 전원, 축전지의 충전용 전원으로 사용된다.

5) 복권 발전기의 특징

(1) 직권 계자 권선과 분권 계자 권선을 함께 사용하는 발전기로 전기자 권선과 계자 권선이 병렬로 접속이 먼저 되어있으면 내분권 복권 발전기이고, 전기자 권선과 계자 권선이 직렬로 접속이 먼저 되어있으면 외분권 복권 발전기가 된다.

(2) 복권 발전기는 직권 계자 권선을 단락시키면 분권 발전기로 사용할 수 있으며, 복권 계자 권선을 개방시키면 직권 발전기로 사용할 수 있다.

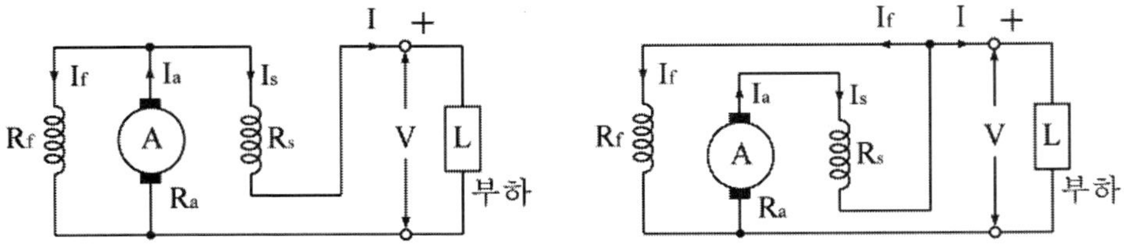

(a) 내분권 (b) 외분권

【그림 5-10】 직류 복권 발전기

(3) 내분권 복권 발전기의 특징

① 전기자 전류 $I_a = I_f + I_s (= I)$ [A] ······ (式 5-18)

② 유도기전력 $E = V + I_a R_a + I_s R_s$ [V] ······ (式 5-19)

(4) 외분권 복권 발전기의 특징

① 전기자 전류 $I_a (= I_s) = I_f + I$ [A] ······ (式 5-20)

② 유도기전력 $E = V + I_a (R_a + R_s)$ [V] ······ (式 5-21)

(5) 복권 발전기의 외부 특성 곡선

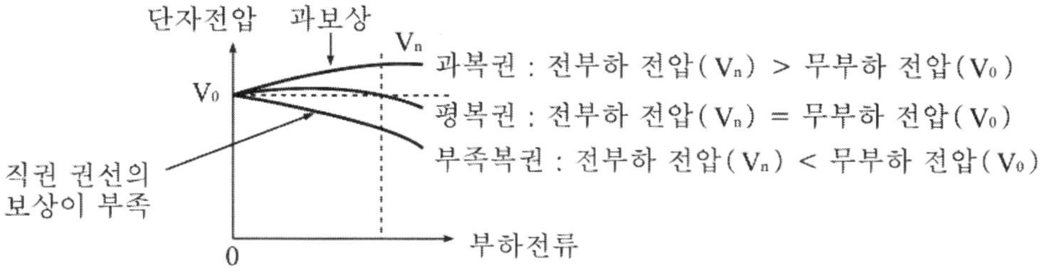

【그림 5-11】 복권 발전기의 외부 특성 곡선

① 가동 복권 발전기 : 직권 계자 권선에 의한 자속과 분권 계자 권선에 자속이 서로 합쳐져서($\phi = \phi_s + \phi_f$) 전체 유도기전력을 증가시키는 발전기를 말한다.

② 차동 복권 발전기 : 분권 계자의 기자력을 직권 계자의 기자력으로 감소되어 전체 유도기전력을 감소($\phi = \phi_s - \phi_f$)시키는 발전기를 말한다.

(7) 용도

① 평복권 발전기 : 부하가 증가해도 전압이 일정하므로 직류 전원 및 기기의 여자전원으로 사용한다.

② 과복권 발전기 : 급전선의 전압강하 보상용으로 사용한다.

③ 차동복권 발전기 : 수하특성을 갖는 정전류 발전기로서 아크용접용 발전기로 사용한다.

④ 수하특성 : 부하 증가 시 단자전압이 현저하게 강하되면서 부하전류가 급격히 감소되어 전류가 일정해지는 정전류특성을 말한다.

6. 전압변동률

(1) 발전기를 정격속도, 정격전류 및 정격출력으로 운전하고 여자회로를 조정하지 않고 속도를 일정하게 유지하면서 정격부하에서 무부하로 했을 때, 전압이 변동하는 비율을 전압변동률 ϵ 이라 한다.

$$\text{전압변동률 } \epsilon = \frac{V_0 - V_n}{V_n} \times 100\,[\%] \quad \cdots\cdots (\text{式 } 5\text{-}22)$$

(2) 전압변동율에 따른 발전기 종류

① $\epsilon > 0$: 타여자 발전기, 분권 발전기, 부족복권 발전기

② $\epsilon = 0$: 평복권 발전기

③ $\epsilon < 0$: 과복권 발전기, 직권 발전기

7. 직류 발전기의 병렬운전

(1) 어떤 부하의 크기가 크거나 발전기 용량이 작은 경우 발전기 1대로는 수요를 감당할 수 없다. 따라서 수요에 맞게 여러 대의 발전기를 동시에 운용하는 방법이 있는데 이를 발전기의 병렬운전이라고 한다. 병렬운전을 하면 부하에 안정적으로 전기를 공급할 수 있다. 또 여러 발전기가 같이 돌아가므로 개별 발전기가 받는 부담이 줄어들어 고장이나 사고 위험을 줄이는 효과도 거둘 수 있다.

(2) 직류 발전기의 병렬운전 조건은 다음과 같다.

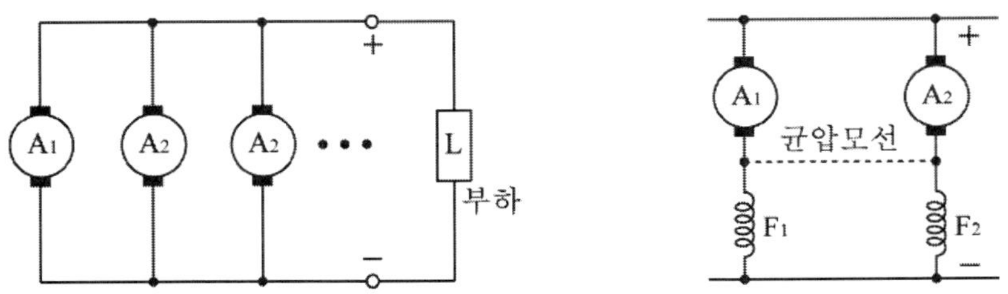

(a) 병렬운전 (b) 균압모선

【그림 5-12】 직류 발전기의 병렬운전 조건

① 직류 발전기의 극성이 같을 것

② 정격(단자)전압이 같을 것

③ 외부 특성 곡선이 일치할 것(수하특성→용접기, 누설변압기, 차동복권기)

④ 직권 발전기 및 복권 발전기의 경우 균압(모)선을 설치하여 안정된 운전이 가능할 것

예제 1

그림에서와 같이 ㉠㉡의 약 자극 사이에 정류자를 가진 코일을 두고 ㉢㉣에 직류를 공급하여 X, X'를 축으로 하여 코일을 시계 방향으로 회전시키고자 한다. ㉠㉡의 자극성과 ㉢㉣의 전원 극성을 어떻게 해야 되는가?

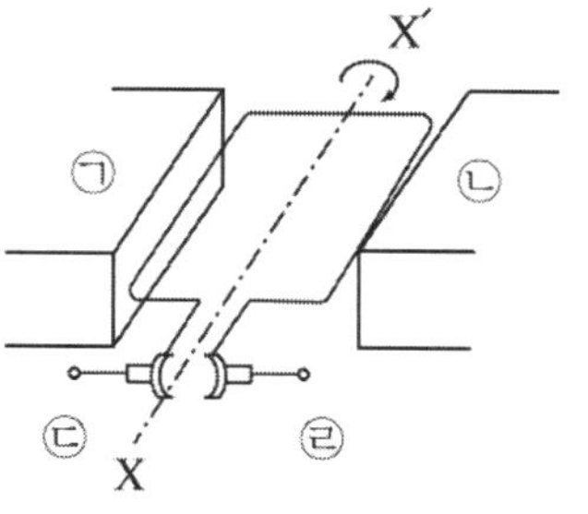

① ㉠ N ㉡ S ㉢ + ㉣ −
② ㉠ N ㉡ S ㉢ − ㉣ +
③ ㉠ S ㉡ N ㉢ + ㉣ +
④ ㉠ S ㉡ N ㉢ ㉣ 극성에 무관

해설 | 플레밍 오른손 법칙에 의해 아래와 같이 기전력이 유도된다.
㉠ 엄지(v) : 도체의 운동방향
㉡ 검지(B) : 자속밀도
㉢ 중지(e) : 유도기전력의 방향
∴ 전류가 나가는 단자가 (+)가 된다.

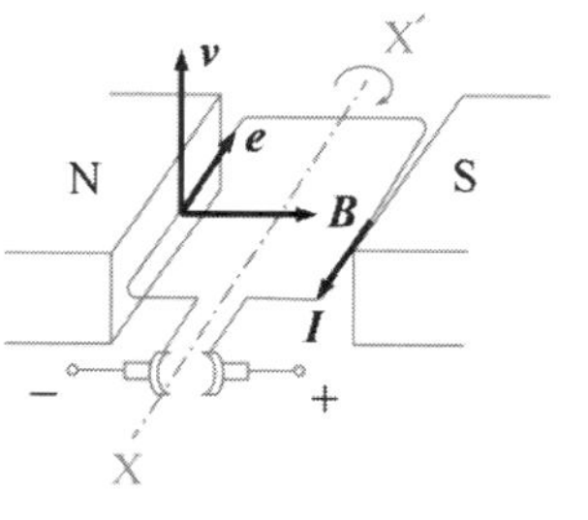

답 ②

예제 2

8극으로 된 직류 중권 발전기의 자극의 자속이 0.025[Wb]이고, 전기자 도체 수가 500이다. 1,200[rpm]으로 회전시킬 때 유기되는 기전력[V]는?

① 100[V] ② 150[V] ③ 200[V] ④ 250[V]

해설 | 유기기전력 $E=\dfrac{PZ\phi N}{60a}$[V] (중권의 경우 병렬 회로 수 $a=P_{극수}$)

$$\therefore\ E=\frac{PZ\phi N}{60a}=\frac{8\times 500\times 0.025\times 1{,}200}{60\times 8}=250\,[\mathrm{V}]$$

답 ④

예제 3

직류 발전기의 정격전압 100[V], 무부하 전압 109[V]이다 이 발전기의 전압 변동률 ϵ [%]은?

① 1 ② 3 ③ 6 ④ 7

해설 | 전압변동률 $\epsilon=\dfrac{V_0-V_n}{V_n}\times 100=\dfrac{109-100}{100}\times 100=9\,[\%]$

여기서, V_0 : 무부하 전압[V], V_n : 정격전압[V]

답 ④

5-2 직류 전동기

1. 직류 전동기의 기본이론

1) 플레밍의 왼손 법칙(=전동기 법칙)

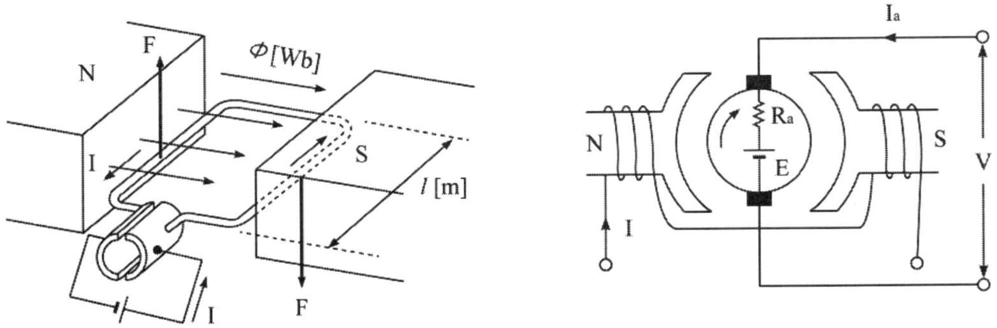

(a) 전동기 원리 (b) 역기전력 E

【그림 5-13】 직류 전동기

(1) 자기장 내에 있는 도체에 전류가 흐르면 도체에는 전자력이 받아지는데 이를 플레밍의 왼손 법칙이라 한다.

(2) 플레밍의 왼손 법칙은 왼손의 검지(둘째 손가락)가 자기장의 방향이고, 왼손의 중지(가운데 손가락)이 전류의 방향이며, 왼손의 엄지가 도체가 받아지는 힘 즉, 전가력 F의 방향이 된다. 전동기는 이 전자력에 의한 회전하게 된다.

$$\text{전자력 } F = BI\ell \sin\theta \, [\text{N}] \quad \cdots\cdots (\text{式 } 5\text{-}23)$$

여기서, B : 자속밀도[Wb/m^2], I : 전류[A], ℓ : 코일변의 길이[m]

2) 역기전력

(1) 전동기의 회전 시 전기자 도체가 자속을 끊게 되므로 발전기의 경우와 같이 기전력이 만들어진다. 이때 유도기전력의 방향은【그림 5-13】(b)와 같이 전원측 단자전압과 반대방향으로 발생하게 되므로 역기전력이라 한다.

(2) 역기전력과 단자전압은 다음과 같다.

① 역기전력 $E = \dfrac{PZ\phi N}{60a} = K\phi N$[V] ······························ (式 5-24)

② 단자전압 $V = E + I_a R_a \rightarrow E = V - I_a R_a$ ······························ (式 5-25)

여기서, 기계적 상수 $K = \dfrac{PZ}{60a}$

3) 전동기 회전 속도와 토크

(1) 회전 속도 : 전동기의 회전속도는 (式 5-24)를 통해서 알 수 있으며, 회전 속도는 역기전력 및 단자전압에 비례하고 자속에는 반비례한다.

회전속도 $N = \dfrac{E}{K\phi} = k\dfrac{E}{\phi} = k\dfrac{V - I_a R_a}{\phi}$ [rpm] ······························ (式 5-26)

여기서, V : 정격전압[V], I_a : 전기자 전류[A], R_a : 전기자 저항[Ω]

(2) 토크 T : 회전자 권선에 전류가 흐르면 플레밍 왼손 법칙에 의해 도체에는 전자력이 발생하여 회전자 축은 토크(회전력)를 발생시킨다.

① 전동기 출력 $P_0 = EI_a = \omega T$[W] ······························ (式 5-27)

② $T = \dfrac{P_0}{\omega} = \dfrac{EI_a}{2\pi n} = \dfrac{PZ\phi N}{60a} \times \dfrac{I_a}{\dfrac{2\pi N}{60}} = \dfrac{PZ\phi I_a}{2\pi a} = K\phi I_a$[N·m]

③ $T = \dfrac{P_0}{\omega} = \dfrac{P_0}{\dfrac{2\pi N}{60}} = \dfrac{60}{2\pi} \times \dfrac{P_0}{N}$[N·m] $= \dfrac{1}{9.8} \times \dfrac{60}{2\pi} \times \dfrac{P_0}{N}$[kg·m]

$= 0.975\dfrac{P_0}{N}$

∴ 토크 $T = 0.975 \times \dfrac{P_0}{N}$[kg·m] $= K\phi I_a$[N·m] ······························ (式 5-28)

여기서, 기계적 상수 $K = \dfrac{PZ}{2\pi a}$, a : 병렬 회로 수(중권 : $a = P$, 파권 : $a = 2$)

2. 직류 전동기의 종류 및 특징

1) 개요

(1) 직류 전동기는 직류 발전기와 구조가 같으며 직류 발전기는 플레밍 오른손 법칙을 이용하고, 직류 전동기는 플레밍 왼손 법칙을 이용하여 전동기를 회전시킨다.

(2) 직류 전동기는 여자 방식, 계자 권선, 전기자 권선의 접속 방식에 따라 구분된다.

① 타여자 전동기 : 계자 권선과 전기자 권선의 전원이 서로 다른 전동기

② 자여자 전동기 : 계자 권선과 전기자 권선의 전원이 같은 전동기

(3) 자여자 전동기 중에서 직류 발전기와 마찬가지로 계자 권선과 전기자 권선이 직렬로 접속되어 있으면 직권 전동기, 병렬로 접속되어 있으면 분권 전동기, 직렬 계자 권선과 병렬 계자 권선을 동시에 사용하면 복권 전동기라 한다.

2) 직권 전동기

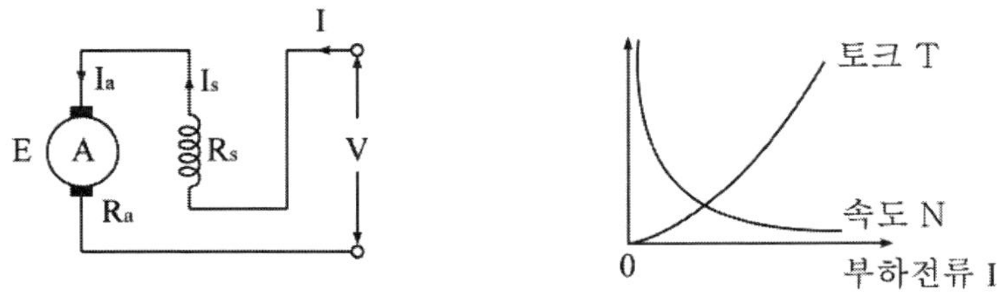

(a) 등가회로 (b) 속도, 토크 특성

【그림 5-14】 직권 전동기의 특성

(1) 직권 전동기의 특성은 다음과 같다.

① 전기자 전류 $I_a = I_s = I\,[\mathrm{A}]$ ………… (式 5-29)

② 역기전력 $E = V - I_a(R_a + R_s)\,[\mathrm{V}]$ ………… (式 5-30)

③ 회전 속도 $N = k\dfrac{V - I_a(R_a + R_s)}{\phi}\,[\mathrm{rpm}]$ ………… (式 5-31)

④ 토크 $T = K\phi I \propto I^2\,[\mathrm{N \cdot m}]$ ………… (式 5-32)

여기서, I_s : 계자 전류[A], I : 부하 전류[A], R_s : 계자 저항[Ω]

(2) 속도 특성 : 무부하에서는 회로에 전류가 흐르지 않으므로($I = I_s = I_a = 0$) 계자 권선의 자속도 0이 된다. 그럼 (式 5-31)와 같이 $\phi = 0$ 이 되면 $N = \infty$ 이 되어 전동기는 위험속도가 된다. 따라서 직권 전동기는 무부하 운전을 금지하는 것만

큼 전동기 축에 벨트를 걸어 사용하는 부하에는 적합하지 않다. (벨트가 벗겨지게 되면 위험속도가 된다.)

(3) 토크 특성 : 직권 전동기의 자속은 부하전류에 비례하므로($I_s \propto \phi$) (式 5-32)와 같이 전류 제곱에 비례($T \propto I^2$)하여 토크가 크므로 권상기, 기중기, 크레인 등와 같이 큰 토크가 요구되는 부하에 사용된다.

3) 분권 전동기

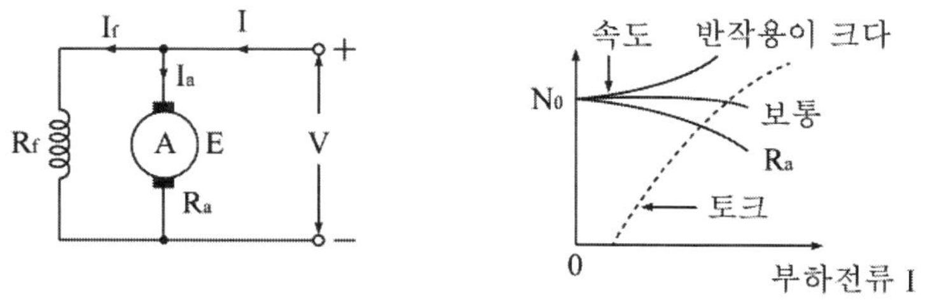

(a) 등가회로 (b) 속도, 토크 특성

【그림 5-15】 분권 전동기의 특성

(1) 분권 전동기는 전기자 권선과 계자 권선이 병렬로 접속되어 있어서 정격전압이 일정하면 계자 전류도 일정하게 나타나는 특성이 있다.

① 전기자 전류 $I_a = I - I_f$ [A] ……………………………………………… (式 5-33)

② 역기전력 $E = V - I_a R_a$ [V] ……………………………………………… (式 5-34)

③ 회전 속도 $N = k\dfrac{V - I_a R_a}{\phi}$ [rpm] ……………………………………… (式 5-35)

④ 토크 $T = K\phi I \propto I$ [N·m] ……………………………………………… (式 5-36)

(2) 속도 특성 : 단자전압이 일정하면 계자 전류의 변화는 거의 없으므로 토크와 회전 속도의 변화가 직권 또는 분권 전동기에 비해 작다.

(3) 부족 여자 특성 : 계자 회로 단선 시 계자 전류가 0이 되어 자속이 0으로 변해 회전 속도가 급격히 상승하여 위험속도에 도달하게 된다. 따라서 계자 회로에 퓨즈 및 과전류차단기를 설치해서는 안된다.

3. 속도 제어법

1) 개요

(1) 부하 종류에 따른 특성과 운전의 목적에 맞도록 직류 전동기의 회전속도를 제어할 필요가 있다.

(2) (式 5-26)에 정격 전압 V, 계자 자속 ϕ, 전기자 저항 R가 포함되어 있으므로 회전속도는 이 세가지 요소를 통해 제어할 수 있으며, 이를 전압 제어, 자속 제어, 저항 제어라 한다. 또한 자속은 계자에서 만들어지므로 자속 제어라는 말 대신 주로 계자 제어라고 한다.

2) 속도 제어법의 종류

(1) 전압 제어법

① 전압 제어법은 전동기 전원의 정격 전압 V를 변화시켜 속도를 조절하는 방법으로 속도를 광범위하게 제어할 수 있고 효율이 높은 것이 특징이다.

② 워드레오나드 방식 : 직류 전동기의 입력 단자가 M-G set(전동기-발전기 세트)의 출력단자와 연결되어 있는 방식으로 M-G set의 전동기는 3상 유도전동기 또는 3상 동기전동기이고 발전기의 회전자 축을 회전시키는 원동기의 역할을 한다. 이러한 워드레오나드 방식은 권상기, 압연기, 엘리베이터 등에 사용한다.

③ 일그너 방식 : 플라이휠을 사용하여 부하변동이 심한 곳에서 전동기를 안정적으로 운전시킬 때 사용한다.

(2) 계자 제어법

① 계자의 가변저항을 통해 계자 전류와 자속 ϕ를 조절하여 속도를 제어하는 방식이다.

② 계자 전류의 크기는 손실도 적고 전기자와 관계없이 광범위한 속도조정이 가능하므로 정출력 제어라고 한다.

(3) 저항 제어법

① 전기자 회로에 삽입된 가변저항 R을 조절하여 속도를 제어하는 방법으로 제어가 용이하고 보수점검이 쉽고 가격이 저렴하다.

② 다만 전력손실과 전압강하가 크기 때문에 속도변동률이 크다.

3) 속도변동률

$$\text{속도변동률 } \epsilon_n = \frac{N_0 - N_n}{N_n} \times 100\,[\%] \quad \cdots\cdots \text{(式 5-37)}$$

여기서, N_0 : 무부하 속도, N_n : 정격 속도

(1) 직류 전동기가 일정한 전원에서 정격상태로 운전하고 있을 때 무부하 상태부터 정격부하 상태까지의 변화한 속도와 정격속도의 비율을 나타낸다.

(2) 직류 전동기의 속도-토크 특성 곡성

① 속도 변동률 비교 : ㉠ > ㉡ > ㉢ > ㉣
② 토크 변동률 비교 : ㉠ > ㉡ > ㉢ > ㉣

여기서, ㉠ 직권 전동기, ㉡ 가동복권 전동기, ㉢ 분권 전동기, ㉣ 차동복권 전동기

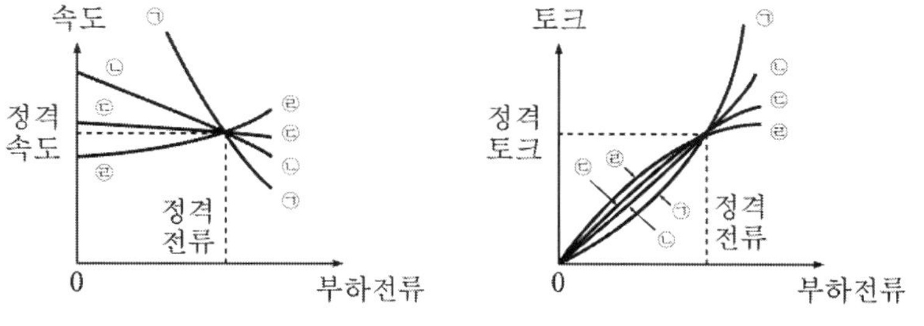

(a) 속도 특성　　(b) 토크 특성

【그림 5-16】 직류 전동기의 특성

4. 전기제동

(1) 역상 제동(플러깅)

전동기를 전원에 접속된 상태에서 전기자의 접속을 반대로 하여 회전 방향과 반대 방향으로 토크를 만들어 낸다. 전동기를 급히 정지시키거나 역전시키는 사용하는 방법이다.

(2) 발전 제동

운전 중인 전동기를 전원에서 분리시키고 전원으로부터 분리된 전동기에 저항을 연결하면 직류발전기가 된다. 여기서 발생된 기전력을 저항에서 열로 소비하여 제동하는 방법이다.

(3) 회생 제동

발전 제동과 마찬가지로 운전 중인 전동기를 전원으로부터 분리한 후, 이 때 발생된 전력을 전원에 반환하여 제동하는 방법이다.

예제 4

전기자의 총 도체 수 360, 6극 중권의 직류전동기가 있다. 전기자 전류가 60[A]일 때의 발생 토크[kg·m]는 약 얼마인가? (단, 1극당의 자속수는 0.06[Wb]이다.)

① 12.3　　② 21.1　　③ 32.5　　④ 43.2

해설 | ㉠ 토크 $T = \frac{PZ\phi I_a}{2\pi a} = \frac{6 \times 360 \times 0.06 \times 60}{2\pi \times 6} = 206.26[\text{N}\cdot\text{m}]$　　**답** ④

㉡ $1[\text{N}\cdot\text{m}] = \frac{1}{9.8}[\text{kg}\cdot\text{m}]$ 이므로　$\therefore T = \frac{206.26}{9.8} \fallingdotseq 21.1[\text{kg}\cdot\text{m}]$

예제 5

다음 중 직류 전동기의 속도 제어 방법에 속하지 않는 것은?

① 저항 제어법　　② 전압 제어법

③ 계자 제어법　　④ 2차 여자법

해설 | 회전 속도 $N = k\frac{V - I_a R_a}{\phi}[\text{rpm}]$ 에서　　**답** ①

㉠ 전압 제어법 (V 조정)

㉡ 계자 제업법 (ϕ 조정)

㉢ 저항 제어법 (R_a 조정)

5-3 유도전동기

1. 개요

(1) 유도기는 발전기보다는 전동기로 사용되며 산업에서 사용되는 대부분의 전동기는 유도기에 해당된다. 산업용 동력으로써는 3상 유도전동기가 가정용 소동력으로는 단상 유도전동기가 다른 직류 전동기와 동기 전동기보다 상용화 되어 있다.

(2) 현재 산업현장 및 가정에서 유도기가 널리 사용되는 이유는 다음과 같다.

① 3상 및 단상 전원을 쉽게 얻을 수 있다.

② 기기 구조가 간단하고 튼튼하다.

③ 타 동력설비에 비해서 가격이 저렴하다.

④ 제어가 쉽고 유지 보수가 용이하다.

⑤ 전동기 특성상 부하가 변해도 속도의 변동이 적다.

2. 유도전동기의 원리

1) 아르고 원판

(1) 유도 전동기의 기본 원리는 아라고의 원판 실험으로 알 수 있다. 구리나 알루미늄 원판을 회전할 수 있게 두고, 그 주변에서 자석을 회전시킨다. 이때 원판은 조금 늦게 자석과 같은 방향으로 따라오며 회전한다. 원판이 회전하는 원리는 다음과 같다.

(2) 【그림 5-17】와 같이 영구자석을 시계방향으로 회전시키면 그림 (b)의 ㉠지점에서는 자력선이 감소하여 유도기전력에 의한 와전류는 시계 방향으로 회전하고, ㉡지점에서는 자력선이 증가하여 유도기전력에 의한 와전류는 반시계 방향으로 회전하여 합성된 와전류는 원판 중으로 향하게 된다.

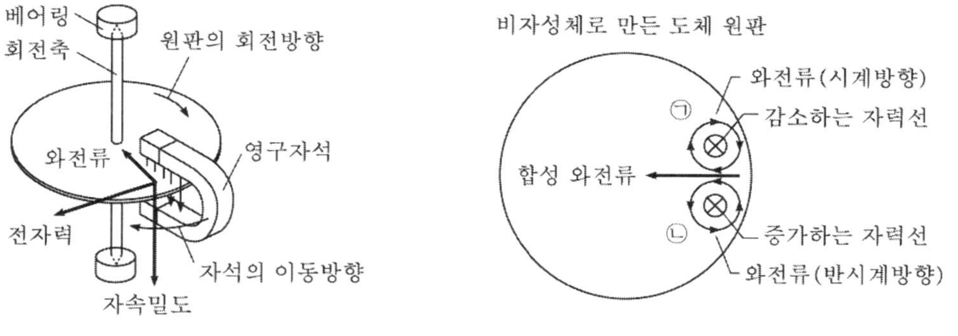

(a) 전자력 발생 (b) 와전류의 방향

【그림 5-17】 아르고 원판 원리

(3) 발생된 와전류와 자석에 의한 자속밀도에 의해 플레밍의 왼손 법칙에 따라 자석을 따라 회전하는 힘(전자력)을 만들어 내고 원판이 회전하게 된다.

2) 3상 교류의 회전 자계

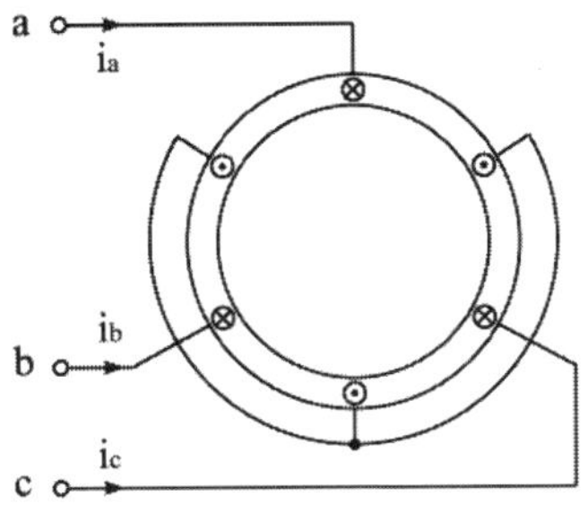

(a) 고정자

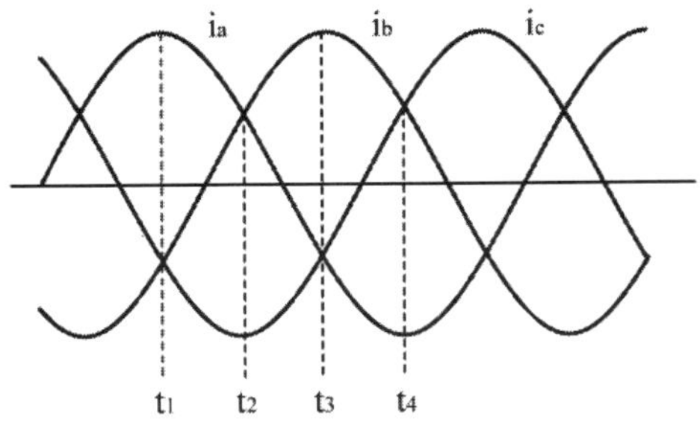

(b) 3상 교류 전류

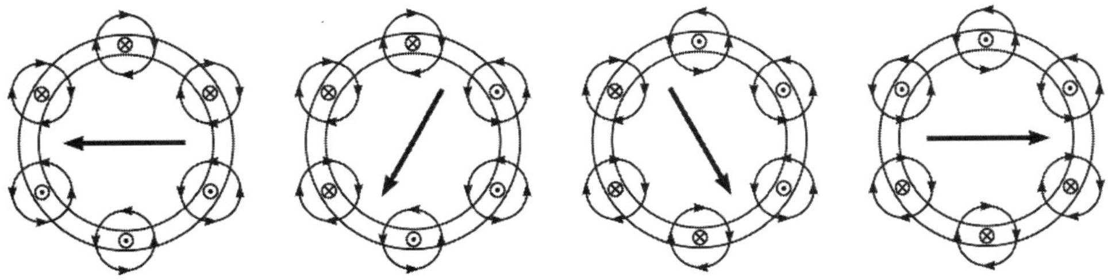

(c) t_1에서 자계　(d) t_2에서 자계　(e) t_3에서 자계　(f) t_4에서 자계

【그림 5-18】 3상 회전자계 원리

(1) 유도전동기는 영구자석 대신 교류가 만들어내는 교류 회전자계를 사용한다.

(2) 고정자에 3상 교류전류를 가하면 【그림 5-18】와 같이 회전하는 자계를 만들어 낸다.

3. 유도전동기의 구조

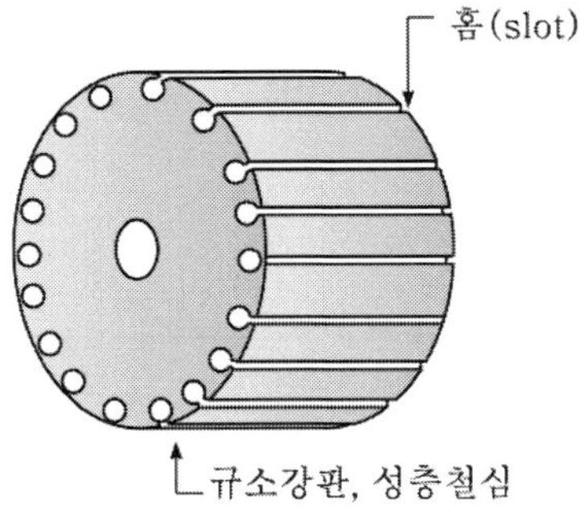

(a) 권선형

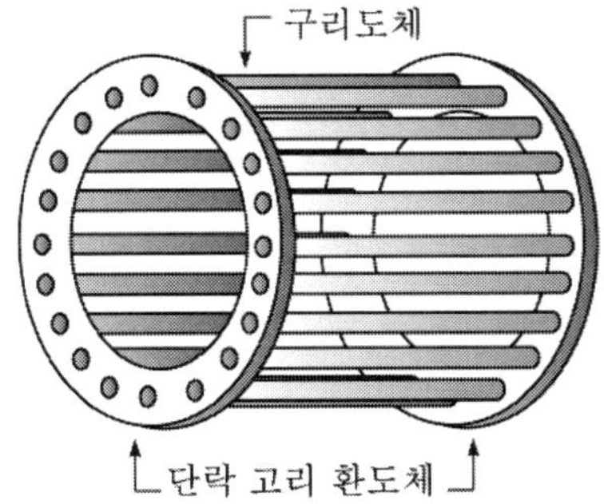

(b) 농형

【그림 5-19】 회전자의 종류

(1) 유도전동기는 회전자계를 형성하기 위해 3상 권선을 감은 고정자 부분과 회전자계에 의해 회전하는 회전자 부분으로 구성된다.

(2) 고정자 : 얇은 규소강판을 겹쳐서 고정자를 만들고 홈(슬롯, slot)을 판다. 이 슬롯에 3상 교류가 지날 수 있도록 도체를 넣고 회전자계를 얻는다.

(3) 회전자 : 크게 농형과 권선형으로 나누어지며 종류마다 특성이 다르다. 특히 농형에서 2차 도체와 슬롯의 형상에 따라 속도나 회전력이 달라지게 된다.

4. 동기속도와 슬립

1) 동기속도

(1) 동기속도란 유도기의 회전 자계가 낼 수 있는 이상적인 속도이다. 단순히 이상적인 수치에서 그치기보다는 유도전동기를 해석하고 운용하는데 필요한 가장 기본적인 값이라고 생각하자. 동기속도는 다음과 같이 계산한다.

$$\text{동기속도 } N_s = \frac{120f}{P}\,[\text{rpm}] \quad \cdots\cdots (\text{式 } 5\text{-}38)$$

여기서, P : 극수, f : 주파수[Hz]

(2) 동기속도 N_s는 (式 5-38)와 같이 주파수와 극수에 영향을 받는다. 동기 속도의 몇가지 예시는 다음과 같다.

【표 5-2】 동기속도

극수	2	4	6	8	10	12	16
50[Hz]	3,000	1,500	1,000	750	600	500	375
60[Hz]	3,600	1,800	1,200	900	720	600	450

2) 슬립(slip)

(1) 앞선 아라고의 원판 실험을 떠올려보자. 자석을 움직이면(원인) 원판이 따라 돈다(결과). 이상적인 조건이 아닌 이상 원판의 움직임은 자석보다 반드시 한 박자 늦게 이루어질 것이다. 3상 유도 전동기는 아라고의 원판과 같은 원리이므로 동기속도 N_s(자석의 움직임)와 회전자 속도 N(원판의 움직임)사이에도 차이가 발생함을 알 수 있다. 이 차이를 슬립(slip)이라 한다.

(2) 슬립은 아래와 같이 표현할 수 있다.

$$슬립\ s = \frac{N_s - N}{N_s} \times 100\,[\%] \quad \cdots\cdots\cdots (式\ 5\text{-}38)$$

(3) 슬립의 범위

① 유도전동기의 경우 : $0 < s < 1$

② 유도발전기의 경우 : $-1 < s < 1$

여기서, 슬립이 음수인 것은 전동기가 역회전하고 있음을 나타낸다.

(4) 회전자 속도 $N = (1-s)N_s$

① 회전자가 정지해 있을 경우 : $s = 1$

② 동기속도로 회전하고 있을 경우 : $s = 0$

5. 유도전동기의 기동

1) 개요

(1) 정지해있는 유도전동기에 갑자기 정격 전압을 가하면 정격보다 5~10배 큰 기동 전류가 흐를 수 있다. 큰 기동전류는 코일을 과열시키고 전원 계통에 나쁜 영향을 주므로 전동기 용량에 따라 기동전류를 적당히 제한할 필요가 있다.

(2) 이러한 기동전류는 다양한 기동법으로 문제점을 해결할 수 있으며 기동법에 따라 부가적으로 기동 토크나 역률 측면에서 이득을 볼 수도 있다.

(3) 저압 전동기의 개폐장치로는 전자접촉기(MC, Magnetic Contactor)를 사용하고, 전동기의 과전류보호는 배선용 차단기(MCCB, Molded Case Circuit Breaker)를 과부하 보호는 열동계전기(THR, Thermal Relay) 또는 전자식 과부하계전기(EOCR, Electronic Overload Relay)를 사용한다. 그리고 전자접촉기와 열동계전기를 결합하면 전가개폐기(MS, Magnetic Switch)라 한다.

(a) 전자개폐기(MS)　　(b) 기동용 리액터　　(c) 단권변압기

【그림 5-20】 전동기반 부속장치

2) 농형 유도전동기 기동법

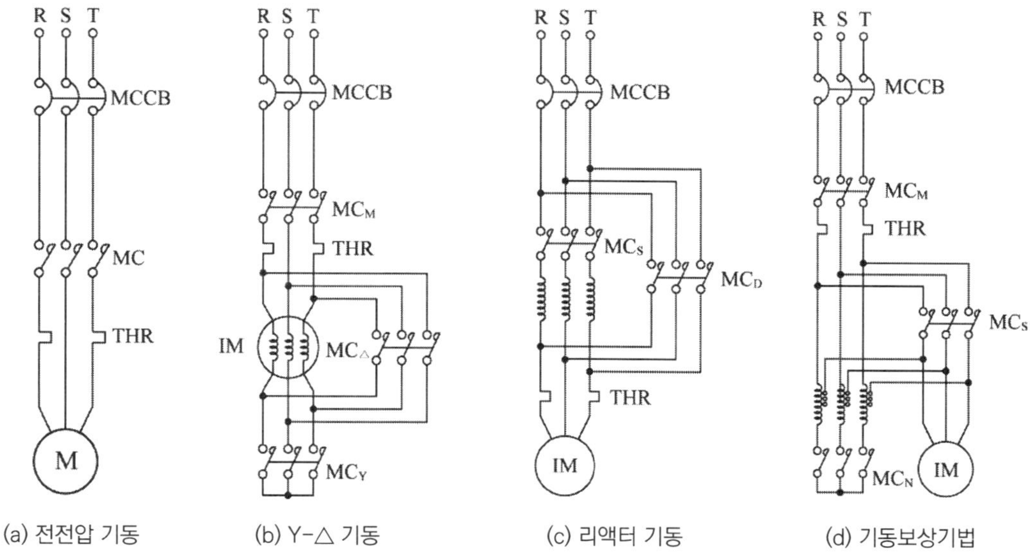

【그림 5-21】 유도전동기 기동법

(1) 전전압 기동 (직입 기동)

① 5[kW] 이하의 소용량 농형 유도전동기에 적용하는 기동법으로 경제적인 면을 고려하고 기동장치를 따로 쓰지 않고 【그림 5-21】(a)와 같이 직접 전동기에 정격전압을 가하여 기동을 시키는 방법이다.

② 기동 시의 기동전류는 정격전류의 약 5~10배 정도가 흐르지만 전동기의 용량이 작기 때문에 직접 전전압을 가하여 큰 지장이 없다.

(2) Y-△ 기동법

① 약 5~15[kW] 정도의 농형 유도전동기에 적용하는 방법. 기동 시에는 고정자의 전기자권선을 Y결선으로, 기동 완료 후 운전 시에는 △결선으로 전환하여 운전하는 방법이다. 【그림 5-21】(b)에서 기동 시에는 MC_Y가 폐로되어 3상 전동기 코일이 Y결선으로 전동기를 기동시키고, 기동 완료 후 운전 시에는 $MC_\triangle$가 폐로되어 △결선으로 운전한다.

② 이 기동방식은 기동전류 및 기동토크가 전전압 기동 시의 1/3배가 되지만, Y결선에서 △결선으로 전환되는 순간 큰 과도전류가 흘러서 전동기에 악영향을 미칠 수 있다.

③ 하지만 별도의 기동장치 없이 전동기 내부 결선만 바꾸면 되므로 다른 기동법에 비해 가격이 저렴하다.

(3) 리액터 기동법

① Y-△기동과 같이 유도전동기 기동 시 전동기에 투입되는 큰 기동전류를 감소시키기 위해 사용하는 방법으로 【그림 5-21】(c)와 같이 기동 시에는 MC_M을 폐로시켜 기동용 리액터에(리액터 코일에 의한 역기전력으로) 의해 감전압으로 기동시키고, 기동 완료 후 운전 시에는 MC_D를 폐로시켜(기동용 리액터를 단락시켜) 전전압으로 운전하는 방식이다.

② 펌프나 송풍기와 같이 부하토크가 기동할 때 작고 가속하며 증가하는 부하의 전동기에 적합하다. 기동보상기를 쓰는 방법에 비해 기동토크가 감소하는 단점이 있으나 기동장치가 간단하여 가격이 저렴하고 리액터 탭조정을 통해 기동전류를 가감할 수 있는 장점이 있다.

(4) 기동보상기에 의한 기동법 (콘돌퍼 기동법)

① 15[kW] 이상의 대용량의 농형 유도전동기에 적용하는 방법 【그림 5-21】(d)와 같이 기동 시에 MC_N와 MC_M을 순차적으로 투입하여 단권변압기에 의해 감전압 기동을 하고, 기동 완료 후 운전 시에는 MC_S를 폐로시켜(단권변압기를 단락시켜) 전전압으로 운전하는 방식이다.

② 기동장치로 단권변압기를 설치해야 하므로 가격이 전동기 기동법 중 가장 비싸지만 단권변압기의 탭 조정을 통해 전동기의 입력전압을 조정하여 기동전류를 안정적으로 감소시킬 수 있다. 또한 Y-△기동법과는 다르게 결선전환이 없어 전동기에 큰 과도전류가 흐르지 않는다.

(5) 기동법에 따른 기동전류와 기동토크 비교

【표 5-3】 기동전류와 기동토크 비교

구분	전전압 기동	Y-△ 기동	리액터 기동	기동보상기법
기동전류	$I_s = 5 \sim 10\, I_n$	$I_s' = \frac{1}{3} \times I_s$	$I_s' = \frac{1}{a} \times I_s$	$I_s' = \left(\frac{1}{a}\right)^2 \times I_s$
기동토크	$T_s = 1 \sim 2\, T_n$	$T_s' = \frac{1}{3} \times T_s$	$T_s' = \left(\frac{1}{a}\right)^2 \times T_s$	$T_s' = \left(\frac{1}{a}\right)^2 \times T_s$

여기서, I_n, T_n : 전동기 정격전류와 정격토크, I_s : 전전압 기동 시 기동전류
I_s', T_s' : 기동장치를 사용했을 때의 기동전류와 기동토크

2) 권선형 유도전동기의 기동법

(1) 2차 저항 기동(=기동저항기법) : 회전자에 외부 저항을 삽입하여 기동전류는 감소시키고 기동 토크는 증가하는 비례추이 특성을 활용한다. 유효전력 성분의 변화로 역률 개선이 나타난다.

(2) 게르게스 기동

6. 속도제어법

1) 개요

(1) 유도 전동기의 속도 식은 다음과 같다.

① 회전자 속도 $N=(1-s)N_s$ [rpm] ······ (式 5-39)

② 동기속도 $N_s=\dfrac{120f}{P}$ [rpm] ······ (式 5-40)

여기서, f : 주파수[Hz], P : 극수, s : 슬립(slip)

(2) 위 식과 같이 슬립, 극수, 주파수 등을 변화시키면 속도를 제어할 수 있다.

2) 농형 유도전동기

(1) 극수 변환법

동기속도에서 극수(P)는 속도에 반비례하므로 코일(고정자 권선)의 접속을 바꾸어 극수를 바꿀 수 있다. 이를 극수 변환법이라 하고 극수 변환법은 다른 속도제어에 비해 효율이 좋고 속도변화가 잦은 부하나 또한 속도가 단계적으로 변하는 부하 등에 쓰인다.

(2) 1차 전압 제어

사이리스터(SCR)의 위상각을 조정하여 1차 전압을 변화시키면 토크가 변화하는 것을 이용해서 슬립의 크기를 변화시켜 속도를 제어하는 방법이다.

(3) 주파수 변환법

① 유도 전동기의 회전 속도는 공급 주파수에 비례한다.

회전자 속도 $N=(1-s)N_s=(1-s)\dfrac{120f}{P}$ [rpm] ······ (式 5-41)

② 또한 양호한 운전특성을 위해서는 공극에 자속을 일정하게 유지해야 하므로

공급전압을 주파수에 비례해서 변화시켜야한다.

회전자 유도 전압 $E = 4.44 k_w N f \phi_m$ [V] ·································· (式 5-42)

③ 주파수를 변환시키기 위해서는 컨버터와 인버터를 조합시킨 것이나 사이클로 컨버터를 사용한다. 주파수 변환법은 전력의 손실이 없고 연속적인 속도제어가 가능하지만 전원이 별도로 필요하고 또한 주파수 변환기를 구비해야 하는 등 설비비용이 크다.

④ 전기 추진선이나 인견 공장의 포트 모터 운전인 경우에 사용된다.

3) 권선형 유도전동기

(1) 2차 저항제어

① 비례추이를 활용한 방법으로 권선형 유도전동기에서만 사용할 수 있다. 2차 회로의 저항을 조정하면 토크가 변하고 바뀐 토크를 통해 속도를 조절하는 방식이다(비례추이).

② 회전자에 연결되어있는 슬립링을 통해 외부의 저항을 가감할 수 있다. 이 방법은 전류에 의한 동손이 증가하여 손실이 커져 효율은 떨어지지만 조작이 간단하고 동기속도 이하로도 원활하고 광범위하게 속도를 조절할 수 있으므로 기중기, 권상기 등에 널리 쓰이고 있다.

(2) 2차 여자법

① 2차 저항 제어 방식에서 저항값을 조정하는 대신에 슬립 주파수의 2차 여자 전압을 제어하여 속도제어를 하는 방법이다.

② 이 방법에는 크레이머 방식과 셀비우스 방식이 있다.

7. 유도전동기 제동법

1) 역상 제동 (플러깅 제동)

(1) 운전 중인 유도전동기 1차 권선의 3선 중 2선의 접속을 바꾸면 회전 자계의 회전 방향이 반대가 된다. 회전자에는 역방향 토크가 작용하고 회전속도가 급히 줄어들게 된다.

(2) 역상 제동 방식은 플레깅 릴레이(pulgging relay, 역전 방지 계전기)를 사용해 전동기의 회전속도가 0이 되면 전원을 차단하여 전동기가 역회전하는 것을 방지

한다.

(3) 유도전동기를 급제동할 때 사용하는 방법이다.

2) 발전 제동

(1) 유도전동기가 운전 중에 전자접촉기 MC를 개방해도 회전하던 관성력에 의해서 바로 정지가 되는 것이 아니다. 그래서 유도전동기를 급제동 시키기 위해 전동기를 직류발전기로 변환시켜 제동하는 방법이다.

(2) 발전 제동의 원리는 다음과 같다.

① 먼저 운전 중인 유도전동기의 교류전원을 제거한다.

② 전원 3상의 3선 중 2선에 직류전원을 투입하면 유도전동기 고정자에 회전 자계가 아닌 N극과 S극의 고정된 자극이 만들어진다.

③ 고정자에 의해 만들어진 자기장에 의해 관성력에 회전하던 회전자는 플레밍 오른손 법칙에 의해 기전력이 만들어진다. 즉, 유도전동기의 전체 구조는 직류발전기가 된다.

④ 권선형 유도전동기는 회전자 외부 가변저항에서, 농형 유도전동기는 농형 회전자 권선에서 유도기전력을 소비시켜 제동시킨다.

3) 회생 제동

(1) 유도전동기가 동기속도보다 빠르게 회전하면 유도발전기가 되고 제동력이 발생된다. 이 경우에 발생한 전력을 전원으로 반환하여 부하에 소비시켜 줌으로써 제동하는 방법을 회생 제동이라 한다.

(3) 회생 제동은 마찰력과 같은 마모나 발열이 없어 다른 제동법에 비해 상대적으로 유리하다.

예제 6

60[Hz] 8극인 3상 유도전동기의 전부하시의 회전수가 855[rpm]이다. 이때의 슬립(slip)은?

① 4[%] ② 5[%] ③ 6[%] ④ 7[%]

해설 | ㉠ 동기속도 $N_s = \frac{120f}{P} = \frac{120 \times 60}{8} = 900[\text{rpm}]$ **답** ④

㉡ 슬립 $s = \frac{N_s - N}{N_s} = \frac{900 - 855}{900} = 0.05 = 5[\%]$

예제 7

농형 유도전동기의 기동법이 아닌 것은?

① Y-△ 기동법 ② 기동보상기에 의한 기동법
③ 2차 저항 기동법 ④ 전전압 기동법

해설 | 농형 유도전동기의 기동법에는 전전압 기동법, Y-△ 기동법, 리액터 기동법, 기동보상기에 의한 기동법이 있고, 2차 저항 기동법은 권선형 유도전동기의 기동법에 해당된다.

답 ③

5-4 변압기

1. 변압기 원리

1) 개요

(1) 전력회사의 송·배전 전압은 765[kV], 345[kV], 154[kV], 22.9[kV]로 특고압을 사용하고 있기 때문에 수용가 측에서는 변압기를 이용하여 220/380[V]의 저압으로 변전하여 사용하여야 한다.

(2) 발전설비의 발전전압은 약 11[kV]로 작기 때문에 승압용 변압기를 통해 765[kV], 345[kV], 154[kV]로 송전선로에 보내지고, 배전선로는 22.9[kV]를 사용하고 있다. 그리고 전기를 공급받는 수용가는 수전용량이 500[kVA] 이하인 경우에는 전력회사의 주상변압기(22.9[kV]를 220[V]로 변전하는 기기로 전주위에 설치되어 있다.)를 통해 저압으로 공급이 가능하고 500[kV]를 초과하는 수용가에 대해서는 22.9[kV]의 특고압으로 수전받아야 하므로 건물내 수변전설비를 구축하여 380/220[V]의 사용전압으로 변전하여 전기를 사용하여야 한다.

(3) 전력회사에서 높은 전압으로 전력을 공급하는 이유는 전압이 높아진 것만큼 전류를 줄일 수 있어 선로의 전압강하와 전압변동율 그리고 케이블 중량과 동량(전류가 작아진 것만큼 케이블 크기를 줄일 수 있다.)을 줄일 수 있다. 또한 케이블 중량이 줄어든 것만큼 철탑과 전주의 지지물의 크기를 줄일 수 있는 여러 장점을 가지고 있다.

(4) 따라서 작은 전력손실에서 전압의 크기를 변전할 수 있는 변압기는 전기설비에 있어서 가장 중요한 기기라 할 수 있다.

2) 변압기 원리

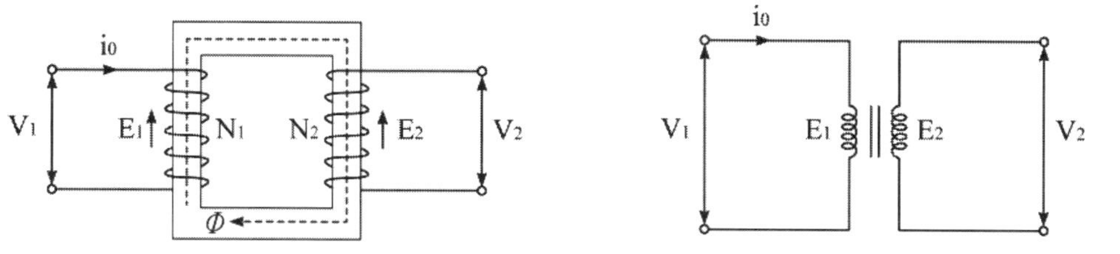

(a) 회로도 (b) 기호

【그림 5-22】 변압기의 회로 구성

(1) 변압기는 패러데이의 전자유도법칙(유도기전력)을 따르며 한쪽 권선에 교류전력을 공급했을 때 반대쪽 권선에 같은 크기와 주파수의 교류전력을 만드는 역할을 한다.

(2) 변압기는 1차 권선(primary winding)과 2차 권선(secondary winding)은 전기적으로 분리되어 있으나 자기적으로는 결합되어 있다. 1차측에 교류 전류(변압기 여자전류 i_0)를 인가하면 철심의 자속 ϕ에 의해 2차 권선에 유도기전력이 발생된다. 이때 유도기전력은 자기회로를 통과하는 자속의 변화율과 권선수에 따라 달라진다.

(3) 2차 권수가 1권수보다 작으면 2차 전압이 1차 전압보다 낮아지는 강압기(step-down transformer)라 하고, 반대로 2차 권수가 많으면 1차 전압보다 2차 전압이 커지는 승압기(step-up transformer)라 한다.

(4) (式 5-43)와 같이 전압, 전류, 권수 사이의 관계를 나타낸 식을 권수비(turn ratio) 또는 변압비(transformer ratio)라 한다.

$$\text{권수비 } a = \frac{E_1}{E_2} = \frac{V_1}{V_2} = \frac{N_1}{N_2} = \frac{I_2}{I_1} \quad \cdots\cdots (\text{式 } 5\text{-}43)$$

여기서, V_1 : 1차측 단자전압[V], E_1 : 1차측 유도기전력[V], I_1 : 1차 전류[A]
V_2 : 2차측 단자전압[V], E_2 : 2차측 유도기전력[V], I_2 : 2차 전류[A]

2. 변압기의 구조

(1) 변압기는 자기회로인 철심과 전기회로인 권선이 쇄교하여 만들어지는 것으로 그 모양에 따라 두 가지로 나누어진다.

① 내철형 변압기 : 철심을 안쪽에 두고 권선으로 철심을 둘러싸는 형태

② 외철형 변압기 : 권선을 안쪽에 두고 철심으로 권선을 감싸는 형태

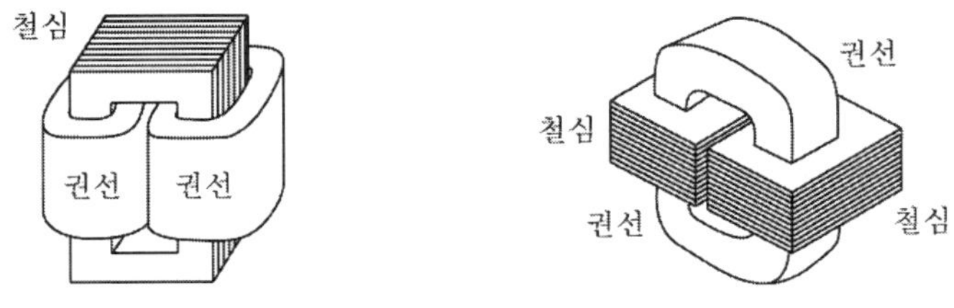

【그림 5-23】 변압기 구조

(2) 철심

① 냉각압연 규소강대 : 규소의 함유량이 약 4[%]정도로 방향성 규소강판이라고도 하며 두께는 0.35[mm]를 표준으로 한다.

② 권철심 : 폭일 일정한 방향성 규소강판를 직사각형 또는 원형으로 감은 것으로 자속은 항상 압연강판 방향으로 진행하기 때문에 자기특성이 우수하다.

(3) 권선

① 소형 변압기 : 철심을 절연하고 그 위에 직접 저압권선과 고압권선을 감는 직권 방식을 채택한다.

② 대형 변압기 : 절연통의 위에 코일 감고 절연처리를 한 후에 조립하는 형권 방식을 채택한다.

(4) 외함 : 용량이 커지면 냉각면적을 넓히기 위해서 판형의 철판을 사용하거나 방열관 또는 방열기를 설치한다.

(5) 부싱 : 권선의 인출선을 외함에서 끌어내는 절연단자를 부싱이라고 한다.

3. 전압 변동률

1) 전압 변동률

(1) 변압기에 부하를 걸어 부하전류가 흐르면 전선 및 변압기 내부 임피던스에 의한 전압강하로 인하여 변압기 단자전압에 변동이 생긴다. 그 값은 부하 역률에 따라

다르며 역률이 일정할 때의 전압변동률은 다음과 같이 표시한다.

$$\text{전압 변동률 } \epsilon = \frac{V_{20} - V_{2n}}{V_{2n}} \times 100[\%] \quad \cdots\cdots (\text{式 } 5\text{-}44)$$

여기서, V_{20} : 2차 무부하전압[V], V_{2n} : 2차 정격전압[V]

(2) 보통 전력용 변압기의 부하 역률은 1.0이 아니고 이때의 전압변동률은 변압기 임피던스에 의한 전압강하에 의해 결정된다. 이때 전압강하 벡터도는 다음과 같이 그릴 수 있다.

① 변압기 2차 유도기전력($E_2 = Ir + jIx + V_{2n}$)은 선로 저항의 전압강하(Ir)와 선로 리액턴스의 전압강하(Ix) 그리고 부하의 단자전압(V_{2n})의 합으로 나타낼 수 있다.

② 부하의 단자전압(V_{2n})을 기준벡터(0°)로 하여 벡터 $\overrightarrow{0b}$를 그릴 수 있다.

③ 선로 및 부하는 대부분 유도성이기 때문에 θ만큼 늦은 지상전류가 흐르다.

④ 선로 저항의 전압강하는 전류와 동위상이 되기 때문에 벡터 $\overrightarrow{bc}$를 그릴 수 있다.

⑤ 선로 리액턴스의 전압강하는 전류보다 위상이 90°앞서기(전류 방향에서 시계 방향으로 90°회전시켜 그려준다.) 때문에 벡터 $\overrightarrow{ca}$를 그릴 수 있다.

⑥ 따라서 변압기 2차 유도기전력은 벡터 $\overrightarrow{0b}$, $\overrightarrow{bc}$, $\overrightarrow{ca}$를 더한 $\overrightarrow{0a}$를 그릴 수 있다.

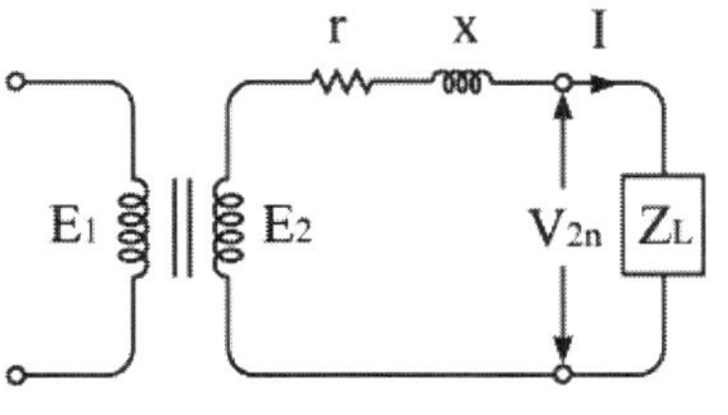

(a) 변압기 2차 회로

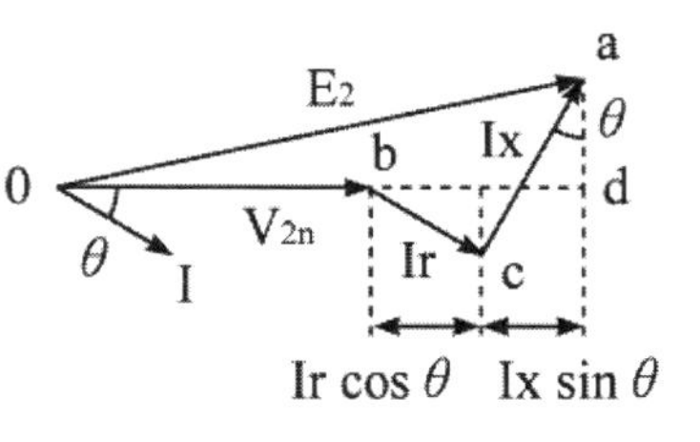

(b) 벡터도

【그림 5-23】 전압강하 벡터도

(3) 선로에 의한 전압강하는 벡터 $\overrightarrow{ba}$ 가 되지만 근사치로 벡터 $\overrightarrow{bd}$ 로 나타낸다.

$$\text{전압강하 } e = \sqrt{(Ir\cos\theta + Ix\sin\theta)^2 + (Ix\cos\theta - Ir\sin\theta)^2}$$
$$\fallingdotseq Ir\cos\theta + Ix\sin\theta = I(r\cos\theta + x\sin\theta)[\text{V}]$$
$$\therefore e = I(r\cos\theta + x\sin\theta)[\text{V}] \quad \cdots\cdots (\text{式 } 5\text{-}45)$$

여기서, $\overline{bd}$: $Ir\cos\theta + Ix\sin\theta$, $\overline{da}$: $Ix\cos\theta - Ir\sin\theta$

$$\epsilon = \frac{V_{20} - V_{2n}}{V_{2n}} \times 100 = \frac{e}{V_{2n}} \times 100 = \frac{I(r\cos\theta + x\sin\theta)}{V_{2n}} \times 100$$

$$= \frac{Ir}{V_{2n}} \times 100 \times \cos\theta + \frac{Ix}{V_{2n}} \times 100 \times \cos\theta = p\cos\theta + q\sin\theta\,[\%]$$

$$\therefore\ \epsilon = \frac{V_{20} - V_{2n}}{V_{2n}} \times 100 = p\cos\theta + q\sin\theta\,[\%] \qquad \cdots\cdots (式\ 5\text{-}46)$$

여기서, %저항 강하 : $p = \frac{Ir}{V_{2n}} \times 100\,[\%]$, %리액턴스 강하 : $q = \frac{Ix}{V_{2n}} \times 100\,[\%]$

2) 역률에 따른 전압 변동률

(1) 전류가 전압보다 위상이 θ_2 늦은 경우 : $\epsilon = p\cos\theta + q\sin\theta$

(2) 전류가 전압보다 위상이 θ_2 앞선 경우 : $\epsilon = p\cos\theta - q\sin\theta$

(3) 부하역률 $\cos\theta = 1$ 인 경우 : $\epsilon \fallingdotseq p[\%]$

3) 단락전류

(1) 변압기의 2차측에 단락사고가 발생하면 큰 단락전류가 흐르게 되는데 이 전류의 크기는 고장점의 %임피던스에 의해 결정되며 %임피던스란 아래와 같이 정의하고 있다.

$$\%임피던스\ \%Z = \frac{I_n Z}{E} \times 100 = \frac{\frac{P_n}{\sqrt{3}\,V} \times Z}{\frac{V}{\sqrt{3}}} \times 100 = \frac{P_n[\text{kVA}]Z \times 100}{V[\text{kVA}]^2}$$

$$= \frac{10^5 P_n[\text{VA}]Z}{10^6 V[\text{V}]^2} = \frac{P_n Z}{10V^2}[\%]$$

$$\therefore\ \%Z = \frac{I_n Z}{E} \times 100 = \frac{P_n Z}{10V^2}[\%] \qquad \cdots\cdots (式\ 5\text{-}47)$$

여기서, I_n : 정격전류[A], Z : 전원단에서 고장점까지 임피던스[Ω]
E : 전원단 상전압[kV], V : 전원단 선간전압[kV]
P_n : 정격용량[kVA]

(2) 단상 변압기와 3상 변압기의 단락전류는 다음과 같다.

① 단락전류 $I_s = \dfrac{E}{Z} = \dfrac{100}{\%Z} \times I_n\,[\mathrm{A}]$

② 단상 변압기의 단락전류 $I_s = \dfrac{100}{\%Z} \times I_n = \dfrac{100}{\%Z} \times \dfrac{P}{E}\,[\mathrm{A}]$

③ 3상 변압기의 단락전류 $I_s = \dfrac{100}{\%Z} \times I_n = \dfrac{100}{\%Z} \times \dfrac{P}{\sqrt{3}\,V_n}\,[\mathrm{A}]$

4. 변압기 결선

1) 개요

(1) 변압기는 기본적으로 단상 교류를 사용하지만 변압기 3대를 특별한 방법으로 묶어서 사용하면 단상 교류 대신 3상 교류를 쓰는 장비로 바꿀 수 있다.

(2) 이때 1차와 2차의 결선에 따라 특성이 변하는데 이를 변압기 결선이라고 한다.

2) 3상 변압기 결선법

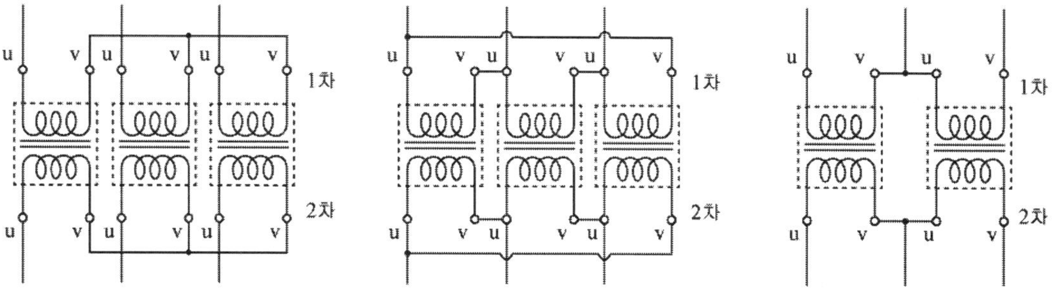

(a) Y-Y 결선 (b) △-△ 결선 (c) V-V 결선

【그림 5-24】 3상 변압기 결선법

(1) Y-Y결선

① 1차, 2차 측 모두 중성점을 접지할 수 있다. 접지를 하므로 이상전압 발생을 억제할 수 있고 단절연이 가능하며 지락사고 검출이 용이하다.

② 상전압이 선간전압의 $\dfrac{1}{\sqrt{3}}$밖에 되지 않으므로 고전압 권선에 적합하다.

③ 단상변압기를 조합할 경우 변압기의 권수비나 임피던스가 달라도 순환전류가 흐르지 않는다.

④ 중성점을 접지하여 변압기에 제3고조파가 나타나지 않는다.

(2) △-△결선

① 여자전류의 제3고조파 성분이 △결선 내를 순환하므로 기전력이 정현파가 된다.

② 각 상의 전류가 선전류의 $\frac{1}{\sqrt{3}}$이 되므로 대전류에 유리하다.

③ 운전 중 변압기 1대가 고장시 V-V결선으로 3상 전력의 공급이 가능하다.

④ 중성점 접지가 불가능하므로 1선 지락시 건전상 대지전위 상승이 커지고, 또한 지락사고의 검출이 어렵다.

(3) △-Y결선 또는 Y-△결선

① △결선이 있으므로 선로에 제3고조파가 나타나지 않는다.

② Y결선의 중성점을 접지할 수 있으므로 이상전압 발생을 억제할 수 있고 지락사고 검출이 용이하다.

③ 1차와 2차 간에 30°위상차가 생긴다.

④ 단상 변압기를 조합한 경우 1대라도 고장이 나면 정상적인 송전이 불가능하다.

⑤ △-Y결선은 승압용으로, Y-△결선은 강압용으로 적합하다.

(4) V결선의 특성

① V결선의 용량 : $P_V = \sqrt{3}\,VI\,[\text{kVA}]$

② 이용률 : $\frac{V\text{결선 출력}}{\text{변압기 2대 용량}} = \frac{\sqrt{3}\,VI}{2VI} = 0.866 = 86.6[\%]$

③ 출력비 : $\frac{V\text{결선 출력}}{\triangle\text{결선 출력}} = \frac{P_V}{P_\triangle} = \frac{\sqrt{3}\,VI}{3VI} = \frac{1}{\sqrt{3}} = 0.577 = 57.7[\%]$

5. 변압기의 병렬운전

(1) 변압기의 병렬운전이란 용량이 큰 부하를 감당하기 위해 여러 대의 변압기를 연결하여 사용하는 것을 말한다. 정상적으로 변압기가 병렬 운전되면 각 변압기의 상태는 다음과 같다.

① 각 변압기가 그 용량에 비례하여 부하를 분담한다.

② 각 변압기에 대한 전류의 대수합은 항상 전체의 부하 전류와 같다.

③ 병렬로 연결되어있는 각 변압기의 폐회로에 순환 전류가 흐르지 않는다.

(2) 다만 모든 변압기를 병렬운전할 수 있는 것은 아니다. 단상 변압기를 병렬운전하려면 아래의 조건을 만족하여야 한다.

① 변압기의 극성이 일치할 것

② 권수비가 같고 1차 및 2차의 정격전압이 같을 것

③ 퍼센트 임피던스의 크기가 같을 것

④ 퍼센트 저항 강하 및 퍼센트 리액턴스 강하의 비가 같을 것

(3) 만약 두 변압기의 권수비가 달라 변압기 2차측 단자전압이 다르거나 또는 내부 저항과 리액턴스의 비가 달라 위상차가 발생하면 두 변압기 사이에 전위차(전압)가 발생하여 변압기 사이에 순환전류가 흘러 과열이 발생된다.

(3) 3상 변압기 역시 단상 변압기처럼 병렬운전이 가능하지만 더 까다로운 조건을 만족해야 한다. 단상 변압기의 병렬운전 조건에 더해 상회전 방향이 같아야 하고 1차, 2차 유도기전력의 위상차(=각변위)가 같아야 한다. 이 조건이 맞지 않으면 양쪽의 결선과 위상이 달라지게 되고 양쪽에 위상차에 의한 순환전류가 흘러 병렬운전이 불가능하다. 또 3상 변압기는 결선법에 따라서도 병렬운전이 가능한 조합과 불가능한 조합이 나뉜다.

【표 5-4】 병렬운전이 가능한 변압기 간의 결선법

병렬운전이 가능한 조합		병렬운전이 불가능한 조합	
A 변압기	B 변압기	A 변압기	B 변압기
△-△	△-△	△-△	△-Y
Y-Y	Y-Y	Y-Y	Y-△
△-△	Y-Y		
△-Y	△-Y		
△-Y	Y-△		
Y-△	Y-△		

예제 8

1차 권선수 10회, 2차 권선수 300회인 변압기에서 2차 단자전압 1,500[V]가 유도되기 위한 1차 단자전압은 몇 [V]인가?

① 30 ② 50 ③ 120 ④ 150

해설 | 권수 비 $a = \dfrac{N_1}{N_2} = \dfrac{V_1}{V_2} = \dfrac{I_2}{I_1}$ 에서 변압기 1차 단자전압은 다음과 같다. **답** ②

$$\therefore\ V_1 = \frac{N_1}{N_2} \times V_2 = \frac{10}{300} \times 1500 = 50\,[\mathrm{V}]$$

예제 9

단상 변압기 3대를 △결선하여 부하에 전력을 공급하고 있는데, 변압기 1대의 고장으로 v 결선을 한 경우 고장 전의 몇 [%] 출력을 낼 수 있는가?

① 51.6 ② 53.6 ③ 55.7 ④ 57.7

해설 | V결선의 특징 **답** ④

㉠ V결선 출력 : $P_V = \sqrt{3}\,P_1$[kVA]

단, P_1 : 단상 변압기 용량[kVA]

㉡ 이용률 : $\%U = \dfrac{P_V}{P_2} = \dfrac{\sqrt{3}\,P_1}{2P_1} = 0.866$

㉢ 출력비 : $\%P = \dfrac{P_V}{P_\triangle} = \dfrac{\sqrt{3}\,P_1}{3P_1} = 0.577$

연습문제

01. Y-△ 기동방식인 3상 농형 유도전동기는 직입기동방식에 비해 기동전류는 어떻게 되는가?

① $\frac{1}{\sqrt{3}}$로 줄어든다.

② $\frac{1}{3}$로 줄어든다.

③ $\sqrt{3}$배로 증가한다.

④ 3배로 증가한다.

해설 Y-△ 기동방식은 기동전류와 기동토크를 1/3로 감소시켜 준다.

답 ②

02. 3상 유도전동기의 회전자 철손이 작은 이유는?

① 효율, 역률이 나쁘다.

② 성층 철심을 사용한다.

③ 주파수가 낮다.

④ 2차가 권선형이다.

해설 철손은 주로 히스테리시스손과 와류손으로 이루어지는데 이 둘은 주파수가 높을수록 그 값이 커진다.

답 ③

03. 다음 중 직류전동기의 제동법이 아닌 것은?

① 회생제동　② 정상제동

③ 발전제동　④ 역전제동

해설 직류전동기 제동법의 종류
㉠ 역상제동 : 전동기를 역회전시켜 급제동하는 방법으로 역전제동이라고도 한다.
㉡ 발전제동 : 전동기를 일시적으로 발전기로
운전시키는 방법
㉢ 회생제동 : 제동 시 전동기의 계자전류를 크게하고 전기자 기전력을 전원전압보다 높게하여 발생 전력을 전원으로 반환하는 방법

답 ②

04. 다음 중 3상 유도전동기에 속하는 것은?

① 권선형 유도전동기

② 셰이딩 코일형 전동기

③ 분상 기동형 전동기

④ 콘덴서 기동형 전동기

해설 셰이딩 코일형, 분상 기동형, 콘덴서 기동형 유도전동기는 단상유도전동기이다.

답 ①

05. 변압기의 철심구조를 여러 겹으로 성층시켜 사용하는 이유는 무엇인가?

① 와전류로 인한 전력손실을 감소시키기 위해

② 전력공급 능력을 높이기 위해

③ 변압비를 크게 하기 위해

④ 변압기의 중량을 적게 하기 위해

해설 ㉠ 규소강판 : 히스테리시스손 감소
㉡ 성층철심 : 와류손을 감소

답 ①

06. 동기발전기의 병렬조건으로 틀린 것은?

① 기전력의 크기가 같을 것
② 기전력의 위상이 같을 것
③ 기전력의 주파수가 같을 것
④ 극수가 같을 것

해설 동기발전기의 병렬운전 조건
㉠ 기전력의 크기가 같을 것
㉡ 기전력의 위상이 같을 것
㉢ 기전력의 주파수가 같을 것
㉣ 기전력의 파형이 같을 것

답 ④

07. 3상 직권 정류자 전동기에서 중간 변압기를 사용하는 이유 중 틀린 것은?

① 경부하시 속도의 이상 상승 방지
② 실효 권수비 선정 조정
③ 전원전압의 크기에 관계없이, 정류에 알맞은 회전자전압 선택
④ 회전자 상수의 감소

해설 중간변압기 사용목적(3상 직권 정류자 전동기)
㉠ 전원전압의 크기에 관계없이, 정류에 알맞은 회전자 전압 선택
㉡ 중간 변압기의 권수비를 조정하여 전동기 특성 조정
㉢ 경부하시 직권 특성에 따라 속도 상승 억제
㉣ 실효 권수비 조정부

답 ④

08. 3상 농형유도전동기의 기동방식으로 옳은 것은?

① 분상 기동형 ② 콘덴서 기동형
③ 기동보상기법 ④ 셰이딩 코일형

해설 3상 농형 유도전동기의 기동방식
㉠ 전전압 기동(직입기동)
㉡ Y-Δ 기동
㉢ 리액터 기동
㉣ 기동보상기법(콘돌퍼 기동)
㉤ 인버터 기동(VVVF)

답 ③

09. 3상 유도전동기의 기동법이 아닌 것은?

① $Y-\Delta$ 기동법
② 기동 보상기법
③ 1차 저항 기동법
④ 전전압 기동법

해설 3상 농형 유도전동기의 기동방식
㉠ 전전압 기동(직입기동)
㉡ Y-Δ 기동
㉢ 리액터 기동
㉣ 기동보상기법(콘돌퍼 기동)
㉤ 인버터 기동(VVVF)

답 ③

10. 정속도 운전의 직류발전기로 작은 전력의 변화를 큰 전력의 변화로 증폭하는 발전기는?

① 앰플리다인
② 로젠베르그발전기
③ 솔레노이드
④ 서보전동기

해설 앰플리다인은 특수 구조의 회전 증폭 발전기로 계자권선에 단락전류를 흘려주어 작은 계자전압을 주어도 큰 전력의 변화를 유도할 수 있는 직류발전기이다. (최근에 사용하지 않음)

답 ①

11. 자동화재탐지설비의 수신기에서 교류 220[V]를 직류 24[V]로 정류 시 필요한 구성요소가 아닌 것은?

① 변압기 ② 트랜지스터
③ 정류 다이오드 ④ 평활 콘덴서

해설
㉠ 변압기 : 전압을 교류 24[V]로 낮추어 준다.
㉡ 정류 다이오드 : 양방향성 교류를 단방향성 교류로 정류시켜 준다.
㉢ 평활 콘덴서 : 정류된 교류를 직류로 변환시켜 준다.

답 ②

12. 3상유도전동기 $Y-\triangle$ 기동회로의 제어요소가 아닌 것은?

① MCCB ② THR
③ MC ④ ZCT

해설
㉠ 배선용 차단기(MCCB) : 전동기의 과전류 보호장치로 제어회로 첫단에 설치한다.
㉡ 전자접촉기(MC) : 전동기와 같은 대용량 부하의 기동/정지용 개폐기 장치이다.
㉢ 열동계전기(THR) : 전동기의 과부하 보호장치로 MC와 결합해서 사용한다.
㉣ 영상변류기(ZCT) : 지락사고 시 지락검출용으로 사용되는 변류기로 제어요소는 아니다.

답 ④

13. 1차 권선수 10회, 2차 권선수 300회인 변압기에서 2차 단자전압 1500[V]가 유도되기 위한 1차 단자전압은 몇 [V]인가?

① 30 ② 50
③ 120 ④ 150

해설 권수 비 $a=\frac{N_1}{N_2}=\frac{V_1}{V_2}=\frac{I_2}{I_1}$ 에서

변압기 1차 단자전압은 다음과 같다.

$$\therefore V_1=\frac{N_1}{N_2}\times V_2$$

$$=\frac{10}{300}\times 1500=50[\mathrm{V}]$$

답 ②

14. 단상 유도전동기의 Slip은 $5.5[\%]$, 회전자의 속도가 $1700[\mathrm{rpm}]$인 경우 동기속도(N_s)는?

① $3090[\mathrm{rpm}]$ ② $9350[\mathrm{rpm}]$
③ $1799[\mathrm{rpm}]$ ④ $1750[\mathrm{rpm}]$

해설 상대속도 $N_s - N = sN_s$ 에서 동기속도는

$$\therefore N_s = \frac{N}{1-s} = \frac{1700}{1-0.055}$$

$$= 1799[\mathrm{rpm}]$$

여기서, N : 회전자 속도, s : 슬립

답 ③

15. 입력신호와 출력신호가 모두 직류(DC)로서 출력이 최대 $5[\mathrm{kW}]$까지로 견고성이 좋고 토크가 에너지원이 되는 전기식 증폭기기는?

① 계전기 ② SCR
③ 자기증폭기 ④ 앰플리다인

해설 앰플리다인은 특수 구조의 회전 증폭 발전기로 계자권선에 단락전류를 흘려주어 작은 계자전압을 주어도 큰 전력의 변화를 유도할 수 있는 직류발전기이다.
(최근에 사용하지 않음)

답 ④

16. 용량 $10[\mathrm{kVA}]$의 단권변압기를 그림과 같이 접속하면 역률 $80[\%]$의 부하에 몇 $[\mathrm{kW}]$의 전력을 공급할 수 있는가?

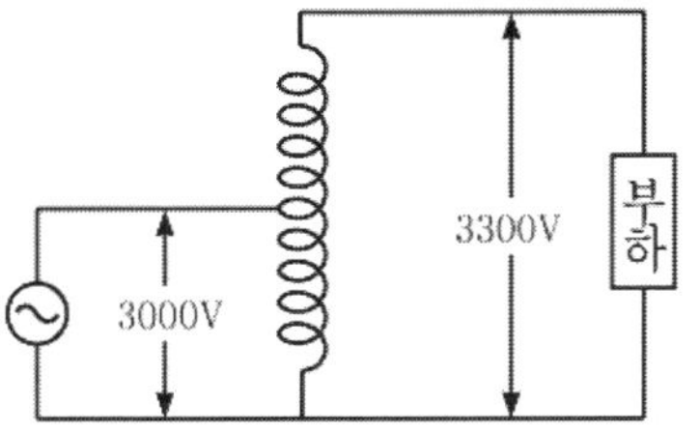

① 8 ② 54
③ 80 ④ 88

해설
$$\text{부하용량} = \text{자기용량} \times \frac{V_h}{V_h - V_\ell} \times \cos\theta$$

$$= 10 \times \frac{3300}{3300 - 3000} \times 0.8$$

$$= 88[\mathrm{kW}]$$

답 ④

참고문헌

[1] J. D. Jackson, Classical Electrodynamics, Wiley, 3rd Ed., 1998.

[2] David J. Griffiths, Introduction to Electrodynamics, Cambridge University Press, 4th Ed., 2017.

[3] Charles K. Alexander & Matthew N. O. Sadiku, Fundamentals of Electric Circuits, McGraw-Hill, 6th Ed., 2016.

[4] Allan H. Robbins & Wilhelm C. Miller, Circuit Analysis: Theory and Practice, Delmar Cengage Learning, 5th Ed., 2013.

[5] Stephen J. Chapman, Electric Machinery Fundamentals, McGraw-Hill, 5th Ed., 2011.

[6] Floyd, Electronic Devices, Pearson, 9th Ed., 2012.

[7] 김상현 외, 전기자기학, 한빛아카데미, 2021.

[8] 정용식, 회로이론, 복두출판사, 2019.

[9] 조규복 외, 전기기기학, 성안당, 2020.

[10] 한국전기설비규정(KEC), 대한전기협회, 최신판.

■ 저자 소개

최 승 규

- 전기공학박사
- 소방시설관리사
- 現 건양대학교 재난안전소방학과 교수

김 병 기

- 전기공학박사
- 前 한국에너지기술연구원 책임연구원
- 現 국립강릉원주대학교 전기공학과 교수

알기쉬운 일반전기이론 **정가 20,000원**

저　자 : 최승규 · 김병기

발행인 : 임정대
발행처 : 도서출판 **화수목**

발행 : 2025년 12월 1일

등록 : 제2014-000166호

주소 : 서울시 마포구 신촌로 2길 5-15
전화 : 02-338-9119
팩스 : 02-335-2201

ISBN 979-11-89933-66-1 (93530)